中国食文化研究论文集

第三辑

◎主编　万建中

中国轻工业出版社

图书在版编目（CIP）数据

中国食文化研究论文集. 第三辑 / 万建中主编. —
北京：中国轻工业出版社，2020.11
ISBN 978-7-5184-2776-5

Ⅰ. ①中… Ⅱ. ①万… Ⅲ. ①饮食—文化—中国—
学术会议—文集 Ⅳ. ①TS971.202-53

中国版本图书馆CIP数据核字（2019）第289659号

责任编辑：方晓艳　　责任终审：劳国强　　整体设计：锋尚设计
策划编辑：史祖福　　责任校对：吴大鹏　　责任监印：张　可

出版发行：中国轻工业出版社（北京东长安街6号，邮编：100740）
印　　刷：三河市万龙印装有限公司
经　　销：各地新华书店
版　　次：2020年11月第1版第1次印刷
开　　本：889 × 1194　1/16　印张：14.75
字　　数：330千字
书　　号：ISBN 978-7-5184-2776-5　定价：238.00元
邮购电话：010-65241695
发行电话：010-85119835　传真：85113293
网　　址：http：//www.chlip.com.cn
Email：club@chlip.com.cn
如发现图书残缺请与我社邮购联系调换
190210W2X101HBW

《中国食文化研究论文集》编审委员会

本书编委会

主　编：万建中
副主编：白　雪　李留柱
编　委：孙学安　武阳军

前　言

中国食文化博大精深、源远流长。饮食文化生产饮食是人类生产生活方式的最直接表征，也对人类自身生产活动产生重大影响。伴随人口迁徙与文化汇融，中国饮食文化的地方性在发生着变迁。现代性促使传统饮食材料和生产过程发生改变，消费者对食品原真性日益关注；流动性使得饮食文化汇融成为必然，饮食文化变迁与族群边界模糊相伴而生；流动性背景下，饮食文化生产中的食品原真性、食品健康和食品安全受到越来越多的关注。

尽管国内外学者已经开始较多关注地方性和文化生产，但学术界对相关概念还存有争议。流动性背景下，基于“全球化”与“地方性”冲突的背景，无论是“无意识传承”抑或“有意识创造”的饮食文化生产，所面临的“原真性和食品健康两难”“饮食文化传承保护与创新悖论”等问题在学界探讨多年，但并没有得到很好的解决。

中华传统节日（令）作为我国传统文化的缩影，是全球华人的文化情结，千百年来经久不衰，历久弥新。传统节日（令）中的饮食文化是传统节日（令）文化的重要表现形态，是中国饮食文化的精华。它体现了中华民族的传统价值观念、思维模式、伦理道德、审美情趣，表达出人们对美好的生活的追求和向往，是弘扬优秀传统文化的重要题材。

近些年我国经济社会迅速发展、东西方文化加速交融，人们对传统节日（令）的热情不断消退，传统节日（令）饮食赖以延续的条件发生了很大改变，研究节日（令）饮食文化传承创新的策略、机制与模式，用现代社会的理念和视角，揭示传统节日（令）饮食文化的内在价值、发挥、拓展和强化其功能，对于增强食文化的活力与持久的存续力，保持民族特色，弘扬民族精神，具有重要意义。

《中国食文化研究论文集》已经编辑出版了两辑，论文集以中国食文化研究会、北京师范大学文学院、中山大学旅游学院联合主办的食文化发展大会所征集的论文为主体。《中国食文化研究论文集（第三辑）》主要收录的是第三届、第四届食文化大会收到的论文，共31篇，分为4部分，分别是食文化产业、地域食文化、食文化与教育、食文化的历史与发展。

本论文集的顺利出版得到了北京师范大学文学院的大力支持、论文作者的配合以及编审专家和出版社编辑们的辛勤工作，在此一并表示感谢！

编委会

2019年11月于北京

目　　录

食文化产业

地域食文化

食文化与教育

食文化的历史与发展

食文化产业

食材旅游资源的多重价值与开发研究

冯玉珠

（河北师范大学旅游学院，河北　石家庄　050024）

摘　要：食材是一种重要的旅游资源，它具有养生、欣赏、体验、教育、经济等多重价值。食材旅游资源按功能可分为参与体验型、观赏展示型、参观学习型、节庆型等，开发的内容涉及历史文化、生产加工、贮藏保鲜、品质鉴定、烹饪应用、营养功效等多方面。在开发食材旅游资源时，应以一种或一类优质特色食材为主，深入挖掘食材的文化内涵，将其与其他旅游要素有机结合，同时要重视食材旅游资源保护。

关键词：食材　旅游资源　价值　开发

一、食材旅游的概念和意义

1. 食材的概念界定

食材是指可食用的、可用来加工制作主食、菜肴、面点、小吃等各种食物的原材料。如萝卜、白菜是食材，蚯蚓、蚂蚁也是食材；水是人体必需的营养物质之一，可直接饮用，又是构成食物的主要成分之一，也是食材。食材通常来自动植物，如谷类、果蔬、山野菜、畜类、禽类、鱼类、食用菌藻类等，可以是用来调味、发酵或腌制食品的辅料或配料，如味精、花椒、盐、小苏打和酒等。而馒头、米饭、粥、蒸饼、酸奶、奶酪等属于可直接食用的成品食品，就不属食材范围（谷英敏，2010）。

食材是人们生活中不可缺的生活要素，其包含的种类更是万千多样。由于对食材分类的角度不同，即采用的分类标准不同，便出现了多种分类的方法（崔桂友，1998；柴可夫，2011）。

食材是美食的物质基础，地道的食材才能成就地道的美味。清代袁枚在《随园食单》中说："物性不良，虽易牙烹之，亦无味也。"一味佳肴，"司厨之功居其六，买办之功居其四"，食材的重要性不言而喻。

2. 食材旅游的内涵

食材旅游是以特色食材资源为主要依托，将食材与旅游业结合在一起，利用自然环境、食材工农业景观和文化，结合食材生产经营活动、民俗风情等内容，吸引游客前来游览、品尝、体验、参与、购物、休闲度假为一体的新型旅游方式。

食材旅游的兴起，从世界经济发展的历史进程来说时间不长。早在19世纪初，旅游开发者们就注意到了食材的观光旅游价值。19世纪30年代，欧洲就已开始了农业旅游。旅游者到农村去，与农民同吃、同住、同劳作，或者在农民土地上搭起帐篷野营，或者在农民家中住宿。旅游者骑马、钓鱼、参与

作者简介：

冯玉珠（1966—　），男，河北井陉人，河北师范大学学前教育学院（旅游学院）副院长、教授，主要研究食学、食育。

农活，食用并购买新鲜的粮食、蔬菜、水果等食材（严贤春，2004）。20世纪50～60年代，在西方发达国家出现了多功能观光农场，或称“大自然乐园”，通过广告策划，吸引大批旅游者全家前往休假、游乐，吃放心菜、尝无污染果，并留宿农场与庄园（胡异艳，2008）。

在我国台湾，将食材旅游称为食材旅行，其食材旅行的发展，是民间社会力的一种展现。20世纪60年代，台湾开始发展观光茶园、观光菜园和观光渔场等。2011年“行政院农业委员会”利用台北国际旅展（Taipei ITF）的机会，设置“休闲农业”专题馆并规划“访食材、趣旅行”主题旅游行程，提出消费者应“从餐桌走向产地”，尝试拉近产地与消费者之间距离与感情，希冀通过农友亲自解说，让实地生活和动人故事来鼓励消费者认识食材，进而走入农村实践在地消费。翌年，更建议消费者在认识食材的动机驱动下，亲身体验农产采收与制作过程，让双脚、双手碰触厚实的土壤，直接与土地、农村、农友接触，并从食材背后的故事和当地农村的人文特色，与台湾土地产生更为深厚的情感联结。在这样的政策背景下，2012年高雄市政府农业局推出一项名称是“推广在地食材 响应绿色环保与节能减碳”的政府购买性服务，内容除了推动食材旅行之外，还有编辑出版物与推动各项食育活动，指定美浓作为食材旅行项目的首批试点。这是由于美浓是高雄辖区内著名的稻米谷仓与农业大镇，更是台湾重要的客家文化与行政区（洪馨兰，2015）。2013年，甲仙食材小旅行更以东南亚新移民女性及其家乡料理为主题之一，成功地将甲仙在莫拉克风灾之后的四年重建历程，挖掘并呈现于都市民众心中，鼓舞了许多甲仙居民（洪馨兰，2015）。2014年以后，台湾学者颜建贤、林育辰对食材旅游游客动机、满意度及再参与意愿进行了研究（颜建贤，2014），何立德分析了食材旅行是建立消费者与农民最信友善交易平台（何立德，2014），洪馨兰以高雄美浓之食材旅行为例，分析了在具有社会—文化人类学思维背景的引导者和在地者的参与下，该地曾于2012—2013年实践了极具文化实验剧场的食材旅行行程（洪馨兰，2014；洪馨兰，2015），颜建贤、魏任鸿探讨了地方自产自销与食材旅游的关系（颜建贤，2016），食材研究的深度与广度不断延展。

我国大陆地区，20世纪80年代已出现了食材旅游萌芽，当时北京、武汉等城市先后出现的观光旅游型农业生态园，就包含食材旅游的内容，但食材旅游作为一种独特的旅游形式，并未受到应有的重视和深入研究。2015年，笔者在《丝绸之路饮食文化旅游资源开发研究》中提到食材旅游的概念（冯玉珠，2015），随后对食材旅游的概念、意义、类型和开发方式进行了初步探讨（冯玉珠，2017）。

3. 食材旅游的意义

食材旅游是休闲农业旅游的重要组成部分。休闲农业旅游是以农业为主题，利用农村自然环境、农事活动、农村生活等农业自然与文化资源吸引游客前来进行游览、观赏、体验、休闲、品尝、购物等的活动的一种旅游形式。农业旅游包含茶、酒、米、花、果、蔬、养殖、畜产等，休闲包含食、育、乐、购等服务，这些都跟食材有关。

食材旅游让消费者直接到食材产地，从认识食材到农业体验（食材采收方式、农民耕种方式），菜点烹饪到美食特产、纪念品制作，体验当地人生活方式，了解土地与农村的人文风情，不但能让旅人用心体会食材背后的点滴故事，也能以最直接的方式和农民、农村以及这片滋养我们的土地产生更深厚的联结（颜建贤，2014）。

食材旅游还有一项很重要的意义，就是和农民沟通，无论去到休闲农场、农民市集或农会经营的农特产展售中心，皆可借由互动、品尝、采买，了解农业也了解农民的理念，绝对有助于消费者认识食材与食材的价值，也对农民因掌握消费需求而审视栽培理念，进而改良栽培方式等，对于农产品的质量保证、安全维护，都有实际帮助。食材旅游可以通过农业旅游以非观光发展模式，建立消费者与生产者间的互信机制。

食材旅游也是极符合节能减碳且能够提供地产地销、体验学习与食农教育的一种方式。让游客直接到食材产地通过亲自到农村体验，才能了解农业的自然、农家的文化与生命的价值，感受农业特色与感情。

在参与食材旅游当中亦能享受当季、在地的特色美食料理，不只满足现代人对食物的生理需求，且能提升幸福感。

二、食材旅游资源的多重价值

食材旅游资源由于其独特的地理环境、与众不同的品质，具有养生、欣赏、体验、教育、经济等多种价值，是优秀的旅游资源。

1. 养生价值

养生价值是食材旅游资源最基本的价值。健康养生已经成为全社会关注的话题，作为旅游资源的特色食材都具有同类食材难以比拟的营养价值，比如河南温县铁棍山药、宁夏枸杞、山东潍县萝卜、吉林抚松人参等。

2. 欣赏价值

作为旅游资源的食材都值得欣赏，如在山东寿光市蔬菜高科技示范园内，遍地的白色蔬菜大棚覆盖下，憨态可掬的大南瓜、精巧可爱的小萝卜、绿叶掩映的大西瓜……游客置身其中，犹如走进一个美丽的园林世界，而徜徉于各种藤蔓菜果搭成的“蔬菜走廊”，各种鲜活蔬菜和花卉相互映衬，很难分辨出哪是花哪是菜，可餐的秀色让人惊叹，让人流连。

3. 体验价值

在旅游过程中，旅游者不仅能欣赏到食材的形色，领略到田园风光，而且能够直接参与蔬菜或果品的种植、采摘、品尝活动，亲身体验果蔬生产过程，体味生机盎然的农村生活。如中国枇杷之乡眉山市仁寿县每年举办的枇杷节，有吃枇杷比赛、游枇杷生态园、采摘等活动。

4. 教育价值

在现代生活环境下，许多都市人对一些食材的艰辛种植过程和复杂的养殖、加工技艺并不一定了解，因此常常希望到果菜园用身临其境的方式教育后代，由此蔬菜、果品旅游资源本身也成了宝贵的教育素材。旅游者可通过参观菜园、果园，参加蔬菜、果木种植、采摘活动，了解我国丰富多彩的蔬菜、果品品种，学习种植技艺，不仅丰富阅历，更增长见识，体会到餐桌上的蔬菜、果品来之不易，使自己更加珍视农民的劳动成果。

5. 经济价值

优质特色食材具有其他同类食材所不具备的独特优势。这种优势在市场经济的条件下就直接表现为贴有地理标志的食材的价格要远远超出其他同类产品的价格，消费者也愿意为这种品质支付溢价。比如章丘大葱以“葱高、白长、脆嫩、味甜”的特色闻名，目前种植总面积达约12万亩，年产量6～10亿斤，品牌价值达33.5亿元人民币。再如黑鲔鱼是一种高经济海产品，据说在日本东京筑地市场，一尾上好的黑鲔鱼售价高达10万美元。在2018台湾屏东黑鲔鱼文化观光季，“第一鲔”经测量总重206千克、身长210厘米，以每千克8600新台币、总价177.16万新台币由东港佳珍海产店得标，打破了2004年每千克7800元新台币的历史记录（且十，2018）。

三、食材旅游资源开发的主要内容

丰富的食材文化资源，不仅为人类自身的发展与进步提供了物质保障，而且是人类旅游活动中宝贵的旅游资源，是旅游开发的亮点、重点和潜力股。其开发的内容包括发展历史、文化内涵、生产加工、贮藏保鲜、品质鉴定、烹饪应用、营养功效等多方面。

1. 食材历史文化

从起源到发展，每一种食材都有其不平凡的历史。从播种到收获，每一样食材都有一个完整的故事。每一种食材旅游资源的开发，都应讲清“食材自己的故事”。这样，消费者不仅买得放心，还增加心理认同感。比如，黍子这种大约八千年前的食物为何会同时出现在中国和欧洲？是什么原因将相隔万里的史前食物生产者们联系起来？又是什么原因将他们的文化和社会联系在一起（马丁·琼斯，2009）。

2. 食材分类体系

每一种食材都具有一定的个性，而每一类食材往往具有一些共同的性质和特点。通过对食材分类，有助于归纳总结食材的共性和个性，增强对食材性质和特点的了解，深化对食材运用过程中内在规律的认识，也可以根据分类体系，以进一步调查食材的资源状况，开发新的食材资源。对食材旅游资源开发，就需要对这类食材进行科学的、充分的、系统的发掘，分析其在所属分类体系中的位置，以便旅游者能正确区分和选用。

3. 食材形态结构

食材的形态结构指的是食材的内部各组成部分的性质及其组合格局，包括自然生长形态、生理特征、组织结构以及烹饪分档情况等。“沙漠人参”肉苁蓉身高10～45厘米，茎的肉质较厚呈黄色，茎上的鳞片呈黄褐色。抚松人参馆展品厅陈列各种形态的山参和园参植物标本、三大类成品园参即抚松普通参、集安边条参、宽甸石柱参。

4. 食材产时与产地

丰富的食材资源，随四季变迁而变化。即使大部分食材全年都可供应，但是在当地种植的应季食材最为可口。食材在一年之中，有它的旺产期、低产期和停产期，在质量方面，也有肥壮期和瘦弱期。如螃蟹要“九月团、十月尖”；甲鱼要以菜花、桂花开时为好；还有“六月韭、驴不瞅；九月韭，佛开口”“小暑长鱼赛人参”“刀不过清明，鲥不过端午”等之说。再如，哈士蟆、飞龙、猴头和熊掌为东北的“四大山珍”，石鸡、石耳、石鱼是“庐山三石”，白鱼、银鱼、白虾谓“太湖三白”。

5. 食材化学组成、营养价值及保健功效

某种或某类食材化学成分及其理化特点，为人们进一步了解这些食材在烹饪过程中发生的理化变化，选择合理的烹饪方法和科学的烹饪加工控制提供理论依据，从而指导人们如何去保护有益成分，去

除不利或有害成分。在旅游开发时，必须研究食材的营养价值，认识其对人体的保健功能。

6. 食材质量标准和品质检验

把握不同类别食材的国家标准、地方标准或行业标准，并结合实际情况介绍不同的品质检验的方法，方便人们在选择食材的同时能够准确地判断其品质，或者根据不同的品质选择相应的加工方法，为提高美食质量提供依据。

7. 食材的贮藏保鲜

游客在旅游目的地购买的食材要带回家乡，这就涉及食材的贮藏保鲜的因素，因此旅游经营者就需要把贮藏保鲜的原理和方法告诉购买者，对于减少和避免浪费具有十分重要的意义。

8. 食材的烹饪应用

人们购买食材的目的主要是食用。旅游开发时就应深入研究某一类或某一种食材在初加工、烹制和调味过程中的一般规律，以便合理利用食材，达到最佳风味效果。

四、食材旅游资源的主要类型

食材旅游资源按功能可分为参与体验型、观赏展示型、参观学习型、节事型等几种。

1. 参与体验型

现代旅游者已经不再满足于单纯的展示性旅游，人们更加趋向于有别于惯常生活的充满情趣的体验。目前，随着生态旅游、农业旅游、乡村旅游等旅游市场的发展，旅游者开始逐渐热衷于回归自然、返璞归真的参与体验式旅游。参与采摘蔬菜、果品，认种一片菜地等活动内容，就是一种体验式旅游，是旅游者对乡村田园自然环境和人文环境的一种感受和探索，一种心理上的彻底释放。

2. 观赏展示型

在菜园、果园，特别是在一些蔬菜高科技示范园内，色彩和形状的组合令人眼花缭乱：色泽斑斓的五彩椒、晶莹剔透的樱桃番茄、姿态各异的大小南瓜……更加以恬静的田园风光、独具特色的乡风民俗和农耕文化，形成优势互补、极具观赏性的旅游资源，开发观赏展示型的蔬菜旅游产品将对旅游者产生极大的吸引力。

3. 参观学习型

通过旅游增长知识、增长见闻也是现代旅游者的追求，参观学习型的蔬菜旅游、果品产品能满足旅游者的这种愿望。都市人通过参观蔬菜园地，知晓蔬菜的品种、形式、种植技艺。而随着农业新技术、新品种的推广运用，希望寻求致富真经的广大农民，满怀着对农业新知识的渴望，到大棚蔬菜园、蔬菜高科技示范园里“零距离接触”，可以实实在在地学习绿色蔬菜、有机蔬菜的生产过程和最新技术。城里人瞧景长见识，农民取经学科技，各取所需，各奔所爱。

4. 节事型

食材节事是指以食材为主题的节事，主要命名方式有某某食材节、食材文化节、食材美食节、食材美食文化节、食材美食旅游节等，也可以用某某食材展销会、博览会、厨艺展等形式来命名。如“中国食材节”“中国食材电商节”“‘美食无国界，全球好食材’北京国际餐饮食材交易博览会”“中国（广州）国际食品食材展览会（GIFMS）”“上海国际餐饮食材展览会”“贵阳国际餐饮食材展览会”“中国（上海）

火锅食材用品展”“广州餐饮食材加盟展会”“天津国际餐饮食材博览会”“中国徽菜食材节”等。再如，“2018年中国·章丘大葱文化旅游节”于9月27日–10月28日舜耕山庄生态园（章丘）举办。会上，先后发布了节会品牌主题、品牌形象、吉祥物、系列活动等内容。“2018年中国·章丘大葱文化旅游节”以“中国葱乡，百脉章丘”为节会核心主题，以“中国葱·健康行”为年度主题，共划分六大板块的活动内容，涵盖新闻宣传、展览展销、峰会论坛、招商推介、旅游观光、文化艺术等多个领域，包括全民彩虹跑、名优特色农产品展销、乡村振兴论坛、精品优惠游、市民互动有奖、创意设计展等内容，类型众多、活动丰富。

五、食材旅游资源开发应注意的问题

1. 深入挖掘食材背后的故事

我们不仅要找到优质食材，还应该挖掘食材背后的故事，比食材更重要的是食材里的故事、乡情、人情。“有故事”的食材，才能惹人爱。

2. 形成主次分明的食材结构

一般情况下，开发食材旅游应主打一种或一类食材，其他食材为辅，形成主次分明的食材结构，便于推广。

3. 避免“特产不特”

一个地方的特色食材往往是当地旅游产业的一个重要组成部分，很多地方正是以品质优良、地方风味浓郁等特色产品吸引游客前来旅游观光。如果“特产不特”，单单着眼于门票暴利，无视景区资源保护，无视旅游服务质量，无视特色产品保护和创意产品开发，注定不会是可持续发展之路（钟瑜，2014）。

4. 将食材与其他旅游要素有机结合

食材旅游以食材为主题，但也要与食材原产地自然环境、生产活动等自然与文化资源相结合，吸引游客前来进行游览、观赏、体验、休闲、品尝、购物，营造食材文化气息。

5. 重视食材旅游资源保护

特殊的甚至是独一无二的地理环境造就了部分食材独特的品质及其出众的质量，赢得了消费者的高度喜爱和赞誉。这些特色食材能够美化环境、涵养水土、防风固沙、净化空气等，其质量及其质量变化反映着其生态环境的变化，并已成为当地生态环境的“标志者”“自动监测器”和“气象预报员”。保护特色食材资源，能促进生物多样性保护，避免物种的减少和灭失（马中，2016）。

6. 加大食材旅游的营销力度

通过大型门户网站，利用目前大众喜闻乐见的微信、微博等新媒体形式以及各种交通工具上的电子广告牌，拍摄食材文化微电影，对食材文化进行营销推广，扩大食材文化在游客中的影响力。

参考文献：

[1] 谷英敏, 柴可夫, 马纲. 食材内涵古今辨析[J]. 浙江中医药大学学报, 2010, (3):301-302.

[2] [英]马丁·琼斯. 宴飨的故事[M]. 济南: 山东人民出版社, 2009.

[3] 柴可夫, 谷英敏, 马纲. 中国食材分类方法浅析[J]. 中华中医药杂志, 2011, (10):2217-2220.
[4] 崔桂友. 烹饪原料的分类问题探讨[J]. 中国烹饪研究, 1998, (4):14-22.
[5] 冯玉珠. 丝绸之路饮食文化旅游资源开发研究[J]. 扬州大学烹饪学报, 2015, (1):25-29, 34.
[6] 冯玉珠. 饮食文化旅游开发与设计[M]. 杭州:浙江工商大学出版社, 2017:33-69.
[7] 何立德. 食材旅行——建立消费者与农民最信友善交易平台[J]. 休闲农业产业评论, 2014:68-73.
[8] 洪馨兰. 风土料理小旅行里的“人类学”[A]. 索晓霞, 李菲. 多彩贵州·原生态文化国际论坛2014[C]. 北京:社会科学文献出版社, 2015:346.
[9] 洪馨兰. 台湾当代“食材文化旅行”的一场深描[J]. 青海民族研究, 2014, (4):43-47.
[10] 洪馨兰. 台湾当代乐活风潮下的食材旅行: 一个案例的分析[J]. 青海民族研究, 2015, (4):89-93.
[11] 胡异艳. 福建农业旅游业发展研究[D]. 福建师范大学, 2008:1.
[12] 李崇科. “三农”问题研究: 以玉溪为例[M]. 昆明: 云南大学出版社, 2013:63.
[13] 马中. 保护生态食材不能盲目多产[J]. 环境与生活. 2016, (11):60.
[14] 且十. “新南向”下, 还能有台湾渔民的“第一鲔”盛景吗? [EB/OL]. 中国台湾网http: //www. taiwan. cn/plzhx/wyrt/201805/t20180502_11950205. htm, 2018-05-02.
[15] 苏春山. 介绍几个名词、术语[J]. 商场现代化. 1984(9):4-6.
[16] 严贤春. 生态农业旅游[M]. 北京: 中国农业出版社, 2004:39.
[17] 颜建贤, 林育辰. 食材旅游游客动机、满意度及再参与意愿之研究[J]. 农业推广文汇, 2014, (59):51-71.
[18] 颜建贤, 魏任鸿. 地方自产自消与食材旅游[J]. 北京大学旅游研究与规划中心. 旅游规划与设计20——台湾乡村旅游与民宿. 北京: 中国建筑工业出版, 2016,(2):108-113.
[19] 钟瑜. “特产不特”显旅游短板[J]. 今日海南, 2014, (11):23.

泸菜是新时代川菜创新发展的产业品牌需要

石自彬[1]　代应林[2]　张丰贵[2]

（1. 重庆商务职业学院，重庆　401331；2. 泸州市餐饮行业协会，四川　泸州　646000）

摘　要：泸菜是新时代川菜发展形成的区域菜系，是以泸州为中心的川南区域饮食的统称。作为川南餐饮界共享区域菜系品牌和川南城市群共享城市美食名片，泸菜与渝菜、蓉菜共同组成新时代川菜三大主流区域菜系品牌，共同建构新时代川菜理论体系，共同代表新时代川菜发展最高艺术水平。泸菜既是新时代川菜创新发展的产业特色品牌需要，也是打造和发展川南区域共享菜系品牌的现实需求。

关键词：泸菜　新时代　川菜　产业　品牌　渝菜　蓉菜　川南　泸州　美食之都

基金项目：

1. 四川省教育厅川菜发展研究中心2015年餐饮文化类项目“泸州餐饮发展与传播研究”（立项编号：CC15W13）阶段性成果。

2. 泸州市科学技术与知识产权局2016年市级科技规划项目“泸菜烹饪技艺传承创新研究与应用”（立项编号：2016-S-56）阶段性成果。

一、导论

谨以此文，以餐饮工匠人所独有的职业方式，向党的十九大献礼！向改革开放川菜辉煌四十年发展献礼！

泸菜是新时代川菜发展形成的区域菜系，是以泸州为中心的川南区域菜系品牌，是新时代川菜的重要组成。由泸州市餐饮行业协会为主体于2015年10月正式提出的泸菜概念，是对新时代川菜发展的重大理论创新，是对新时代川菜区域菜系品牌建设的重大贡献。以川东区域渝派川菜为典范的渝菜、川南区域泸派川菜为特色的泸菜、川西区域蓉派川菜为代表的蓉菜，共同组成新时代川菜三大主流区域菜系，共同建构新时代川菜理论体系，共同代表新时代川菜发展最高艺术水平[1]。泸州餐饮界对建构新时代川菜理论体系的新论述，是现代川菜旧有理论形成近百年来的第一次重大理论创新和发展，泸州餐饮界为新时代川菜理论创新、技艺传承、文化研究、品牌建设与产业可持续健康发展作出了杰出成就和卓越贡献。

作者简介：

石自彬（1980—　）男，四川泸县人，硕士，重庆商务职业学院讲师，研究方向：烹饪教育、菜系理论、饮食文化。

代应林（1953—　）男，四川泸县人，大学学历，高级经济师，原泸州市商务局副局长、泸州市餐饮行业协会执行会长，研究方向：企业管理、饮食文化。

张丰贵（1951—　）男，四川泸州人，大学学历，高级技师，泸州市餐饮行业协会会长，研究方向：企业管理、烹饪技艺。

以区域菜系共同建构新时代川菜理论体系，共同组成新时代川菜特色品牌，是新时代川菜创新发展对理论与现实的迫切需要，也是新时代川菜理论建设与产业可持续健康发展亟待解决的重大学术课题。新常态下重新建构新时代川菜理论体系，为新时代川菜研究和发展提供先进、全面、系统、权威的学术理论支撑，为新时代川菜的研究和发展指明方向，也是打造区域共享菜系品牌发展的现实需求。

川菜辉煌四十年发展，所取得的三大历史成就，一是自贡地方餐饮界在2003年首先提出盐帮菜概念，并成功打造为自贡地方菜系品牌[2]；二是作为川菜大本营的成都，继续领跑川菜产业可持续发展龙头，并在2010年2月28日被联合国教科文组织授予“美食之都”荣誉称号，成为亚洲第一个获此殊荣的城市；三是泸州继自贡自之后，提出泸菜概念，将泸菜作为川南餐饮界共享区域菜系品牌和川南城市群共享美食名片，泸州成为全川第一个打造以泸菜作为川南区域共享菜系品牌的城市。

二、泸菜提出背景：新时代川菜发展需要区域菜系品牌

（一）渝菜品牌对川南餐饮的启示

2015年7月，重庆餐饮界联合政府部门出版了《渝菜标准》一书，从学术上首次对重庆渝派川菜的表述由过去的下河帮川菜改称为渝菜，并对渝菜作为区域性菜系的归属作了科学的学术界定，明确指出渝菜属于川菜，渝菜是川菜的重要组成，但又不等同于川菜，渝菜独具特色，自成菜系。《渝菜标准》的制定是渝菜发展史上的重大事件，具有历史里程碑意义，也是新时代川菜体系下区域菜系标准的开山之作，对渝菜乃至整个新时代川菜的品牌发展和文化传播，起到了积极有力的推动和促进作用[3]。

“渝菜”二字最早出现，可以追溯至清末民初时期贵州遵义一家名为“蓉渝菜社”的川菜馆。从其店名就可以看出当时的成都川菜、重庆川菜就分别有蓉菜、渝菜的称法，也反映出蓉菜、渝菜存在较大风味差别的事实。从《四川烹饪》杂志1999年7月期发表崔戈所写的《“渝菜”能自立门户吗?》一文可以看出，渝菜概念提出由来已久，重庆餐饮界提出渝菜开宗立派的时间比自贡2003年菜提出盐帮菜概念早了整整四年。2012年发布的《重庆市人民政府关于进一步加快餐饮业发展推进美食之都建设的意见》（渝府发〔2012〕77号）文件提出，“形成以巴渝文化为底蕴、美食街（城）为载体、重庆火锅和特色渝菜为标志，彰显重庆餐饮特色，荟萃天下美食，满足多元消费需求的长江上游地区美食之都。到2020年，基本建成具有广泛影响力和良好美誉度的中国美食之都。”这一文件标志着渝菜概念得到重庆市政府确立，并实施发展渝菜品牌战略。至此，渝菜正式成为一个由重庆市人民政府官方确立的区域菜系品牌[4]。

渝菜概念的确立给川南餐饮行业带来了巨大理念冲击、现实思考和产业发展启示。川南作为成渝城市群的重要组成，长江经济带的重要节点区域城市群，川南餐饮界如何打造和发展具有川南特色的区域菜系品牌，是摆在川南餐饮人面前亟待思考的发展问题和新时代区域餐饮产业重大战略课题。

（二）川南缺少区域菜系品牌

川南作为四川省第二大经济区域，成渝城市群重要组成。但是川南五地市的餐饮业，长期各自为营，独立发展。无论其地方菜系品牌效应和影响，还是餐饮经济规模和竞争力，都无法与成都、重庆两大区域相比，川南现有地方菜系品牌发展滞后，整体影响力严重不足。

川南餐饮界各地方，也一直在试图创建具有本地鲜明特色的地方菜系品牌。如乐山，曾提出打造嘉

州菜或嘉阳河帮菜作为菜系品牌[5]，但也仅停留在浅层次的学术理论层面，未见餐饮界有实际作为。宜宾餐饮虽有众多经典传统名菜名点，且古泸水的正源金沙江也流经宜宾，并与岷江汇合成为长江的一条支流，算是泸水正宗。但是宜宾餐饮界在打造本土菜系品牌上长期停滞无为，不论是古泸水的泸菜品牌，还是三江宜菜品牌，既无学术研究，更无实际行动。

内江在当今具有“南杨北史”之誉的川菜泰斗杨国钦的领军之下，打造内江糖帮菜和大千美食。糖帮菜是历史菜系品牌，与内江现在的经济发展与城市人文内涵已有较大差距，最后也成效甚微；大千美食作为以一代巨匠张大千名字命名的风味菜系，形式上只是属于中国传统文人文化饮食，只能是文人川菜的典范，作为本地城市美食名片，而不具备成为一个地方菜系的条件要素，因此也难以成为一个地方或区域菜系品牌。

自贡餐饮界，虽然一直积极行动，借助自贡千年盐都的深厚城市文化底蕴，在2003年首次提出盐帮菜概念，至2006年经自贡商务局发文以官方形式确立盐帮菜为其地方风味菜系[6]，经过十余年的发展，盐帮菜成为川菜体系中除渝菜之外的第二个地方菜系品牌。但盐帮菜存在诸多自身的缺陷，仅是存在于当年盐商、盐工等特定人群为饮食主体的特色风味饮食体系，不具备广泛的群众饮食基础，更有其过于突出、过于单一的味重味浓的鲜辣风味等一系列制约因素，也决定了其有限的传播广度和局限的饮食受众群体。就整体而言，盐帮菜只能是自贡城市的地方特色菜系和城市美食名片，难以形成较大的区域菜系品牌，其影响力自然也无法与蓉菜、渝菜等川菜区域菜系品牌相提并论。

泸州餐饮界自2011年开始，也一直在探寻打造具有泸州地方特色的餐饮菜系品牌。从最开始提出打造“中国长江（上游）河鲜美食之乡”，几年间积极付诸行动，并取得了一定成绩。但以河鲜著名的城市不仅仅只有泸州，沿江沿河的城市都具备打造河鲜美食品牌的自然资源基础。而且，泸州的美食也不仅仅只有河鲜，还有更多的美食风味共同组成泸州的饮食体系。泸州应该打造什么样的菜系品牌，才能成为既具有本土鲜明饮食特色和深厚文化内涵，又具有较大区域共性的可共享区域菜系品牌，是泸州餐饮界和所有餐饮人深思的重大问题。泸州餐饮界在借鉴渝菜概念内涵和渝菜品牌成功打造成功经验基础上，历经专家论证和政府官方确认，最终提出以泸菜作为川南区域共享菜系品牌。这是泸州餐饮界历经五年区域菜系品牌发展探索的最终成果，标志着新时代川菜在发展中形成了新的区域菜系品牌。

（三）外省菜系品牌发展领先于川菜

纵观外省菜系，地方和区域菜系品牌建设与菜系理论研究，近些年以来，一直遥遥领先于川菜发展。尤其是新时代川菜区域菜系品牌的打造与发展，与沿海江苏、浙江、辽宁以及广东等省的区域菜系品牌发展差距甚远。在浙菜系，杭州打造杭菜（杭帮菜），温州打造瓯菜，金华打造婺菜，宁波打造甬菜，绍兴打造越菜（绍菜），丽水打造处菜等，以此共同构建浙菜体系；在苏菜系，无锡打造锡菜，盐城打造盐帮菜，南京打造京苏菜，淮安扬州共同打造淮扬菜（苏菜的代称和代表），徐州淮海共同打造徐海菜等；在辽菜系，大连打造连菜，并已制定了连菜标准《大连连菜烹饪操作规程》；在冀菜系，张家口打造口菜；在粤菜系，潮汕地区打造潮菜，诸如此类。在全国各大菜系之中，科学、规范、严谨、准确命名区域菜系并打造区域菜系品牌者不在少数。

自旧有川菜理论形成以来，川菜各大区域菜系发展几乎停滞，区域菜系品牌的建设一直乏力。在川东、川南、川西三大区域流派之中，只有重庆餐饮界率先提出渝菜概念，并得到政府官方确立，实施渝菜品牌和产业可持续发展战略。重庆在行政上直辖已经20年，提出渝菜概念并成功打造渝菜品牌是重庆餐饮界在这20年发展进程中取得的最大历史成就，渝菜已经形成了由重庆火锅、重庆小面、重庆江湖菜、重庆小吃、重庆江鲜（河鲜）等组成的完整的风味体系。川南区域的盐帮菜、糖帮菜、大千菜、嘉阳菜（嘉州菜）等，都不具备成为区域菜系品牌的自然、人文、经济等综合条件要素。

（四）旧有理论体系不能支撑新时代川菜发展需要

川菜区域风味流派，过去多以帮口来称谓，诸如大河帮、小河帮、上河帮、下河帮、内自帮、盐帮、马帮、糖帮等。这个“帮口”的称法，最早起源于清朝时期重庆的船帮。《清代乾嘉道巴县档案选编》记载，各帮船只以航行河道之不同又有大河帮、小河帮之别。当时的川菜文化学者在根据巴蜀大地各大江河流域人们饮食的差异性，借用船帮的“帮口”称谓，对川菜区域菜系进行划分和理论体系建构，将川菜区域菜系确立为几大“帮口”风味流派。

这种以“帮口”划分川菜区域菜系的方法，不同的川菜理论学者，有各自的划分法，没有形成统一的标准定论。就连《四川省志・川菜志》对川菜风味流派的划分都未给予定论，只是将已有的各种说法，不管对与错，统统摘录而已。川菜区域菜系划分的混乱，导致了川菜体系的混乱，不利于新时代川菜创新与发展。再者，帮派原本是江湖袍哥文化发展的产物，具有浓厚江湖气息，今天再以什么“帮派”“帮口”“菜帮”来称呼川菜的区域菜系，已经不适应新时代发展潮流和社会发展进步的要求，应该摒弃这种旧有的、过时的称谓。对新时代川菜理论的研究，要改变既有的“回头看”研究方法，不能仅通过典籍研究停留在旧有川菜理论层面；要重树新的“向前看”研究方法，从新时代川菜发展和现实需要视角出发，着眼未来。新常态下，重新建构新时代川菜理论体系，推动新时代川菜产业不断创新与可持续发展，永葆新时代川菜理论的先进性，继续引领中国菜系前进和发展方向。

三、泸菜内涵：川南区域共享菜系品牌

（一）泸菜概念界定

泸菜，是以泸州地域为中心的古泸水及其支流流域所在的川南区域内饮食体系的统称，即新时代川菜三大主流区域菜系之一的川南泸派川菜的简称。广义上，泸菜是整个川南区域内川菜的统称；狭义上，泸菜特指泸州川菜。不管是广义还是狭义概念上的泸菜，这个“泸”字，其含义绝不是简单的仅指泸州，而是指古泸水及其支流流域。

泸水，一般研究认为金沙江即泸水，泸水是金沙江的旧称。明嘉靖《马湖府志》卷五记载：“马湖江则泸水之下流也。”马湖江历来是指凉山雷波县至宜宾的金沙江段，而根据著名历史学家陈世松的研究成果《元代的马湖江和马湖路》论文所说：在元代，马湖江是一个范围更大的江域概念，是当时的嘉定（乐山）、叙州（宜宾）以下至泸州（泸州）之江均称为马湖江。也就是说元代人理解的马湖江，既包括金沙江下游，也包括了嘉定以下的岷江下游，更包括了叙州以下、泸州以上的长江上游，甚至把泸州以下至重庆，重庆以下至三峡的大江统称为马湖江。也就是说古代泸水的范围，涵盖了整个川南的江河。尤其是在元代，马湖江即泸水，已从通指金沙江下游的一般概念，扩展为泛指嘉定、叙州、泸州、重庆、涪州，甚至包括长江三峡以上的广义的江域概念。泸州段长江，古时也被称为泸水、泸江，从此也可以看出古泸水所指辖的江河流域相当广泛[7]。

从严谨的学术视角而言，区域菜系的形成和科学、规范、严谨、准确命名，都是以大江大河为界域，以江河水系名字简称命名区域菜系。因为古人都是临水而居，一定水系流域内的人们才具有相同或相近的饮食习俗和文化传统，且具有相同的自然环境和物产资源，是构成区域或流域菜系饮食体系的地缘基础和人文基础。已有约定成俗或形成习惯的，或以城市简称命名、或以城市旧有别称命名、或以山岳命名的菜系，如各省菜系以省简称命名、成都川菜以蓉菜命名等，按照既往遵旧，延续习惯称法的原则即可。因此，川菜区域菜系的划分和命名标准，也当遵循以大江大河为界域划分和以江河名字简称命名法则。在坚持学术理论和现实需求层面，至于川南菜这个区域菜系用什么菜系名称来统称，能被川南区域各地餐饮界所共同接受，其最大的公约数就是找到川南区域共同的历史地缘和文化基础。以川南区域历史上同属古泸水流域这一地缘，和同属江阳郡辖属的历史渊源，川南各地同在一个区域内，有共同的历史行政辖属、有共同的自然环境、有共同的物产资源、有共同的历史文化、有共同的民风传统、有共同的饮食习俗。故因古泸水之名，川南区域川菜即是泸派川菜，简称泸菜，并以泸菜作为川南区域共享菜系品牌。

（二）泸菜泸味体系构成

泸菜作为新时代川菜区域菜系，因其烹饪技艺的海纳百川，有容乃大，在吸收南北烹饪技艺精华基础之上，独创川南泸派烹饪技艺一绝，形成独具川南特色区域菜系。泸菜作为新时代川菜重要组成，首先具有新时代川菜“清鲜醇浓，麻辣辛香；一菜一格，百菜百味”的共性特点。新时代川菜以蓉菜为代表、渝菜为典范、泸菜为特色，又各自具有浓厚的区域饮食习俗和饮食特色。因此，泸菜更具川南区域菜系饮食的独特个性特点，简而言之，泸菜最大特点即是：“至味至美，绝色飘香”。具体而言，泸菜的特点是“清鲜重味，醇浓有道；麻辣相宜，辛香有度；格味多样，品式丰富；擅长河鲜，川南风格”。

泸菜由十大风味体系构成，分别是：大众家常风味、肆市酒楼风味、筵席风味、乡村九大碗田席风味、江鲜（河鲜）风味、泸酒窖香风味、小米滩火锅风味、川南小吃风味、凉卤烧烤风味、民族风味等，合称为泸菜“十全风味”。由“十全风味”构成的泸菜风味，在学术理论上确立为“泸味”，是泸菜所有风味体系的综合总称。

1. 大众家常风味

“家常”即是居家常有之意。大众家常风味菜式即是广泛存在于川南民间家庭，有着广泛的群众饮食基础，其特点是味浓、味厚、味香、味重，咸、鲜、酸、辣、麻，五味备至。大众家常风味的代表味型有：家常味、豆瓣味、咸鲜味、咸甜味、鲜辣味、烟香味（腌腊味）、泡菜味、泡椒味、糊辣味、糖醋味等。代表菜品有：叉椒回锅肉、豆瓣烧鱼、魔芋烧鸭、红苕鲊肉、火葱猪肝，以及豆花系列的合江旱豆花、江门荤豆花、富顺豆花等。

2. 肆市酒楼风味

肆市酒楼风味是社会餐厅、酒楼以散客零餐菜品为代表，多数采用旺火速炒、急火短炒、一锅成菜的小煎小炒、火爆火烹技法和以中小火慢烹的干烧干煸技法成菜的菜品风味。菜品具有脆、爽、嫩、酥、香、滋、韧等口感特点。肆市酒楼风味的代表味型有：家常味、咸鲜味、泡椒味、豆瓣味、红油味、麻辣味、香辣味、酸辣味、煳辣味、鱼香味等。代表菜品有：火爆肥肠、干烧水密子、大千干烧鱼、肝腰合炒、水煮牛肉、自贡冷吃兔、李庄白肉等。

3. 筵席风味

筵席风味是以高档酒楼、酒店制作筵席为主的菜品风味，通常以蒸、烧、炖、煮、烩、炸、焖、炒、拌等能大批量制作的烹调方法成菜，口味以咸、鲜、清、淡、醇、浓为主，凸出麻辣辛香特色。筵席风味的代表味型有：咸鲜味、泡椒味、豆瓣味、红油味、麻辣味、酸辣味、甜香味、豉香味、蒜香味、甜酸味、糖醋味等。著名代表筵席有：大鹏展翅宴以及具有川南区域特色的泸州八景宴、合江八景宴、泸水全鱼宴、蜀南竹海全竹宴、大风堂宴席、杨公馆养生宴等。

4. 乡村九大碗田席风味

该风味是长期流行于整个川南地区，乡村举办传统九大碗农家宴（也称田席、流水席、坝坝宴等）为代表多以三蒸九扣和烧、炖、烩、煮、煨、炸等批量成菜方法制作的菜品风味。乡村九大碗田席风味的代表味型有：咸鲜味、咸甜味、鲜辣味、烟香味、甜香味、糖醋味、椒盐味、豉香味等。代表菜品有：镶碗、攒丝杂烩、蒸酥肉、粑粑肉、咸烧白（干豇豆扣肉）、夹沙肉、八宝糯米饭、扣鸡、扣鸭、坨子肉、墨鱼三鲜汤、醪糟银耳汤、鲊肥肠（鲊笼笼）、糖醋脆皮鱼等[8]。

5. 江鲜（河鲜）风味

江鲜（河鲜）风味是以江河湖泊等流动水源里生产的野生或放养的水产食材，采用本土烹调技法烹制而成，且具有浓厚本土饮食特点的菜品风味。河鲜风味的代表味型有：木姜味、藿香味、藤椒味、麻辣味、酸辣味、泡菜味、鲜辣味、豆瓣味、豉香味、泡椒味、薄荷味等。代表菜品有：泸州凉拌鱼、酸菜黄辣丁、江团狮子头、豆豉蒸鱼、泡菜鱼、藿香鱼、清蒸江团等。

6. 泸酒窖香风味

泸酒窖香风味是以川南本地所产泸州老窖、郎酒、米酒（醪糟）、啤酒等为代表的各类饮用酒运用到菜品烹调中所烹制出的具有浓郁酒香的菜品风味。泸酒窖香风味的代表味型有：窖香味、糟香味（香糟味）、啤香味等。代表菜品有：窖香火龙鱼、酒香糟蛋、叙府糟蛋、窖香童子鸡、附骨鸡等。

7. 小米滩火锅风味

该风味是具有川南小米滩起源地文化内涵的火锅饮食风味，其显著特点是相对于重庆火锅的麻辣重油和成都火锅的香辛味浓，小米滩起源地火锅其味型更为醇厚、浓香，更符合大众食客的健康饮食和味感需要。小米滩火锅风味代表味型有：麻辣味、咸鲜味等。代表火锅品种有：麻辣火锅、鸳鸯火锅、清汤火锅、清油火锅、菌汤火锅、酸菜豆花火锅、大河帮淬石鱼火锅等。川南小米滩，作为川渝麻辣火锅的发源地，有着悠久的历史和深厚的文化底蕴，代表着发源地火锅饮食文化内涵和起源地火锅品牌魅力，更具有原始发源地的火锅历史文化和人文价值。

8. 川南小吃风味

该风味是指具有川南区域特色的本地小吃点心风味，其特点是多以米面制品为主，常采用发酵技法制作而成。川南小吃与川东重庆小吃、川西成都小吃、川北小吃共同组成川味小吃传统四大流派，其中川南小吃又以泸州小吃为代表、宜宾小吃为典范、乐山小吃为特色。川南小吃风味的代表味型有：甜味、甜酸味、良姜味、咸鲜味、臭香味、奶香味、酒香味、麻辣味等。代表小吃品种有：泸州白糕、泸州黄粑、红桥猪儿粑、泸州五香糕、两河桃片、酒香蛋酥、宜宾燃面、筠连水粉、葡萄井凉糕等。

9. 凉卤烧烤风味

这是以卤水卤制和以明火或炭烤、电烤等烹调方法成菜的菜品风味。凉卤烧烤风味的味型代表有：五香味、麻辣味、酱香味、孜香味、焦香味等。代表菜品有：五香卤牛肉、老卤匠肖鸭子、古蔺麻辣鸡、合江烤鱼、乐山棒棒鸡、钵钵鸡、乐山甜皮鸭等。

10. 民族风味

民族风味是以川南少数民族，尤其是宜宾、泸州高山地区少数民族饮食习俗为代表的菜品风味，以酸辣风味和怪食为主要特色。民族风味的代表味型有：酸辣味、泡菜味、烟香味、卤香味、咸鲜味、鲜甜味、五香味、红油味、少数民族特有怪食味型等。代表菜品有：酸汤牛肉、苗家酸汤鱼、酸菜蹄花汤、彝家坨坨肉等。

（三）泸菜味型丰富

依据川菜味型命名的一贯法则，并结合新时代川菜不断发展和丰富，以及泸菜自身的特点和区域风味特色。根据泸菜泸味的“十全风味”体系和味型命名，据统计，泸菜共计54种烹饪技法，50余个味型，可谓是“食在川菜，味在泸菜”。

依照泸菜“十全风味”体系分类，泸味体系味型种类有：家常类、鲜香类、麻辣类、甜酸类、酸辣类、酒香类等共计50余个味型。具体包括：家常味、豆瓣味、红油味、咸鲜味、咸甜味、麻辣味、香辣味、鲜辣味、酸辣味、煳辣味、糟辣味、鱼香味、窖香味、酱香味、糟香味（香糟味）、甜香味、五香味、卤香味、烟香味（腊香味、熏香味）、豉香味、蒜香味、茶香味、孜香味、糖醋味、荔枝味、茄汁味、柠檬味、怪味、腐乳味、泡菜味、蒜泥味、姜汁味、木姜味、藿香味、薄荷味、良姜味、陈皮味、麻酱味、椒麻味、椒盐味、鲜椒味、泡椒味、叉椒味、烧椒味、藤椒味、黑椒味、芥末味、咖喱味、香油味、葱香味。随着调味品产业的发展，以及本土新兴调味品的出现，泸菜味型将会继续得到丰富和发展。

（四）泸菜文化是巴蜀文化的重要组成部分

至味至美，绝色飘香的泸菜泸味体系，是川南古泸水及其支流流域人们在漫长的饮食历史长河中发展形成的，极具川南民风习俗和区域饮食文化。泸菜饮食文化作为巴蜀文化的重要组成，代表着川南区域民俗饮食的江河文化、码头文化、船工文化（纤夫文化）、移民文化、市井文化、丘陵文化、泸酒文化、井盐文化、民族文化、高山文化、红色文化（革命文化）等。川南素有“鱼米之乡”的美誉，江河纵横，湖泊密布，丘陵林立，物产丰富，为人们饮食生活提供了广泛而众多的食材保障。以本土食材、本土调料、本土技法烹制出具有本土味道的本土菜品，是体现泸菜泸味本土饮食特色的核心文化内涵。

四、泸菜形成与发展：以泸州为中心川南区域共同发展

泸菜以泸州地域为中心，以泸州饮食为代表，涵盖整个川南区域。泸菜形成的踪迹追溯至古巴蜀及古夜郎国时期。泸菜历史文化悠久，许多文献资料已经证明它的渊源。厚重的历史呈现了泸菜博大的文化底蕴，历代名厨不断开拓创新和发展泸菜，不断演变发展，最终形成今天新时代泸菜格局。泸菜的形成除了区域自然、物产资源、民风民俗、历史文化、船运贸易之外，四川历史上三次大规模战争，以及八次移民潮，带来人口大迁徙，进入四川定居生活，民族大融合，民俗饮食相互作用大影响，都是泸菜

形成的重要历史和文化因素。

（一）古代泸菜发展概况

古泸水流域川南区域，历史上曾经反复属于古代的巴国、古蜀国以及古夜郎国辖治。周慎靓王五年（前316年）春，秦国灭巴国、蜀国，同年设置巴郡、蜀郡，辖包括整个川南区域在内。秦时在今宜宾市设置了第一个县级行政机构僰道县，治所僰道城，即今天的宜宾城区。后西汉景帝六年（前151年）封苏嘉为江阳侯，在长江与沱江交汇处（今泸州市江阳区）设置江阳县[9]。再后，今之内江、自贡、乐山等地纷纷置县，川南行政置县已有两千多年历史。通过行政治理，发展民生经济，繁荣社会文化，使川南逐渐成为巴蜀富庶之地，川南鱼米之乡，泸菜烹饪技艺在川南民族融合发展中逐步形成和完善。

泸菜在先秦时期，随古巴国、古蜀国的社会经济发展而出现。到秦汉时期，随着国家统一，社会经济恢复发展，川南各地陆续设置县制，形成政治、经济、文化中心城市，商业随之发达起来，泸菜饮食业也高度发展。从考古发掘的西汉墓葬出土的庖厨砖石刻画像文物及饮馔实物，都能证明当时川南区域的饮食业形成了完整的体系，区域烹饪技艺高度发展。加之秦朝统一全国以后，川内出现了历史上的第一次移民运动，大量外省人民迁入川南定居生活，又促进了外省饮食与本土泸菜的交流融合，提升了古代泸菜的发展水平。

唐朝初年，程咬金出任泸州大都督，因治理泸州功绩卓著被御封为卢国公。程咬金从国都长安带来了大批官府厨师，将长安的宫廷和官府饮食带到泸州，在川南区域得到传播，使泸菜厨师第一次有机会学习宫廷菜、官府菜的烹饪技艺，对泸菜的成熟发展起到了重要的推动作用。

两宋时期，是川南经济文化大繁荣时期。泸州成为与成都、重庆三足鼎立的大都市，且是全国二十六个商业大城市之一[10]。朝廷颁旨，说泸州是“西南要会”之地，是进出云南、贵州、四川的战略重镇，是南丝绸之路与茶马古道的必经之路，陆路马帮，水路船帮皆汇集泸州进行贸易中转。各方饮食汇聚泸州，旅店、饭馆、酒楼林立，餐饮业达到一个鼎盛时期，古代泸菜渐趋成熟、日臻完善。古代泸菜体系在这一历史时期形成，并作为巴蜀三大区域菜系之一的地位得到确立。

（二）近现代泸菜发展概况

明清时期，是古代泸菜开始向近现代泸菜发展的关键历史时期。历经元朝、明朝末年两次长期的大规模战争，四川出现了十室九空，千里无人烟的荒凉，此后历次湖广填四川大规模移民运动，又为巴蜀大地带来了大量劳动力，人口快速增加，经济逐渐繁荣，餐饮业随之兴盛。明朝中后期辣椒引入川南种植并逐渐广泛食用，是泸菜发展史上的分水岭，是近代泸菜开始形成重要节点。至清朝湖广填四川时期由福建移民创制了豆瓣酱并应用到川南饮食烹饪之中，是近代泸菜初具雏形的重要标志。进而在清朝后期泸菜常用味型不断丰富，数千款名菜的陆续出现，风味体系构建完成，促使近代泸菜最终成形。

1937年全面抗战开始以后，重庆成为战时的陪都，四川及云南、贵州等大西南成为抗战的大后方。大量的外省人民又内迁至以重庆为中心的四川各地，川南作为重庆、成都的中间点区域，加之山城重庆城市地域狭小，无法容纳大量的内迁人口，于是川南便成为外省人口入川的又一个重要落脚生存之地。随之而来的达官贵人、军阀、商人、名流人士大批涌入重庆及溯江而上至泸州等川南各地，使得各省各地多菜系风味饮食在川南乃至整个四川相互大融合，相互借鉴吸收，出现了泸菜自近代以来的第一次发展高峰[11]。

民国版《泸县志》记载："其烹调有蒸、煮、烧、炸、煨、炖、卤、腌诸法，油、盐、酱、醋、糖、豉以调其滋味，椒、姜、茴、柰、葱、蒜以助其芳香，豆粉以佐其滑泽[12]。"泸菜烹饪技艺吸收成都、重庆的名厨、商人、军阀私人厨师厨艺；兼收并蓄湖北、江苏、浙江、上海等长江流域以及北方菜系烹饪技法和风味，形成以蒸、炒、煸、煎、焖、烧、烤、煮、炖、烩、卤等烹调方法为主，尤擅长急火短炒、小煎小炒、干烧干煸的川南烹饪技法。突出味咸、味多、味浓、味厚、味重、味醇、味香、味广的特点，凸显使用花椒、辣椒，尤其以善于使用鲜辣椒调味。独创出以清鲜醇浓并重，麻辣辛香擅长，清美淡雅，酸辣味爽，既味中有味，有浓淡之分，又有轻重之别，尤重细嫩、滋润、干香、酥脆、酸甜、酸辣、酸香、酸爽的区域饮食特色的一大批著名的名菜、名小吃、汤菜、河鲜系列、火锅系列、九大碗田席等菜品。老一辈泸菜厨师在烹饪技法上，博采各大菜系之长，在实际烹饪中逐渐形成泸菜特色风味的泸味。

（三）当代泸菜发展概况

在川南区域共享泸菜品牌之下，川南各地餐饮也积极挖掘本区域餐饮历史文化，创立具有城市美食名片功能的区域菜系品牌，突显区域饮食特色，发展区域烹饪技艺和餐饮经济。

乐山餐饮界，在20世纪中期，以嘉阳河帮菜为本土餐饮品牌，河帮菜烹饪技艺传承过去小河帮技法，做工精细，鲜香浓醇，口味中和，创制出一系列名菜，如棒棒鸡、钵钵鸡、甜皮鸭等。但名动蜀中的嘉阳菜后期迅速颓势，失去了影响。近来，乐山餐饮学术界又提出打造古嘉州菜，将嘉州菜确立为乐山的菜系风味品牌，让传统的烹饪技法重新得到传承和发扬。内江餐饮界，在20世纪中期以前，是传承的内江糖帮菜烹饪技艺，后糖帮菜也没落，继而以有"南杨北史"之誉的中国川菜泰斗杨国钦大师及其弟子易斌、康纪中、邓正波等为代表，开创了大千风味菜系，并发展以大千美食作为内江的美食名片。开展大千烹饪技艺传播，培养大千菜传承人等。自贡餐饮界自2003年开始提出盐帮菜概念，并将其打造为千年盐都的代表风味。随着盐帮菜品牌的成功打造，盐帮菜的理论、文化、技艺等研究的深入，盐帮菜厨师队伍不仅壮大，而且理论、文化、技艺都得到提升。盐帮菜成为自贡城市的特色饮食和城市名片。宜宾餐饮界在本土地标美食品牌塑造与技艺传承上，体现了宜宾三江汇合之地饮食特色。烹饪技艺独到，尤其对刀工的要求更胜一筹。形成了一大批经典地标名菜，如李庄白肉、宜宾燃面、叙府糟蛋等。涌现出如曹祉清、唐泽铨、邓正庆等本土名厨，传承宜宾本土烹饪技艺，但一直缺少本土风味菜系品牌。

泸菜以泸州为中心形成和发展，还得益于泸州的历代名厨所作出的杰出贡献。早在20世纪30、40年代，老一辈名厨叶焕林、毛树荣、刘天福等人创制了大量川南风味菜品。尤其是以泸州毛树荣为开创宗师的毛派、刘天福为开创宗师的刘派，两派共同代表着泸州本土厨师的烹饪技艺最高水平。毛派、刘派在川南厨界广收门徒，如宜宾的曹祉清，泸州的李兴广、熊朝辉、李自文、袁国权等都是出自毛派或刘派，将泸菜本土烹饪技艺在传承中进行创新，使得泸州烹饪技艺厨艺高手名师辈出，如张立鲜、毛永寿、毛永康、吴治富、缪明、殷朝刚、桑治均、魏忠友、曾正成、张学松等，至今已传至第六代。泸州地标经典名菜众多，如泸州烘蛋、附骨鸡、古蔺麻辣鸡、月母鸡汤、白马鸡汤等[13]，代表着泸菜超高的技法技艺水平。

20世纪70、80年代，泸州菜被誉为川南区域菜系的代表，是泸州菜发展的黄金时期，泸州厨师出国人数是全川最多的，泸州菜的影响力遍及海外。尤其是北京泸州酒家，将泸州菜的品牌影响力，发挥到巅峰，当时的许多中央领导同志时常光临泸州酒家，并给泸州酒家留下了诸多文化墨宝，泸菜味道征服了中央领导的味蕾，留下了“美酒佳肴，乡亲香味”的题字。进入20世纪90年代到2010年左右的20年间，泸州菜走向衰落。2003年，自贡首次提出盐帮菜概念，到2006年得到自贡市政府认可，开始大力发展盐帮菜品牌文化，十年间，盐帮菜概念从无到有，盐帮菜品牌从无到有、从小到大，将盐帮菜打造为川南菜的代表，甚至提出是川菜的三大支柱之一，泸州菜是川南区域菜系的代表地位彻底被盐帮菜取代，随后再有内江大千风味菜系的兴起和发展，泸州菜影响力彻底消失，泸州菜在川菜体系被边缘化，泸州菜失去了昔日的辉煌，从此沉寂无声多年。2011年之后，泸州市餐饮行业协会在新任执行会长代应林的强有力领导下，泸州餐饮的区域影响力迅速回升。先后举办多届烹饪技能竞赛，出版的《泸州名小吃》《泸州美食》两书，在整个川菜界乃至全国区域菜系之中，都极为少有。2015年以协会为主体，泸州餐饮界提出发展泸菜区域菜系品牌战略，为泸州乃至川南区域餐饮找到新的发展方向和道路。经过两年努力，泸菜研究已初具成果，泸菜概念已得到广泛认同和肯定，并得到有关政府主管部门倡导和支持，泸菜成为川南区域共享菜系品牌的地位得到确立。

泸菜在历史发展进程中，有一代又一代泸菜人传承并发展，形成体系完整，在新时代川菜体系中具有重要影响力的川南区域共享菜系，成为新时代川菜三大主流区域菜系之一。

五、新时代泸菜展望：产业集群发展，建设川南城市群美食之都

永葆新时代川菜理论发展的先进性，是引领中国菜系发展和代表中国菜系前进方向的理论基础。新常态下重新对新时代川菜区域菜系进行科学归属和历史定位，构建和完善新时代川菜理论体系，全新提出渝菜、泸菜、蓉菜同属于新时代川菜三大主流区域菜系，是新时代川菜的重要组成，与攀西地区攀菜一起共同建构新时代川菜体系。明确界定了新时代川菜与渝菜、泸菜、蓉菜、攀菜之间的相互关系，在愿景上提出川南菜同属泸菜体系，泸菜是川南区域共享菜系品牌，川南餐饮界应抱团发展，共同打造泸菜区域文化品牌，共同发展泸菜区域菜系品牌。

（一）发展泸菜高等教育

川南作为成渝城市群中心区域城市群和南丝绸之路重要节点城市群，随着成渝城市群协调发展，长江经济带，“一带一路”等国家战略的实施，川南城市群一体化建设也稳步推进。政治、经济、文化的发展，推动现代服务业发展，更对餐饮产业发展带来了广阔的发展机遇和良好的发展前景。加之泸州是国家自由贸易试验区城市，城市建设、经济文化飞速发展，为泸菜产业集群发展带来了新机遇。泸菜系的发展，泸菜技艺的传承，离不开泸菜人才的教育和培训。整个川南区域，目前还没有一所高校开设有烹饪类专业，泸菜人才高等教育仍处于空缺现状。因此，有必要倡议愿意发展泸菜高等教育的高校，成立诸如泸菜学院之类二级院系，开设烹饪专业，与现有的烹饪专业中等学校及泸菜职业技能培训学校等一起，构成从高等教育、中等教育到面向大众培训的完整的泸菜人才培养体系，为泸菜产业发展和烹饪技艺传承以及现代服务业发展培养高素质复合型人才。

（二）成立泸菜研究机构

菜系理论和饮食文化是推动菜系品牌建设与发展的源动力。泸菜作为新常态下提出的全新菜系概

念，亟待理论体系建设和文化研究。成立诸如泸菜研究院之类的专门研究机构，显得尤为必要和紧迫。以泸菜研究院作为泸菜研究的中心机构，团结和组织广大泸菜专家学者及行业大师，共同推进新时代泸菜理论建设、文化研究、技艺传承、产业发展、品牌构建，形成一系列研究成果，丰富和发展新时代泸菜理论和文化体系。为政府实施泸菜产业与品牌发展提供决策咨询，为推动川南城市群整体申报联合国教科文组织授予美食之都提供研究成果和申报材料。

（三）创办泸菜研究刊物

菜系发展是集众人的力量所共同推动的，泸菜研究除了需要成立专门机构组织以外，还需要创办相应的多种刊物，如《泸菜》《泸菜学术》《泸菜研究》《泸菜烹饪》《泸菜产业》等，以研究刊物为载体，让更多餐饮业有志之士参与到泸菜研究；以研究刊物作为理论学术阵地，加强泸菜理论、技艺、文化、品牌、产业发展研究，让最新成果促进泸菜发展；依托研究刊物普及泸菜知识，推广泸菜品牌，传播泸菜文化，提升泸菜知名度和影响力。

（四）举办赛事与学术交流活动

烹饪大赛是对烹饪技艺水平的检测和交流，能促进厨师提升厨德厨艺，提升烹饪业务水平。政府部门和行业协会应该多组织具有权威性、高规格、有水准的烹饪技能竞赛，以企业参与、选手参赛方式，促进泸菜烹饪技艺发展。充分发挥行业协会的组织引领作用，团结泸菜企业和泸菜从业人员，举办厨艺交流、技术培训、企业指导活动，切实不断提升泸菜技艺水平，使泸菜更好地为食客服务，更好地满足人民对美好生活的需求。除举行技能赛事活动以外，还应该多举办泸菜学术活动以及行业访问交流。通过学术活动，交流和探讨泸菜技艺传承与产业发展，深入推进泸菜理论与文化体系建设。同时，通过泸菜学术活动，形成泸菜研究最新成果，推进泸菜品牌建设和产业可持续健康发展。让更多的新生代泸菜人参与泸菜技艺的传承与饮食文化的传播进程中，提升泸菜发展质量，扩大泸菜对外影响，形成泸菜良好知名度和美誉度。

（五）弘扬师徒传承

拜师学艺、以师带徒，是厨师行业学习烹饪知识、传承烹饪技艺的古老传统礼仪和文化习俗。在国家倡导“大国工匠”精神和职业教育“现代学徒制”的背景下，弘扬拜师收徒这样的古老文化礼仪，对于尊重厨师人才，尊重劳动工匠，弘扬传统优秀文化，传播社会正能量，都是积极向上和可取的。同时，有助于提升厨师的职业地位，增强职业自信心和成就感，有助于烹饪技艺的代代传承和发展。这也是目前厨师行业较为普遍和流行的做法，泸菜烹饪技艺的传承与发展，也需要泸菜大师们的口授身传，亲力亲为培养培养传承人、接班人，将泸菜技艺弘扬广大。

（六）泸菜产业企业抱团发展

泸菜品牌建设和发展，对川南区域旅游和餐饮行业领域有着重要影响和积极作用。首先，川南城市群具有丰富的旅游资源，均是全国优秀旅游城市，是四川省重要和著名的旅游目的地区域城市群。区域旅游产业的发展需要泸菜这一区域菜系品牌的餐饮配套，吃、住、行、游、玩、购是旅游体验的六大要素内容，且民以食为天，饮食是旅游产业中的第一要素，因此发展泸菜品牌餐饮，是川南旅游城市群建设更加优质旅游城市的首要任务。同时，美食旅游产业成为现代旅游业开发打造的重点项目，如成都、顺德、扬州等城市，都是通过美食这张城市名片来吸引游客，促进其旅游产业发展。旅游产业的发展又能反过来促进美食餐饮产业发展。其次，泸菜产业链的发展需要高举泸菜品牌的餐饮大旗，通过泸菜区域菜系文化品牌的打造，促进产业链经济协同发展，如带动食材种植业、畜禽水产养殖业、调味品及餐饮设备制造业、餐饮食品深加工行业、人力资源就业、信息咨询与服务业等方方面面。泸菜品牌的产业化可持续健康发展，将带来巨大的社会效益、经济效益和人文效益。泸菜企业在区域餐饮品牌建设与发展上，应该实行强强联合，抱团合作，走集团化、产业集群协同创新发展之路，共建川南区域共享泸菜品牌。

六、结语

泸菜品牌，是新时代川菜创新发展的产业特色品牌需要，是近代川菜形成百余年来的第一次理论创新与发展，也是以泸州为代表的川南餐饮界对新时代川菜发展的历史性贡献。

以泸州为代表的川南餐饮界，敢为人先，坚定泸菜产业可持续发展道路自信、学术研究理论自信、历史传承文化自信、产业集群品牌自信，积极打造以泸菜作为川南区域共享菜系品牌。不忘初心，勇于担当，扛起“发展泸菜，繁荣川菜”的新时代大旗，践行使命，继续前进。深入推进泸菜学术理论体系建设与烹饪技艺传承、饮食文化研究、产业品牌培育、餐饮人才培养等，以泸菜产业集群发展塑造川南区域城市群共享美食名片，推进川南区域城市群共享美食之都建设，促进川南区域餐饮产业和现代服务业发展，最终实现川南区域城市群联合以泸菜为区域共享菜系品牌为饮食主体，向联合国教科文组织申报“美食之都”的称号。

参考文献

[1] [4] 石自彬. 新常态下建构现代川菜理论体系及其历史学术意义[A]. 中国食文化研究会、北京师范大学文学院. 2015食文化发展大会论文集[C]. 中国食文化研究会、北京师范大学文学院: 2015:28.

[2] [6] 吴晓东, 曾凡英, 康珺. 味觉的盛宴, 自贡盐帮菜[M]. 成都: 巴蜀书社, 2009.

[3] 石自彬. 重庆菜出版《渝菜标准》推动川菜三大分支菜系清晰发展[N]. 中国食品报, 2016-03-09(007).

[5] 刘海, 吴涛. 挖掘“嘉阳河帮菜”文化 做强特色餐饮业[J]. 四川烹饪高等专科学校学报, 2013, (02):14-17.

[7] 陈世松. 元代的马湖江和马湖路[J]. 社会科学研究, 1986(6):78-82.

[8] 石自彬. 四川泸县农村传统筵席格局探析[J]. 江苏调味副食品, 2014, (01):41-44.

[9] 泸县县志办公室. 泸县志[M]. 成都: 四川科学技术出版社, 1993.

[10] 赵永康. 宋代泸州酒楼考略[J]. 四川文物, 1988(3):54-56.

[11] 石自彬, 代应林, 赵晓芳, 张丰贵. 泸菜形成初探[J]. 江苏调味副食品, 2016, (02):34-37.

[12] 王禄昌. 泸县志[M]. 台北: 台湾学生书局, 1982.

[13] 代应林. 泸州美食[M]. 成都: 四川美术出版社, 2016.

论推行菜系文化博物馆理事会制度之思考

吴鹤飞

（中国淮扬菜文化博物馆，江苏　淮安　223001）

摘　要：本文针对菜系文化博物馆的渊源、功能、运营现状等进行分析，对照国内外文化博物馆运营成功体制，指出菜系文化博物馆现时运营体制的局限性，提出建立菜系文化博物馆理事会的必要性与可行性。

关键词：菜系博物馆　运营体制　理事会制度

引言

中华民族深蕴饮食之文明，自古以来，王公贵族、文人雅士及乡野村夫均不拒舌尖之美，孔子的学生以及后代的儒家大师将孔子关于饮食的理论归集在《乡党》篇里，其中“食不厌精，脍不厌细，食饐而餲，鱼馁而肉败，不食”深谙其饮食理念之精要（在古代，乡党所指的就是“乡饮酒礼”，每年的“乡饮酒礼”其实是一场大规模的民风现场教育活动，孔子在《乡党》所谈的“饮食主义”就是对“乡饮酒礼”饮食礼仪规范的一次总结）。孙中山先生则在《建国方略》中明确提出：“在近代中国即使在各方面的能力和成果都与别国有较大差距，唯独在饮食文化上，是别的国家至今没有办法超越的。”毛泽东主席也作出了“一个中药，一个中国菜，这将是中国对世界的两大贡献”的判断，说明了中国餐饮及其文化的影响力之深、之广。

中国的餐饮及其文化，因国域幅员辽阔、地大物博，各地气候、物产、风俗习惯都存在着差异，长期以来，在饮食上也就形成了许多风味，中国一直就有“南米北面”的说法，口味上有“南甜北咸东酸西辣”之分，主要存在巴蜀、齐鲁、淮扬、粤闽四大风味，也就是古典四大菜系的由来。饮食文化对于推动地方农业、水产、养殖等产业经济的发展具有重要作用，也是一个地方和区域文化形象和软实力的标志之一。各菜系区域及其衍生区域努力发扬本地区经历史验证过并保留下来的“名菜”系列及其文化，企图以此推动本区域的餐饮、旅游、农业与文化等方面的发展，已成为各菜系区域地方政府、餐饮行业及社会各界的共识，并列为各自的发展目标与研究课题。随着菜系文化持续不断地研究、传承、推广，历史传统饮食区域或菜系文化辐射发展区域通过不断创新与尝试，采取或开拓了多种多样的方式与形式，试图通过不同的渠道与载体，整理、归纳与展现本菜系风格和文化，以及与本地区的历史、人文、经济、科技、农业、气候等因素之间的相互依存的、相互影响、相互促进的渊源与关

作者简介：

吴鹤飞（1977—　），男，经济师，历任江苏省淮安市体育馆馆长兼支部书记、淮安市体彩中心主任兼支部书记、淮安市游泳馆馆长兼支部书记、淮安市体育中心支委会书记兼法人代表，现任中国淮扬菜文化博物馆馆长（淮安）。主要从事场馆管理、食文化推广工作。

系，并企图使这些与菜系文化紧密联系的知识和元素形成系统理论，并为学界与社会所承认。希望以此能够形成比较完整的菜系文化体系，实现并丰富本菜系文化内涵及外延、宣传与传承本菜系制作技艺及工艺、打造本菜系的文化品牌、推动本区域餐饮旅游的发展，并形成本菜系文化特色的美食氛围等目的。这些区域在传统的美食渠道和方式的基础上，经过菜系理论摸索与制菜技艺尝试，创造与推出了多种新宣传载体，其中吸收公共博物馆的优势而产生的“菜系博物馆”的载体形式，融合与兼具了挖掘、保存、延续、传承等社会功能，逐步为世人所接受，也引起菜系文化理论界与文化博物馆界的关注。

菜系文化历史发展虽然久远，但菜系文化博物馆的历史只有十数年，本世纪初才有菜系博物馆的身影。菜系文化的博物馆的雏形与萌芽在2003年前后才开始在沈阳出现。针对菜系文化的研究大多数是针对菜品自身的色、香、味等制作工艺的研究，或者是对菜的起源、故事、传说的研究，也有对单个菜系文化、个例饭店实践运营的研究，而关于菜系文化博物馆的理论或研究目前仍是空白。

一、菜系文化博物馆的社会功能

在文化博物馆的主题延伸至非物质领域之后，菜系文化作为典型的非物质文化之一，在我国成功解决温饱问题、转入全面建成小康社会过程中，人们的关注点由“吃得饱”转变成“吃得好”，将来在社会主义强国时代则变成“吃得生态”“吃得健康”“吃得幸福”，饮食文化成为了社会主义精神文明的重要组成部分之一，它伴随着不同民族、不同种族、不同文化的人类社会一起成长、发展、兴衰、融合。因展示、研究、传承菜系文化的需要，饮食文化开始进入博物馆领域，成为文化博物馆的非物质文化主题。菜系文化博物馆是新型的博物馆，对菜系文化博物馆的各项研究还处于起步阶段，许多成果还没有达成共识、形成共论，对“菜系文化博物馆”的概念在理论上还没有形成统一的规定。本文作者引用菜系文化博物馆多数同行认同的一个临时概念：菜系博物馆是以菜系文化为主题的专题性博物馆，它展示菜系文化的历史起源、文化组成、名菜演变、技艺特点、功能特别的新型的文化博物馆。菜系文化为了自身的历史传承与文化发展的需要，引进了博物馆这一社会载体，从新的角度、新的形式、新的功能、新的责任等方面来展示自身的文化魅力与历史源流。菜系博物馆涵盖的范围不仅仅是各菜系文化本身，与菜文化有密切联系的食材、调料等均应进入菜系文化博物馆的范畴，如中国镇江醋文化博物馆、中国海盐博物馆、厨邦酱油文化博物馆等。

1974年，国际博物馆协会第10次全体会议在丹麦哥本哈根召开，主题为“博物馆与当今世界”。这次会议明确规定了博物馆属性，指出博物馆的功能带着永久性、非营利性、公益性的特征，特别是“人类及人类环境的物证”涵盖了人类在历史发展过程中创造的所有物质文明与精神文明，这里的精神文化则包括了非物质遗产文化。目前，国际上通常以博物馆藏品和基本陈列作为类型划分博物馆，主要划分为历史博物馆、艺术博物馆、科学博物馆、综合博物馆及其他类型，其中历史博物馆、艺术博物馆以展示、研究、普及历史或艺术文化为主题，也称为文化类博物馆，文化主要蕴含在历史文物、艺术展品中。博物馆的发展经历了长期的、曲折的过程，其社会功能不断得到加强与完善，展示和体现的内容也从物质文化遗产延伸至非物质文化遗产，比如苏州非物质文化博物馆、温州非物质文化博物馆、广东非物质文化遗产数字博物馆、甘孜非遗博物馆等。

（一）菜系文化博物馆文化展列的现状

从一般历史博物馆的服务职能来看，主要体现在三个传统主要职能，即文化陈列展示、文化社会教育、主题文化理论研究。对照这些博物馆功能，各菜系文化博物馆由于场馆体制与运营定位等方面的原因，与文化博物馆存有一定的差别，主要表现在两大方面：一是文化底蕴不足或匮乏。主要体现在文化展列部分，根据《博物馆管理条例》及相关省级博物馆主管部门（省文物局）的规定，文化展列要具备一定数量或一定比例的历史文化物证，比如在江苏省博物馆馆藏文物数量原则上不少于300件，而菜系文化物证体现比较特殊，这也是由菜系文化与日常生活的紧密性以及菜系文化传承方式的特殊性所决定的。主要体现三个方面特征：一是各个菜系的“名菜”虽然工艺精湛、历史久远，但“名菜”本身不具有收藏的可能性，无法通过“名菜”历史的形体、味道等实物形态保存下来，并在现代如实、完整地展现出来，只能通过文字记载与诗词曲赋等文学形式去佐证或旁证；二是餐具、炊具、饮具、酒具等可以作为体现菜系文化的重要文物载体，但历史上制作精美、艺术价值较高的瓷器、木器、漆器（餐具、饮具等器形）等，因其价值过高且保存要求强，使大部分器皿不会真实使用到日常餐饮活动中去，而是作为观赏品或保存品直接进入到贮藏环节，而在日常餐饮活动使用的器皿多是艺术水准普通的瓷品、金属器等制品，其本身价值不高因而不会成为贮存并传世的专门目标，因此真实使用过日常餐具、炊具等器皿传世较少或完整度较差（器皿破损严重）；三是名菜菜谱也是能反映本菜系文化较好形式，但餐饮传承多选择业内师徒相授与家族口耳相传的形式，古代以文字形式传授厨艺的文档凤毛麟角，导致了菜系文化物化文物体现范围狭窄，征集不易，也是导致目前菜系文化博物馆还没有大批进入“博物馆管理系统”当中的主要原因。目前只有淮安中国淮扬菜文化博物馆取得了中国博物馆协会的团体会员资格，这就使大部分的菜系文化博物馆沦为“菜系文化陈列馆”，而在法规层面上没有达到真正意义的“博物馆”的要求与标准。

（二）菜系文化博物馆的新式社会功能

因部分菜系文化博物馆餐饮品尝功能的凸显，具有了文化陈列展示功能、菜系文化主题的社会教育与推广普及的职能，以及菜系文化历史与菜系技能技艺的研究能力，场馆也配套了便利服务店，提供纪念品及相关小商品的销售服务。从博物馆运营管理理论来看，菜系文化博物馆中的体验餐饮功能，在一般博物馆是作为场馆附属服务功能体现的，而在有关的菜文化博物馆，由于其主题文化的特殊性，餐饮体验则作为场馆一项主要的社会功能来体现，直接影响到各菜文化博物馆运营格局，这也是顺应了菜系文化博物馆发展的潮流，能较好地吸引与引导顾客，起到一定的宣传效果。菜系文化及其制作技艺研究的方向，拓展了历史博物馆以理论研究为主要形式的方式，扩大了主题文化的研究领域。互动环节增加了各菜系技艺操作的体验，丰富了游客的体验内容，提高游客的兴趣，同时面向本菜系制作人才的培养，也为农村及城镇富余人员的就业提供了机遇与服务。菜文化博物馆通过菜系自身文化品牌的建设与运作，推动菜文化知识普及和烹饪技艺的培训，把博物馆的社会功能扩展到可学、可品、可研、可玩等多种形式。

拥有了相对于一般历史博物馆更多的场馆功能，其丰富并延展的场馆功能为场馆带来了体验文化的新形式与新体会。首先是主题文化的体会，从一般博物馆的单纯的以“看”为主，发展到以“看”与“尝”两种主要形式相互兼容、相互促进的方式进行，以“视觉”与“味觉”相得益彰的观展方式，如果组织得当，无疑会使游客具有更为多样、深刻的游览立体体验；其次是菜系主题文化的社会教育，突破了一般博物馆以“课堂式”“讲座式”等方式传递文化理论知识的框架，增强了菜品制作技能的社会培训，将一般博物馆社会教育的“听觉、视觉结合”方式，扩展到以手制作的“触觉”感受，而且体验的效果丰富多样，一般博物馆游客在体验后是增强了自身的知识储备，而菜文化博物馆的社会教育则在丰富与补充游客自身知识之外，改善与提高了游客家庭的餐饮生活质量，甚至带来了转移社会富余人员就业的公益效果。菜文化博物馆的深度、多面、互动的文化体验方式，明显增强了游客体验的兴趣与倾向，使博物馆文化的体验方式呈现立体化，这也必将使场馆的运营格局发生重大转变。

二、文化博物馆的运营体制

（一）西方博物馆的运营体制

西方博物馆办馆的方式采用事业、社会与企业多元化的模式，管理的模式则融入了企业管理的体制，西方国家制定了相应的法律法规，对博物馆工作人员进行任务考核、奖罚分明。比如在英国，中央政府通过非政府的公共文化管理机构（博物馆、档案馆与图书馆管理委员会）进行管理，实行委托管理委员会制度，由10～20名委员组成，主要是社会名流、专家学者，任期5年，每年召开4次会议，就博物馆的重大事项、发展规划及主要工作政策进行表决，审查馆长的执行计划，不参与场馆的日常管理，日常管理由以馆长为首的运营团队按照委托管理委员会通过的既定政策、计划等执行。美国博物馆普遍实行“董事会领导下的馆长负责制”，董事会是博物馆的最高权力机构，主抓宏观方向，对博物馆起到顾问、咨询和协助筹款等作用，博物馆的日常事务由董事会挑选并任命的馆长全权负责。德国博物馆采取协会管理的办法，协会由政府、社团、企业、各种文化组织组成。澳大利亚博物馆则采用混合管理体制，即博物馆的所有权归国家所有，经营权可以授权给博物馆的运营企业等。

（二）《博物馆条例》的法规制定

菜文化博物馆具备普通博物馆的一般特征，其专业业务的正常开展与社会职能的充分发挥，均有赖于具有专业背景的管理机构进行科学的推动才能够实现。在市场经济条件下，菜系文化博物馆作为向公众提供菜系文化产品的公共机构，应该属于非营利法人，在设立要件上与营利性法人有着明显的区别。根据《民法通则》《博物馆条例》中关于博物馆成立要件的规定，内容涵盖实体要件与程序要件，应包括藏品、馆舍与设施、专业人员三大基本要件。而依据菜系文化博物馆的文化主题的社会公益性及文化外在性特征，场馆的成立或运行除了维持场馆生存与持续发展的需要，还要承担本菜系文化的宣传、本菜系产业的发展等社会责任与溢出效应，所以菜系文化博物馆不应作为一个纯餐饮运营的企业实体角色，只追求自身的利益需求，放弃或无视自身的社会责任。《国家文物局关于贯彻执行〈博物馆条例〉实施意见》（以下简称《实施意见》）中指出，“完善以理事会为核心的博物馆法人治理结构……建立与完善以理事会及其领导下的管理层为主要架构的事业单位法人治理结构，把行政主管部门对事业单位的具体管理职责交给理事会，逐步实现理事会决策、馆长负责的运行机制”，《实施意见》的指导性意见为菜文化博物馆未来管理架构完善提供了发展方向。因此，面对当前当下各菜文化博物馆管理体制多样不统一、发展不健全、运营目标混乱、社会责任不明确等问题，应依据相关指导意见，积极构建具有博物馆专业背景的管理机构，立足于菜系文化博物馆的实际，以符合菜系文化博物馆的“菜系文化主题”

与“博物馆身份”，按照《博物馆条例》的相关规定，推行适合发挥“菜系文化博物馆”的各种社会功能的运行体制。

三、建立菜系文化博物馆理事会的必要性与可行性

从《关于建立和完善事业单位法人治理结构的意见》中可知，理事会一般由事业单位、服务对象、政府有关部门、举办单位等方面组成。因此，政府主管职能部门、行业协会或相关组织应委派自身的代表进入博物馆理事会，理事会主要对本馆的财务预决算、重大业务等事项负责，其对博物馆的监督既是博物馆内部监督运营监督体系的重要组成部分，也是紧密连接政府监督的关键环节，进而更好维护博物馆的公益性目标，因此，建议建立与推广菜系文化博物馆理事会制度，这也是场馆理事会具备以下的必要性与可行性所决定的。

（一）理事会制度可以表明菜系文化博物馆的“场馆身份”

20世纪80年代，国外旅游研究者将利益相关方的理论引入了旅游领域，并运用于旅游规划和管理运营的实践中去。根据利益相关方的需求理论，任何经济实体和社会团体的发展与壮大，直接或间接影响到多方的利益，例如股东或投资人、债权人、员工或工作人员、消费者、上下游产业及地方政府、媒体、社区民众等相关方，他们的需求与导向影响到实体或团体的发展规划与路径。菜系文化博物馆由于自身体制性质的复杂性、利益诉求的多样性，有必要对场馆的利益相关方的利益需求进行分析与厘清，梳理这些利益相关方的共同利益指向与所在，同时也要关注他们之间利益互相冲突的部分，进行综合平衡与考量。国家文物局2011年发文要求“公共博物馆纪念馆要逐步实行理事会决策、馆长负责的管理运行机制”；2013年党的十八届三中全会明确提出：“推动公共图书馆、博物馆、文化馆、科技馆等组建理事会，吸纳有关方面代表、专业人士、各界群众参与管理。”现代博物馆理事会的运营主体模式考虑到了利益相关方，有利于明确运营主体，确保菜系文化博物馆的正常运营，并清除各类经营体制风险，采取符合菜系文化博物馆的场馆身份的运营体制，所以引进现代博物馆理事会的运营主体模式有着较大意义。

（二）理事会制度彰显餐饮体验等新式社会功能

在现有各菜系文化博物馆前期运营管理中，对体验餐饮运营的定位与作用各不相同，有的菜系文化博物馆弱化“菜系文化主题”的社会功能，将菜系文化展列作为餐饮运营的“点菜展示区域”，采取“纯企业式运营”，放弃了自身的菜系文化的公益责任，场馆与普通餐饮实体无本质区别；有的场馆对馆内体验餐饮项目采用经营外包的策略运营，不管是承包给国企还是民企，割裂了运营的整体性，给场馆运营带来一定的困扰；也有的菜系文化博物馆因场馆规模小，放弃了“品尝体验”等新式社会功能，限制了菜系文化场馆运营优势。体验餐饮区域不管是哪种运营形式，菜系文化博物馆对品尝体验功能没有切实的掌控权，对体验餐饮的运营处于失控状态，而体验餐饮既能达到一定的宣传效果，又能带来较为理想的收益，对博物馆的持续稳定运营至关重要。因此，若各菜系文化博物馆长期处于这种运营环境，将难以保障博物馆自身的发展与菜系文化的推广，而且可能造成消费者的流失。有些菜系文化博物馆的运营模式采取民企模式或个人筹建并运营的方式，在运营中过于追求餐饮经营的利润，忽略菜系文化博物馆对菜系文化推广的公共性与外在性的场馆使命，运营企业的商业利益本质与其承担的文化公益职能也

将产生冲突，成立菜系博物馆理事会的运营模式，地方行政主管部门、餐饮行业协会、市民公众等可以派代表进入到博物馆的理事会，体现地方政府、行业、公众等对菜系文化场馆的利益诉求，这将是具有一定推广与参考意义的菜系博物馆运营模式。

（三）理事会制度可以吸引产业引导公益资金的支持

菜系文化博物馆如果推行理事会制度，则明确了博物馆理事会的决策地位，把菜系区域地方政府职能部门的行政管理职能、菜系行业协会的公益意志、社会与公众的文化需求等转移给中国淮扬菜文化博物馆的理事会，各相关利益方按照组建博物馆理事会的章程，通过理事会的运行来体现各自的目标，以“制定章程、指导业务”等方式进一步激发场馆的运营活力。因此，将包含场馆品尝体验等区域管理统一纳入“菜系文化博物馆理事会”统筹决策的范围，各相关方与场馆之间是场馆理事会的理事与运营实体的关系，运营权则由以菜系文化博物馆理事会授权给以馆长为首的场馆运营团队行使，根据场馆理事会的章程与授权统一运营，各相关利益方依据菜系文化博物馆的理事会章程，对体验餐饮的效益进行分成与其他运营期望的考量，地方财政或公益基金便可以根据社会对菜系文化的公益需求，将菜系文化引导资金通过合法合规的渠道注入菜系文化博物馆运营实体中去，使菜系文化博物馆运营资金有一定的保证，减轻了场馆的资金压力，又便于菜系文化博物馆利用其品尝体验、技艺展示、文化申遗等新式社会功能，展开有限商业运作，弥补场馆运营资金的缺口，实行场馆财务可持续发展。理事会还可以通过绩效考核、经营指标考核等方式，确立理事会各理事方与菜系文化博物馆的职责、权限，以维护双方的利益，促进场馆运营的优化。

四、结语

目前，菜系文化博物馆仍处自发探索阶段，没有进入博物馆界的主流区域，餐饮界内对此文化载体也没有深入、统一、系统的认识，对其功能定位、运营目标、运营体制、运营标准等研究还是空白，有关菜系文化博物馆运营体制偏位与缺陷，影响到场馆角色、社会功能、运营目标的实现。在各菜系文化博物馆推行理事会制度，可以兼顾与发挥地方政府主管部门、行业协会、社会公众等多方对菜系文化发展的需求，因此具有一定推广意义。

参考文献

[1] 单霁翔. 关于博物馆的社会职能[J]. 中国文化遗产, 2011, (1): 8-25.

[2] 游云, 刘中刚. 博物馆文化产业发展的现状和建议[J]. 博物馆研究, 2012, (3): 16-22.

[3] 国家文物事业管理局编. 新中国文物法规选编[M]. 北京: 文物出版社, 1987, 10.

[4] 焦进林. 博物馆法人制度浅析——从《博物馆条例》谈起[D]. 中国博物, 2016.

[5] 国务院. 博物馆条例. 中华人民共和国国务院令第659号.

[6] 中共中央宣传部, 财政部, 文化部, 国家文物局. 关于全国博物馆、纪念馆免费开放的通知. 中宣发[2008]2号.

[7] 裴尧芬. 体验经济时代博物馆运营管理的探讨[J]. 吉林师范大学, 2008, (8): 34-36.

居民视角下农业文化遗产地传统饮食文化旅游发展潜力分析——以佳县泥河沟为例

苏莹莹　孙业红

（北京联合大学旅游学院，北京　100101）

摘　要：中华文明的根基深植于农耕文明，传统饮食文化是人们在长期的劳动实践过程中，依附于当地的农业生产发展与自然环境协调进化形成的，具有重要的社会文化功能。居民是文化遗产保护和传承发展的主体，对传统饮食文化的保护与传承具有重要的作用。因此，本文运用问卷调查与半结构式访谈法，对佳县农业文化遗产地居民进行调查。通过居民对传统饮食文化的态度以及传统饮食文化的市场潜力分析，运用波士顿矩阵对传统饮食文化在旅游发展开发的产品市场潜力分析。

关键词：传统饮食文化　居民感知　旅游发展潜力

引言

饮食文化的形成是一个复杂的过程，中华民族各族人民在漫长的历史进程中，依附生存生活的独特的地理位置、自然条件、价值理念等形成了独具特色的饮食文化体系。我国是农业大国，中华民族多样性在农村，文化的根在农村，非物质文化遗产主要在农村[1]。由农业生产而衍生出的极具地方特色的传统饮食文化不仅是人们生存的物质保障，也承载着人们的精神文化理念，具有重要的社会功能。然而，随着现代化、工业化进程的不断加快，农村人口大量涌入城市，传统的农业生产以及人们的生活方式、饮食习惯也在逐渐发生转变。因此，本文在对农业文化遗产地进行分析，对农业文化遗产地的传统饮食文化进行挖掘的基础上，从居民的视角分析了传统饮食文化旅游发展的潜力。通过旅游或相关产业的发展推动当地经济增长，提升居民对传统饮食文化的价值认同，从而可以更好地促进传统饮食文化的保护与传承。

1 相关研究述评

1.1 饮食文化的概念界定

"文化"是一个非常宽泛的概念，《中国饮食文化概论》一书中对文化的界定为："广义上说，文化

作者简介：

苏莹莹（1992—　），女，北京联合大学旅游学院 2016 级硕士研究生，从事农业文化遗产、传统饮食文化与旅游发展研究。

孙业红（1981—　），女，北京联合大学副教授，从事农业文化遗产动态保护，遗产旅游、文化旅游以及旅游开发与规划研究。

是一个复合体，是人类在社会历史实践中所创造的物质财富和精神财富的总和；从狭义上讲，文化主要是指精神文化”[2]。饮食文化的概念是赵荣光先生在1981年提出的，他指出“饮食文化是指食物原料开发利用、食品制作和饮食消费过程中的技术、科学、艺术，以及以饮食为基础的习俗、传统、思想和哲学，即由人们食生产和食生活的方式、过程等结构组合而成的全部食事的总和”[3]。文化地理学的视角认为饮食活动一直被认为是地方的象征，饮食的地方性是一切食品之源，是“地方身份”的表征[4]。中国几千年的农耕文明也使中国饮食文化留下农耕文明的烙印，饮食文化的形成与原材料的生产（大多为农业的生产）密不可分，研究农业文化遗产地的传统饮食文化对于传统饮食文化的传承与发展具有重要意义。

1.2 国内传统饮食文化研究现状

国内关于传统饮食文化的研究主要集中在传统饮食文化的发展现状和问题、不同民族地区饮食文化分析、以及传统饮食文化申遗方面的研究。徐全利（2010）以千年古宴——洛阳水席为例，在分析洛阳水席饮食文化的基础上研究了传统饮食文化洛阳水席面临的困境[5]。曹岚等（2015）介绍了传统饮食文化类非物质文化遗产发展现状，提出通过建立博物馆、举办节庆活动、开展饮食类文化旅游项目等活动对传统饮食文化进行传承和转型升级，从而更好地保护和传承传统饮食文化[6]；我国是一个多民族统一的大国，各民族在生产生活上各具特色，各地饮食文化也丰富多彩。祝元梅、黄会（2014）以贵州省兴义市坡桑寨为研究对象，结合当地的地理环境优势，分析了贵州布依族传统饮食文化特。徐雅玲、李颖伦（2015）从传统饮食文化的养生价值入手分析了闽东畲族传统饮食文化的特色[8]；2013年日本和韩国饮食项目世界申遗成功，博大精深的中国饮食文化缺失于世界非物质文化遗产名录，这也引起了学术界有关饮食文化的探讨。周鸿承（2012）指出全球视野下中国饮食文化遗产研究与保护的滞后性，强调中国传统饮食文化的历史、文化、现实以及普世属性，倡议中国传统饮食文化积极申报世界非物质文化遗产[9]。金春梅（2014）在其文章《日韩饮食文化申遗的成功经验与启示》中总结分析日韩申遗成功经验，并在此基础上提出要以除夕饺子文化这种具有民族特色的饮食品种进行世界申遗[10]。

传统饮食文化是人们长期生产实践过程中所形成宝贵的物质和精神财富的总和。对传统饮食文化的发展现状和申遗保护等相关研究有助于推动相关部门对传统饮食文化重视和保护。农业生产是饮食文化形成的物质原料的基础，因产地具有丰富的传统饮食文化，对于农业文化遗产地传统饮食文化的研究不仅有利于农业文化遗产和传统饮食文化的保护，也有利于文化的传承与传播。

2 农业文化遗产地调查概况

泥河沟位于陕西省佳县境内，榆林市东南部，陕北黄土墚峁丘陵区北端，毛乌素沙地东南缘，地势西北高，东南低，属于大陆性季风半干旱气候，冬季寒冷漫长，夏季温差大短促。泥河沟具有得天独厚的地理位置，周围三面环山，悬崖峭壁，面朝黄河，中间平野铺展，依山而建的石窑洞错落有致。2014年该村有千年历史的古枣园系统被联合国粮农组织认定为“全球重要农业文化遗产”。村里还有国家级文化保护单位清代建筑“武开章故居”、古戏楼等13处不可移动的文物[11]。同年，泥河沟村因保存了完整的旱作农业景观和山地传统聚落形态，入选第三批中国传统村落名录。

2.1 调查设计

随着城镇化、现代化建设的不断加快，农村人口大量涌入城市，村落呈现“空心化”“老龄化”现象。本研究选取全球重要农业文化遗产地陕西佳县泥河沟为案例地，于2017年2月中旬通过问卷调查、半结构式访谈对目的地的居民进行调查。调查内容涉及三个部分：第一部分为遗产地被调查对象的人口特征；第二部分分析居民对农业文化遗产的认知以及对旅游发展的态度；第三部则为居民视角下，游客旅游过程中传统饮食文化偏好分析。此次调研共访谈35位当地居民，发放问卷35份，其中有效问卷33份，有效率为94.3%。

2.2 研究地人口结构特征

表1是案例地受访居民的人口基本特征信息，在被调查的33个样本中，男性18人，女性15人。年龄

表1　人口基本情况信息表

项目 Items	类别 Categories	人数 Numbers	有效百分比（%） Percentage
性别	男	18	54.5
	女	15	45.5
年龄	16岁以下	0	0
	16～30岁	2	6.1
	31～45岁	5	15.2
	46～60岁	11	33.3
	61岁及以上	15	45.5
文化程度	小学及以下	17	51.5
	初中	12	36.4
	高中	2	6.1
	大专或本科	2	6.1
家庭年收入（i）	i≤1万	25	75.8
	1<i≤3万	7	21.2
	3<i≤5万	0	0
	5<i≤10万	1	3
	i>10万	0	0
本地居住时间（m）	m<1月	2	6.1
	1≤m<3月	1	3
	3≤m<6月	1	3
	6≤m<9月	3	9.1
	9≤m≤12月	26	78.8
主要收入来源	农业生产	20	60.6
	旅游经营	0	0
	外出务工	9	27.3
	工资性收入	1	3
	其他	3	9.1

61岁以上有15人，所占比例最高，为45.5%。其次则是46～60岁，11人占33.3%，调研发现该村人口多以老年人为主，45岁左右为目前村内主要劳动力。其文化程度分布在初中以下的共29人，占87.9%，其中小学以下水平有17人，占51.5%。由此可见，目前村中人口受教育水平偏低。家庭年收入基本在1万元以下，且主要的收入来源为农业生产（从事古枣树种植）。

2.3 泥河沟传统饮食文化

饮食是人类生存的第一需要，是改造身体素质的首要物质基础，在漫长的人类社会发展过程中饮食也逐渐演变成一种精神文明和物质文明紧密结合的文化现象[12]。泥河沟传统农作物种类繁多。据调查，本地种植的农作物有玉米、大豆、高粱、小麦等，另外还有一些日常食用的蔬菜类，这些农作物主要是当地居民的主要食物来源。泥河沟特殊的地理位置和气候条件使得耐寒、耐碱、耐旱的枣树成为该地区主要的经济作物，并且也衍生了与红枣相关的传统饮食文化。以红枣作为食物原料的该地区传统饮食有枣糕、枣饼、枣窝窝等。每年的八九月份是红枣的成熟期，该地区居民在饮食生活过程中也形成了独特的红枣保存加工技术，其中传承并保存至今的有晒枣、熏枣、醉枣等，使得居民可以一年四季享用不同风味的红枣。红枣不仅拥有较高的营养价值，作为当地居民日常生活的食物原料。同时，人们还用红枣做成枣串串、枣盘等工艺品，逢年过节挂在院子里、窗户上等，以此寓意生活红火、平安等。全球重要农业文化遗产地古枣园是人们生活的食物原料来源也是人们精神的寄托，其传承发展过程中所形成的饮食文化是人与自然环境动态适应下的重要文化资源，是人们宝贵的财富。

3 传统饮食文化的旅游发展潜力

随着经济的发展和人们生活水平的不断提高，人们逐渐开始关注饮食健康，自然、原生态、传统风味的饮食逐渐进入人们的视野。这也为传统饮食文化的保护和传承发展提供了新的契机。居民是文化传承和发展的主体，居民对文化的认知与旅游的发展态度直接影响文化的保护和传承。

3.1 居民对农业文化遗产的旅游发展态度

表2是研究居民对农业文化遗产地旅游发展的态度，通过采用里克特5级量表结构从了解、意愿、满意度和支持态度访问被调查者态度层次，分别为“非常了解（愿意/满意/支持）”“了解（愿意/满意/支持）”“不知道”“不了解（愿意/满意/支持）”“非常不了解（愿意/满意/支持）”并以此用1、2、3、4、5的分值予以量化。对居民关于农业文化遗产地文化传承和经济发展的态度进行分析。根据数据显示，居

表2 居民对农业文化遗产保护与旅游发展的认知

不满意态度由弱到强	1	2	3	4	5	均值	标准差
文化传承							
了解古枣园相关的知识和传统文化	30.3	48.5	9.1	12.1	0	2.03	0.951
愿意参加古枣园传统文化活动	39.4	48.5	0	12.1	0	1.85	0.939
满意古枣园的文化保护与传承	18.2	54.5	3	24.2	0	2.33	1.051
了解古枣园创新发展的途径	0	18.2	30.3	51.5	0	3.33	0.777

续表

不满意态度由弱到强	1	2	3	4	5	均值	标准差
经济发展							
愿意参与古枣树相关生产活动	24.2	57.6	0	18.2	0	2.12	0.992
愿意参与古枣园相关旅游经营活动	48.5	48.5	0	3	0	1.58	0.663
愿意游客前来旅游	87.9	12.1	0	0	0	1.12	0.331
支持古枣园相关的旅游经营活动	63.6	36.4	0	0	0	1.36	0.489
满意村里旅游经营现状	6.1	57.6	9.1	27.3	0	2.58	0.969

民对该地区农业文化遗产古枣园相关的传统文化的认知和传承的态度相对较好，分别为2.03和2.33，这是文化传承和发展的基础。同时在经济发展方面，对比相关的生产经营活动的参与态度2.12，居民更加愿意参与相关的旅游经营活动1.58，因此旅游发展具有较高的增长潜力。

3.2 居民对旅游者旅游偏好的认知

各地传统饮食文化独具特色，是人们长期生产实践过程中，与当地的自然环境动态适应形成的。同时，食物也是旅游过程的基本组成部分（Hall & Sharples，2003，1）。食物可以使游客的旅游经历更加独特和难忘。通过对居民关于本地传统饮食文化的认知以及对传统饮食文化与旅游动机的分析，研究传统饮食文化对于推进地区旅游发展具有重要的作用。表3是居民对本地传统饮食的认知状况的调查。在33位被调查村民中，有24位村民表示自己生活食品有76%以上来自于自己种植。农业生产的发展过程也是人们饮食文化得以传承和发展的基础。遗产地经济发展相对落后，传统饮食在居民生活中扮演重要的角色，传统饮食文化得以不断地传承和发展，具有较高的原真性。从居民关于游客来本地的旅游动机的研究可以发现，品尝当地传统美食占据重要的比重33.3%。该地区的旅游吸引物中，传统饮食文化占据重要的份额。

表3　居民对该地区传统饮食文化的认知

日常食物源自自己种植	<25%	25%～50%	51%～75%	76%～10%
频数	4	3	2	24
百分比（%）	12.1	9.1	6.1	72.7
传统食物传承原因	生活需要	情感需要	传统习惯	其他
频数	15	3	4	11
百分比（%）	45.5	9.1	12.1	33.3
游客前来旅游的动机	观光游览	获取知识	品尝美食	其他
频数	15	2	11	5
百分比（%）	45.5	6.1	33.3	15.1

4 研究结论及展望

根据上面对居民关于本地旅游发展的态度以及对游客旅游偏好的认知，在波士顿矩阵（BCG，1970）的基础上进行重新定位。将纵轴原来的市场增长率用居民对旅游发展的态度代替，横轴的市场份额用居民感知的游客旅游偏好代替（图1）。在促进地区经济发展的方面，居民非常支持旅游发展，这为该地区发展旅游业奠定基础，旅游市场的扩展和增长具有良好的前景。居民感知游客旅游偏好方面，观光游览虽然占相对较大的比重，但是传统饮食文化也占据不容忽视的份额。传统饮食文化的旅游发展潜力巨大。在预期未来的旅游发展中，传统饮食文化将属于明星型旅游产品，具有良好的发展潜力，对于该地的旅游发展具有重要的推动作用。

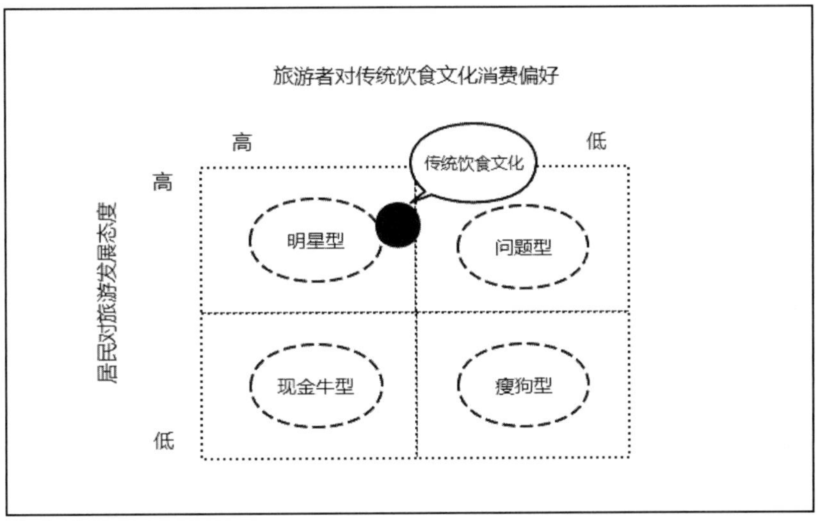

图1　居民视角下传统饮食文化旅游发展潜力矩阵

旅游一旦与地方美食及附着其上的饮食文化相结合，将会大大丰富旅游活动的内涵，让游客所到之处的所见、所闻、所感受的一切都是新鲜的，在旅游过程中得到欣赏、得到享受，实现审美、娱乐、休闲的旅游目的[13]。目前旅游中的饮食文化的开发只是为了满足游客对异域美食的需求，并没有深入挖掘其文化内涵。农业文化遗产地传统饮食文化具有丰富的内涵，同时具有较强的吸引力，只有“吃到特色，吃出文化，吃出氛围”才能增强传统饮食文化的影响力，文化得以传承和发展。“食”是旅游六要素中的重要组成部分，因此，农业文化遗产地的旅游开发过程中，充分发掘当地传统饮食文化，推动旅游发展的同时，促进文化的传播和传承。

参考文献

[1] 马知遥. 论新农村建设中的传统村落保护[J]. 丝绸之路, 2012, 39(22):95-98.

[2] 凌强, 李晓东. 中国饮食文化概论[M]. 北京: 旅游教育出版社, 2013.

[3] 赵荣光. 中国饮食文化概论[M]. 北京: 高等教育出版社, 2008.

[4] Trubek Amy B. *The taste of place: A Cultural Journey into Terroir* [M]. Berkeley: University of California, 2008: 18-54.

[5] 徐全利. “非遗” 视野下对传统饮食的发展现状思考——以千年古宴洛阳水席为例[J]. 安徽文学 (下半月), 2010, (02):284-285.

[6] 曹岚, 李旭, 王新梅, 魏莹, 董玉杰. 传统饮食文化类非物质文化遗产的保护及转型研究[J]. 中国调味品, 2015, (01):106-109.

[7] 祝元梅, 黄会. 贵州布依族传统饮食文化特色探析——以兴义市义龙新区坡桑寨为例[J]. 企业技术开发, 2014, (25):61-63+74.

[8] 许雅玲, 李颖伦. 闽东畲族传统饮食的文化特色与养生价值刍议[J]. 宁德师范学院学报 (哲学社会科学版), 2015, (04):9-14.

[9] 周鸿承. 论中国饮食文化遗产的保护和申遗问题[J]. 扬州大学烹饪学报, 2012, (03):8-13+18.

[10] 金春梅. 日韩饮食文化申遗的成功经验与启示[J]. 黑龙江史志, 2014, (05):246-247.

[11] 唐英, 王军, 史承勇. 农业文化遗产资源型传统村落保护发展——以佳县泥河沟村为例[J]. 建筑与文化, 2016, (07):136-138.

[12] 文珍. 黎族传统饮食的文化解读[J]. 民族论坛, 2012, (20):92-95.

[13] 黄金刚. 广西崇左市壮族传统饮食文化与旅游开发[J]. 昆明大学学报, 2006, (02):48-52.

绍兴“周家台门宴”的研发设计

周珠法

（浙江农业商贸职业学院，浙江　绍兴　312088）

摘　要：为了更好地把绍兴文化资源优势转化为产业发展优势，有力地促进文化产业发展，“周家台门宴”的研发设计应运而生。周家台门宴是以“鲁迅故里——周家老台门”为题材研发设计的文化宴饮，集绍兴“名人文化”“台门文化”和“美食文化”于一体，结合了三者之精华，是一个极富特色的文化宴饮，现已成为绍兴旅游悄然兴起的新亮点，受到越来越多食客的好评和青睐。

关键词：绍兴　台门　周家　宴饮

绍兴是全国首批24个历史文化名城之一。古越大地，名人辈出，文化源远流长，毛泽东主席曾题诗“鉴湖越台名士乡”，形象地说明了绍兴是一个人杰地灵的江南水乡。绍兴有酒文化、酱文化、桥文化、兰文化、名人文化、戏曲文化、越文化等，这些丰富的文化资源成为绍兴旅游业发展源源不竭的动力。鲁迅笔下绍兴“咸亨酒店”已驰名中外，成为绍兴名人文化旅游资源开发的金名片。以“鲁迅故里——周家老台门”为题材研发设计的“周家台门宴”，丰富了具有地方特色的越文化体系，为绍兴旅游的发展注入了新鲜血液，是绍兴“名人文化”“台门文化”“美食文化”在鲁迅故里的升华。

一、宴饮研发的意义及基本原则

国务院《关于推进文化创意和设计服务与相关产业融合发展的若干意见》2014（10号）明确提出：“统筹各类资源，加强协调配合，着力推进文化软件服务、建筑设计服务、专业设计服务、广告服务等文化创意和设计服务与装备制造业、消费品工业、建筑业、信息业、旅游业、农业和体育产业等重点领域融合发展。”这为“周家台门宴”的研发设计指明了方向。挖掘、整理、开拓、创新绍兴美食文化宴饮资源，能够丰富人们的饮食文化生活，繁荣绍兴烹饪餐饮文化市场，深化越地饮食文化内涵，提升地方文化软实力，对于扩大绍兴的知名度和美誉度起着重要的作用。

“周家台门宴”的研发设计遵循四个基本原则。

1. 主题具有名人特色

宴饮以“鲁迅故里——周家老台门”为背景，“周家台门”是绍兴科举台门“翰林第”的代表，鲁迅（原名周树人）的祖父周介孚曾是清朝科举考试的考官。鲁迅是一代名人，毛泽东主席曾评价鲁迅“不但是一个伟大的文学家，还是伟大的思想家和革命家”。鲁迅的二弟周作人是中国民俗学的开拓者，新文化运动的杰出代表，更是一位美食家。三弟周建人曾是全国人大常委会副主任、全国政协副主席。

作者简介：

周珠法（1963—　），男，浙江绍兴人，副教授、高级技师，主要研究方向为饮食文化、中式烹调。

因此，宴饮设计冠以“周家台门宴”之名，通过名人特色来增加文化内涵。

2. 菜名具有文化内涵

将文化融入宴饮菜肴的设计之中，菜名必须雅致得体。“周家台门宴”的菜名均出自鲁迅的小说，群众耳熟能详。并且结合了绍兴菜独特的烹调原理和造型技艺，菜名与食材有机统一，菜肴与宴会紧密联系，在品味美食的同时，还能体验一把“跟着课本游绍兴”的感觉。

3. 设计突出改革创新

台门宴本身就是一种改革与创新。将台门文化融入到宴饮之中，并以一种全新的姿态展现在人们的餐桌上，充分展示了烹饪文化的“继承与创新”。在人们的习惯思维里，很难把鲁迅与美食联系到一起，“周家台门宴”就做到了这一点。

4. 组配做到科学合理

“周家台门宴”在食材选择、烹制方法、口味调制和营养组配等方面均精心设计，食材注重自然和地道，烹调方法独特，以炸、煎、蒸、烧、炒、焖、氽见长，口味突出鲜香味醇，并且贯彻了现代营养理念，注重配膳的科学合理，集荤素搭配、平衡膳食、养生保健于一体。

二、宴饮设计的目标和基本思路

在绍兴菜博物馆正大厅，就挂着一幅鲁迅家在上海时的家庭菜单的复制画卷，清楚地记录了鲁迅在上海的家常饮食。“清炖鱼翅”“干菜毗猪肉”“油煎大鱼头”等菜肴多次出现在先生的小说和日记中，“菱角、罗汉豆、茭白、香瓜”成了先生一生的蛊惑[1]。钟叔河先生曾编过《知堂谈吃》一书，里面收录了周作人的散文和诗一百首，书中有许多记载都和绍兴的饮食有关。“腌菜笋片汤、白鲞虾米汤、干菜肉、鲞冻肉，都是好的，……”[2]由于“周家台门宴”以家宴为原型，因此宴饮菜单设计充分考虑以绍兴的传统宴席“十碗头”为基础，设计成两种规格，即适用于游客的“普通型”和适用于宴请的“精致型”，餐桌使用“八仙桌”，就餐人数定位在8人一桌。普通型每位的均价为200元左右，每桌售价定位在1500元左右；精致型每位在300元左右，每桌2500元左右。通过对餐饮消费市场的调研，为了使“周家台门宴”能基本适应现代餐饮市场的需求，让消费者享受到中低价位高品质的宴席，确定了以下的设计思路。

1. 台面设计

宴饮台面的设计，以体现古朴、浑厚的紫檀色为主色调，与粉墙黛瓦、古色古香的绍兴经典色彩相呼应。餐桌选用传统的“八仙桌”（方桌）和“太师椅”（靠背椅），台面布局映衬“小桥流水人家”之景色，凸显绍兴江南水乡特色，台布、餐具和其他小件物品协调配合，与宴饮的意境共同彰显一个主题。

2. 餐具设计

“好菜必选好器”。菜肴的形态包括形状和盛器两大部分，菜肴形状与餐具的搭配要协调一致才能相得益彰。“周家台门宴”选用浙江龙泉的青瓷为餐具，玲珑剔透，素雅大方，富有文化内涵，做到了“美食”与“美器”的完美结合。

3. 音乐设计

音乐在宴饮设计中十分重要，音乐可以调节情感，活跃气氛，提高审美情趣。“周家台门宴”的音乐设计要选用绍兴传统的音乐元素。在轻松欢愉的迎宾曲下，以曲调柔和、娓娓动听的绍兴越剧来贯穿，让食客在悦耳之音的伴奏下享受舌尖之快、满足口腹之欲。

4. 服饰设计

女服务生的服饰选用江南水乡妇女的“荆钗布裙”，以三角包头、大襟纽攀拼接衣裤、绣裥裙、束腰带、胸兜、绣花鞋等典型特征来装束，以蓝色为主，黄、白、红、紫为配色，具有浓郁的江南水乡气息和地方特色，展现了绍兴传统的服饰审美观念。

5. 酒水设计

宴饮用酒选用中国的国酒——绍兴黄酒。它具有悠久的酿造历史，被历朝历代所推崇。鲁迅曾在1932年邀柳亚子、郁达夫一起喝绍兴酒，酒兴赋诗，诗中写有“横眉冷对千夫指，俯首甘为孺子牛”之句，此句后来成为先生一生的座右铭。据统计，在民国以前，有身份和地位的人喝的不是白酒，而是独领风骚的绍兴酒。绍兴酒具有的“甘醇味正，越陈越香”之特点，正是“周家台门宴”酒水选用之上品。

宴饮用茶选用绍兴平水日铸茶，与绍兴菜的风格相匹配。日铸茶产于绍兴东南会稽山的日铸岭，最早记载日铸茶的史籍是北宋欧阳修的《归田录》：“草茶盛于两浙，两浙之品，日注（铸）为第一”。宋代吴处厚的《青箱杂记》说：“越州日铸茶为江南第一。日铸茶芽纤白而长，味甘软而永，多啜宜人，无停滞酸噎之患。”宋高似孙在《剡录》中也说：“会稽茶以日铸名天下。”由此可见绍兴日铸茶在历史上享有极高的声誉。日铸茶外形滚圆如珠，色泽墨绿，香高持久，滋味鲜醇，汤色绿而明亮。陆游赞“日铸茶”曰：“我是江南桑苎家，汲泉闲品故园茶。只应碧缶苍鹰爪（日铸苍鹰爪），可压红囊白雪芽。”[3]周作人《喝茶》文中写道：“喝茶当于瓦屋纸窗之下，清泉绿茶，用素雅的陶瓷茶具，同二三人共饮，得半日之闲，可抵十年的尘梦。”[4]

6. 食材设计

“周家台门宴”主要选用鲁迅和周作人书籍中所记述的食材，并结合当前餐饮市场及消费者需求，采用绍兴平水的土猪肉、安昌的麻鸭、鉴湖的鳜鱼、皇甫庄的鲜鱼和河虾、同康的鲜笋、安桥头的罗汉豆、蔬菜等越地民间食材，并把日铸茶、笋干菜、绍兴酒、南乳汁等具有地方特色的辅料、调味料应用于宴饮菜肴的制作中。

三、宴饮的内容

“周家台门宴”的菜肴组成分为冷菜、热菜、点心和水果四部分，每道菜的菜名都出自周家。

宴会类型		周家台门宴	
类别	菜名	食材	菜肴设计
冷菜	台门好美景随：四季围碟	牛肉、午餐肉、火腿、安昌腊肠、蛋糕、基围虾、青瓜等	此菜用台门、乌篷船和一丝柳树作冷拼造型，外加“梅兰竹菊”四季围碟相映衬，构成一幅台门美景。“台门小天地，商议天下事。”

续表

宴会类型		周家台门宴	
类别	菜名	食材	菜肴设计
热菜	皇甫水晶虾	虾仁、茶叶	皇甫庄是鲁迅的外婆家，是先生小时候常去的地方。民谣唱：“要吃老酒直落后漓江，要吃鲜鱼鲜虾小库皇甫庄”。用皇甫庄的河虾烹制的虾仁菜肴，虾仁滑嫩，晶莹剔透，配以日铸茶叶，鲜嫩碧绿，春季最当时令
热菜	鲁镇有财来	鲜贝、薯片、青瓜	鲁镇是鲁迅小说里虚拟小镇，即绍兴。“台门是我家，和气有财来。”这就是台门文化。用薯片来衬托脆皮鲜贝制成元宝形状，形象逼真，是台门人家的寄托和向往
热菜	台门五彩鸡	越鸡、青椒、火腿、蛋皮、香菇	越鸡原为越王宫内饲养专门用来斗鸡的鸡种，鲁迅多次在家信中提到过它。“台门五彩鸡”就是一款以越鸡为材料，讲刀工重烹调的菜馔，“五彩”又誉“锦绣”，象征生活美满，预示事业成就
热菜	安桥兰花鸭	麻鸭、娃娃菜、鱼蓉	“种稻酿酒，酒糟鸭养。”陆游《稽山行》诗载：“坡放万头鸭，群鸭暮还家。”[5]“兰花”为绍兴市花。用安桥头（鲁迅外婆家）的麻鸭配兰花造型的娃娃菜烹制而成的“安桥兰花鸭”，无疑是宴饮的大菜
热菜	未庄干菜肉	五花肉、笋干菜	未庄同样是鲁迅小说里虚构的地名，亦为绍兴。“干菜毗猪肉”是明代才子徐文长首创发明的[6]。鲁迅在日记中数次写到做此菜来请客。干菜肉更是“台门斗”里的看家菜，并代代相传至今
热菜	咸亨鳜鱼香	鳜鱼、胡萝卜、青菜心	水乡绍兴的鉴湖盛产鳜鱼，陆游曾多次撰写过鉴湖鳜鱼。“钓得紫鳜鱼，旋洗白莲藕。”[7]“别饶风味胜一筹”等句。鱼谐“余”，即年年有余。台门宴中鳜鱼用绍兴特有的酒糟来烹调，糟香味鲜，龙舟造型，冠名“咸亨”，万事“亨通”
热菜	三味煎珍蔬	豆腐皮、芦笋、香菇	“三味”取名于鲁迅读书的“三味书屋”，本意源出自《李淑书目》：“诗书为之太羹，史为杂俎，子为醯醢，是为书三味”。“三味”育三才，周家出了三位巨才（树人、作人和建人），称得上台门里的骄傲，更是中国人的骄傲。用三味来煎三种蔬菜食材，风味独特
热菜	团圆在台门	鱼蓉、河虾、蛋饺、火腿、猪肚、冬笋、香菇、莴苣、肉皮等	“团圆”取绍兴名菜“绍什锦”之意，用多种食材汇聚一锅，和谐共融，为绍兴宴席中必备菜肴。团团圆圆、和和美美，正是台门文化所提倡和追求的
面点	梅开百草园	面粉、莲蓉	“百草园”是孩提鲁迅妙趣生活的地方。皂荚树、油蛉、黄蜂、云雀是大自然的天使。宴饮点心“梅花酥”取名“梅开百草园”就出自此景此情

续表

宴会类型		周家台门宴	
类别	菜名	食材	菜肴设计
面点	罗汉豆米糕	硬米粉、罗汉豆	“他们也许要哄骗我一生，使我时时反顾。”这是鲁迅对罗汉豆的独衷，并出现在《孔乙己》文中“温一碗酒，要一碟茴香豆”；《风波》中“六斤吃炒豆”；《祝福》中“阿毛剥豆”；《社戏》中的“双喜、桂生、阿发‘偷豆’”；《故乡》中的“闰土送干青豆”。[8]罗汉豆可菜更可点，用罗汉豆制作的豆糕既体现绍兴传统点心的魅力，又赋予绍兴厨师追求创新的真谛
水果	台门处处春	西瓜、蓝梅、猕猴桃、柳橙、洋桃	“台门处处春”作为宴饮最后的水果与冷菜“台门好美景”相呼应，可谓是“满园春色关不住，台门无处不胜春。一桌文化说不尽，周家台门文化宴”

四、宴饮开发的价值

1. 服务于地方经济

研究的目的在于应用，推出“周家台门宴”，是为了更好地推动主题文化宴饮的发展，把饮食文化与旅游文化有机结合，更好地为发展地方经济服务。

2. 跟着课本游绍兴

“跟着课本游绍兴”是绍兴旅游的宣传口号。“周家台门宴”不仅让人们感受到了文化宴的魅力，更让人们在宴饮中重温了儿时课本中的回忆，有助于文化的普及与推广，加深对绍兴的名人名胜的理解与记忆。

3. 打造古城文化品牌

“周家台门宴”的研发设计，既继承了绍兴的烹饪技艺，又将其加以创新并发扬光大，从饮食文化方面推动了绍兴的发展，鼓励人们从身边的古籍、名人、名胜中去寻找和保护绍兴传统文化，打造绍兴的文化品牌。

4. 提升绍兴文化高度

“周家台门宴”的影响范围不仅仅局限于绍兴地区，可以辐射到整个浙江省，甚至鲁迅、周作人生活过的北京、上海等地也可以推广，这是绍兴文化向外输出的绝佳机会，可以扩大绍兴与其他城市的交流，提升绍兴文化高度。

五、结语

绍兴有水乡、酒乡、桥乡、名士之乡等美誉；有大禹陵、越王台、鉴湖、兰亭等美景；有勾践、西施、王阳明、鲁迅等名人。饮食方面有大禹的“姒家菜”、西施冠名“西施宴”、陆游养生“放翁宴”和鲁迅笔下“咸亨酒店”。我们要努力把“周家台门宴”打造成越文化的餐饮新名片，将绍兴食文化资源转化为产业发展优势，推动绍兴地方经济的发展，有利绍兴文化产业的提升。

参考文献

[1] [8] 裘士雄等. 鲁迅笔下的绍兴风情[M]. 杭州: 教育出版社, 1985(05):183.

[2] 钟叔河. 知堂谈吃[M]. 北京: 中国商业出版社, 1990(12):173.

[3] 孔祥贤. 陆游饮食诗选注［M］. 北京: 中国商业出版社, 1989(01):29.

[4] 钟叔河. 知堂谈吃[M]. 北京: 中国商业出版社, 1990(12):9.

[5] 朱东润. 陆游选集[M]. 上海: 上海古籍出版社, 1979(10):166.

[6] 徐冰若等. 绍兴民间传统菜谱[M]. 北京: 中国国际广播出版社, 1990(6):75.

[7] 孔祥贤. 陆游饮食诗选注[M]. 北京: 中国商业出版社, 1989(01):83.

挖掘内核　凸显颜值
——从实操案例中浅谈如何做好餐饮品牌策划

邓向东

（重庆蝉骏企业营销策划有限公司，重庆　404100）

摘　要：什么是高颜值的餐饮品牌设计，可能就是一两个“抢眼球”的“点”，可能就是一张秀品牌主题的“图腾”，可能就是那句“杀心子”的话，可能就是这张让人停下来用手机去拍摄的“她”，这就是一个品牌的颜值与内涵的具象展示。

关键词：策划　品牌　内核　颜值

引言

用独树一帜的文化去历练餐饮品牌是骐骏品牌策划机构（重庆蝉骏企业营销策划有限公司、重庆骐骏装饰工程有限公司）的亮点与核心优势，通过创新策划设计，整合饮食活动环境、氛围、方式以及流程等美的因素，从品牌文化审美高度，赋予品牌灵魂，高扬彰显饮食活动中的味美、境美、人美、情美特质，从本质上讲就是锻造和构建品牌的DNA。让其出彩，让其横空出世，让其从塑造后的那一天开始，就是一个“美人坯子”，就是一个雍容华贵的大品牌……

餐饮品牌策划，是通过精准地寻找定位、构建品牌形象、加强营销宣传等手段，从核心DNA灵魂塑造，包括企业理念、企业战略、品牌文化、品牌形象等方面，到具体的包括立面装饰、文化氛围、环境魅力、产品魅力、营销推广、服务魅力等方面深入挖掘品牌的独特文化底蕴。通过餐饮品牌策划，做到系统资源整合，以此强化企业核心竞争力，扩大盈利能力。

从我国的餐饮收入发展变化来看，2011年为2万亿，比上一年放缓16.99%；2012年回落3.3%；2015年达到32310亿元；2016年全国餐饮收入35799亿元，同比增长10.8%；2017年全国餐饮收入达39644亿元，同比增长10.7%；2018年全国餐饮收入42716亿元，比上年增长9.5%；2019年全国餐饮收入46721亿元，比上年增长9.4%。作为第三产业的支柱，餐饮行业的市场机遇非常大，应运而生的餐饮品牌策划就显得尤为重要。

根据多年经验，骐骏品牌策划机构提出《六味论》的餐饮品牌策划理论，认为一个成功的餐饮企业，必须有六个独特“味道”，即：产品“味道”、文化“味道”、环境“味道”、服务“味道”、营销“味

作者简介：

邓向东（1963—　），男，汉族，硕士，重庆人，中国策划研究院督导长、“味国争光”平台运营官、中国TOP100金牌策划管理师、企业文化师、餐饮品牌策划大师、资深品牌操盘手、品牌连锁专家，骐骏品牌策划机构（重庆蝉骏企业营销策划有限公司、重庆骐骏装饰工程有限公司）创始人。

道”、情感“味道”。通过思想点睛、文化铸魂、价值传承，挖掘餐饮品牌的内核，凸显独属于品牌的颜值，骐骏品牌策划机构已为1000多个品牌提供策划设计服务，现就其中部分品牌案例与诸位分享。

一、品牌定位

《论语·卫灵公》有云：“工欲善其事，必先利其器”。要打造一个优秀的餐饮品牌，前期的准备工作必不可少，优秀的品牌策划是一个品牌建设成功的前提。而做好定位是做好一个餐饮品牌的前提所在，就像是一栋建筑的地基，虽然深埋地下无法看见，但却是我们目光所及之处的重要基础，是能让这个餐饮品牌赢得消费者信赖的重要保障。

品牌定位是对特定的品牌在文化取向及个性差异上的营销决策，它是建立一个与目标市场有关的品牌形象的过程和结果，从而使品牌形象在消费者心中占领一个特殊的位置。良好的品牌定位是品牌经营成功的前提，它为企业进占市场、拓展市场起导航作用。

我们之所以要做调研洞察，就是为了理解用户的行为特征、生活方式与消费需求，将用户不断变化中的需求，视为品牌创新的源头；在竞争和不断变化的市场环境中去甄别、分析、评价、选择，不断优化品牌定位，为挖掘品牌内核做铺垫，探求餐厅策划的最佳形式和最合理途径，取得最大的品牌价值、经济效益与市场机遇。

品牌定位内容纷繁，下面谨以角色定位、产品定位、顾客定位为例与诸位分享。

1. 角色定位

餐饮品牌的角色定位奠定了品牌未来的发展方向，代表了品牌的格局，“格”是对认知范围内事物认知的程度，“局”是指认知范围内所做事情结果的。格局也决定着餐饮品牌的生命周期长。受老基地严总的邀请，为了与明星黄绮珊展开火锅新品牌合作写一个方案，当时我的定位为：

“黄妈”代言一个产业，一座城市

——从世界音乐人到重庆火锅女神的“蝶变”

从文化因素、经济效益、社会价值等方面论述了为什么非黄妈不可，那么此角色定位从高度上客观地展示了品牌的发展目标以及对未来规划的展望，它是企业做大做强的发心，它引导着我们在风云诡谲、变幻莫测的市场上不偏离航向。

我们在做堃记海鲜宴席酒楼策划时，以“堃记重庆宴”为角色定位，打造重庆人的“会客厅”，将堃记塑造为重庆宴席新标杆，展示重庆文化的新名片。以铜元文化为底色、开阜文化为历史溯源点，挖掘铜元文化的历史厚重之美，工业文明之美，展示重庆的人文美、民俗美、刚毅之美，提炼堃记文化的生动故事，聚焦“堃记重庆宴”的独特底蕴与魅力。既然定义了重庆宴的角色，那么品牌背后代表的就是整个重庆的城市文化、整个重庆的历史底蕴、整个重庆的人文魅力，也坚定了企业未来的发展之路，更是监督着品牌前进的每一步。

2. 产品定位

产品定位使产品在未来潜在顾客心目中占有位置。其重点是在对未来潜在顾客的心理把握所下的功夫，“醉湘亲火锅”始创于重庆菜园坝火车站，在南来北往的人流聚散里，“醉湘亲”意识到要找准各地消费者的味觉共性，为此开始了一系列的技术研发和产品策划。我们在反复的沟通论证下，决定将这特有的融合麻、辣、鲜、香、甘、润的复合口味的重庆火锅新味型，命名为“酱香火锅”，所有的策划点都围绕着“研发产品的匠心”“酱香火锅新味型”为核心，以产品为特色重拳出击，这一开创了重庆酱香味型火锅流派，细分了重庆火锅以麻辣口味的笼统概述，打破了重庆火锅长久的味型壁垒，增加消费客群普适度，这无疑是重庆火锅的一场革命。

从产品定位出发，我们尽可能地对产品进行细分，增强产品的普适性，增大用户基数，实际上区别于其他同类品牌的类别，创建一个品牌独特的认知，让目标用户对品牌形成依赖。

3. 顾客定位

一个品牌为什么会拥有比对手更大的影响力？笔者从大量的经验与营销中发现这样一个规律：用户洞察、以心相交，长期而持续地与消费者进行情感沟通，设身处地的和消费者进行对话，并借此形成了非常稳定的顾客认知及消费习惯。

巴江风情原味火锅是骐骏品牌策划机构2016年策划设计的作品。该餐厅位于长江江畔，拥有2000多平米超大空间，可同时容纳500多人就餐，消费客群有很多是外地游客。因此，骐骏在策划过程中，将游客作为巴江风情的目标顾客，定位它为“旅游餐厅”，餐厅的策划设计多从游客的角度考虑，融入巴渝文化与民俗，产品设计精致大气有格调，营销设计都是以游客为中心。一经投放市场，立即引起了大量的关注，产生轰动效应，直接将同类别的人气之王“大队长”火锅流量吸走大半。

二、文化内核

毕加索与梵高都是天才画家，毕加索每当他要卖画前，先办画展，现场讲解作品创作背景、创作意图以及相关故事，售价立即翻番。而梵高只默默作画。两个人生结果却是天壤之别：富死的毕加索，穷死的梵高。通常人们更感兴趣的是产品背后的故事，能引起消费者共鸣的故事与文化内涵，当消费者消费的不仅仅是产品，更是价值观的时候，那么品牌就实现“溢价”了，当产品背后的故事无法实现与他人共享，那么这个产品始终是一个死物，我们做的策划就是要让品牌的内涵“活”起来，让品牌的“颜值力量”冲击消费者的世界。

1. 名字之颜值

在中国常有：“名不正、言不顺”之说。中国人的命名是一门艺术，讲究规范美、音律美、整体美、意蕴美和潮流美，还要与当时的社会文化和谐统一。中国人喜欢通过取一个好名字来将一切“健康、幸福、光明、美好”的祝愿都包含在内，在餐饮品牌取名上一是唯愿事业大吉，高歌呈祥；二是体现产品属性，在快节奏时代下，简洁明了；三是具有创造性、创新性，细品有味，让人印象深刻；四是利于复制、传播。

受“天津中升集团旗下控股子公司——黑龙江中升食品有限公司”邀请，骐骏品牌策划团队为其做策划，目的是推出其公司新兴培育出的肉羊品种，在参观草原牧场时，对方老总讲述了在他们这片草原上女真首领完颜阿骨打三千骑兵破十万大军的传奇事迹，这段历史真实的奇迹事迹，赋予了这片土地传奇的色彩，也赋予了这片山川牛羊传奇的灵性，我遂有了灵感，将此羊命名为“阿骨羊”。一是以完颜阿骨打的民族英雄的传奇故事为品牌注入不屈的文化脊梁；二是让人立刻能联想大胜仗之后烹牛宰羊的场景，能跟产品有一定的契合度；三是深挖文化背后的故事让消费者想到属于这片天空，这片生态草原的羊，自由奔跑，天然草料，生态健康，肉质鲜美。名字既有颜值又有深厚的底蕴与寓意，更易于传播，对方老总当即决定采用并即刻进行商标注册保护。

“思粉客思”（Sphinx）取自“斯芬克斯”的变形与谐音，这是给一位台商做的米粉品牌命的名字，斯芬克斯最初源于古埃及神话，思粉客思将聚焦点凝聚在“粉”字上，名字整体感觉明亮、朗朗上口、时尚轻快，跟快销式的米粉经营模式相搭配。①“思”是整个品牌名中最能表达情感的一个字，它把餐厅卖方、粉和食客之间联系起来了，反映企业专注米粉，用心做米粉的真挚之心，对食客的思念，也表明企业将以真诚良心的产品、服务质量欢迎八方来客的态度。②“粉”是整个品牌名中的核心与精华，它最能体现企业在做什么以及品牌的品类，这一个“粉”字起着画龙点睛的作用，它足以说明产品。③“客”是整个品牌的受众与对象，来思粉客思就餐的食客都是企业最尊贵的客人，除产品本身质量的保证外，热情、真诚、诚信等应该是让他们感到宾至如归的服务保证。

2. 广告语之颜值

要用简单几句话囊括整个品牌想要传达的情感或概念，是一件很难的事情。这也就是为什么，有广为流传广告语（slogan）的品牌受人尊重。因为这些品牌知道如何用精炼的话语来表达他们受众的价值主张。然而越是经典的广告语，背后越是深刻的洞察。每个广告语都有一个共同特点：易读、易记、简单，大大降低了阅读的负担。

心理学家弗洛伊德说“一个群体是冲动、易变而且不安的……任何一个希望对群体产生影响的人，在他的论证中不必要逻辑的规则；他必须危言耸听，必须夸大其词，必须一再地重复同样的东西。”一个广告语如果不能调动大众情绪的波澜，几乎很难达到刷屏级的效果。

巴将军集团麾下的子品牌——黑珍煲养生坊是全国首家专业经营黑色养生食品的主题餐厅。提炼的广告语为：做养生王国的黑将军、生命里不能没有黑色，爱我、吃我、打我。

耐克：“Just do it”强调受众定位，鼓励年轻群体发觉自我意识。

叙知香：嫩是好吃，既提炼产品属性“嫩”，又抬升自己，暗踩其他同类别品牌。

陈老鸽：养生不忘吃乳鸽，好汤就喝陈老鸽。

石柱太阳美食城市广告语：飘香了土家寨，温暖了一座城。

合川汤王府：美了三江水，醉了一锅汤。煮三江水为引，只为做一锅好汤，大气有意境。

事实上，除了深刻洞察之外，一个广告语还体现了品牌发展策略和方向。尤其是一个品牌更换广告语，这也透露出发展方向的调整，而非单纯的变化。

德庄火锅也经历了这一步步改革，一步步推陈出新的过程，我们可以从广告语窥视一二：

德庄美美美时尚火锅：波普德庄，水晶时尚

德庄毛肚：好原料，更地道

德庄食品安全：保鲜德庄，保卫火锅

德庄调整广告语，打造各种精致子品牌，将一种更开放、多元、更有创造力的泛社交泛娱乐的元素融入美食餐厅，从广告语转变上折射了品牌发展与转型之路。

3. 文化内核——形象之颜值

餐饮经过几千年的变化，由四大菜系变换到八大菜系，都是由不同的文化影响而形成不同形象的系列。苏菜、浙菜好比清秀素丽的江南美女；鲁菜、皖菜犹如古拙朴实的北方健汉；粤菜、闽菜宛如风流典雅的公子；川菜、湘菜就像内涵丰富、才艺满身的名士。人的思维方式影响了地域因素，而地域文化创造了不同的餐饮形象。所以我们团队在餐饮品牌建设中，视文化为核心，以颜值为表象，通过以下几个步骤来做策划。

（1）以宏观抽象的文字力量来表述餐饮品牌的文化内核，或者挖掘产品文化，或者挖掘企业精髓，或者挖掘相关渊源。

（2）以设计师天马行空的想象力将抽象的文字思维来具象展示，或者是通过一个图腾，或者是通过一种元素，或者设计为一种场景。

（3）通过装饰设计师专业的手法，运用不同的工艺造型，将文化落地在店面中，凸显独属于品牌的颜值。

在构建阿大美蛙鱼头品牌的时候，从名字上出发，“阿大”本身很容易让我们联想到李小龙“啊打”的口头禅，简短有力，利于传播；从产品上出发，美蛙鱼头在餐饮属性上划分是具有江湖气息的类别；从创始人出发，掌门人的性格很有江湖豪情，最终我们将整个品牌定位为“江湖蛙侠”，来完美地印证阿大美蛙强势、豪情、低调的大侠形象，从而突显品牌深藏功与名、浩然正气的精神形象；

从店面的形象打造，包括环境文化、产品文化、语言文化、服务文化、营销文化等方面深入挖掘“阿大蛙侠”的独特文化底蕴，构建源远流长且独属于“阿大美蛙鱼头火锅”的品牌故事，从而点燃每个人心中那一份江湖侠客的豪气与情怀。

提炼“爽”为品牌形象、口味形象具有品牌辨识度，口感嫩爽、吃得畅爽、装修豪爽、性格直爽。将产品、形象全面融为一体，将品牌完美呈现在消费者面前。

有些人会说这样的文化内涵会不会太传统，吸引不了当下越来越挑剔的消费者？当刷爆朋友圈的“喜茶”“丧茶”“UCC咖啡”等各式各样的网红店、快闪店朝夕间蹿红，背后的营销策划点在哪儿？它们靠什么打动了目标客户？其实这不难解答，这类店面有一个共性：喜欢尝鲜的年轻人本来就容易对新生事物产生兴趣，它的卖点是文化，是创新，它们建立了一个新奇另类的产品及品牌形象，它们打通了消费者的情感共鸣，在这个颜值即正义的时代，颜值形象与文化内容营造的话题，可通过互联网迅速传播，短时间内吸引大批粉丝，瞬间增强品牌的影响力和感召力。所以本质上还是文化呈现方式的问题，我们需要将过去传统的文化进行创新延伸，以更加符合现代颜值的审美需求的方式来展现我们的品牌形象。

4．价值传承——精神之颜值

在品牌策划当中，产品、包装、公关、广告，这些“表达”都是“薪”，“薪”的使命是为了让品牌的“火”（内核价值）得以呈现，得以延续；燃烧着的“薪”随时都可能熄灭，但“火”的传续却是没有尽头的。“薪尽火传”这一具有美学意识的哲学思想源于《庄子》，其实是体现品牌“价值表达”最完美不过的意象。在我们团队做餐饮品牌策划时，将价值传承看得非常重要，就像传统国画中的一种留白，一种意境，言有尽而意无穷，孕育无穷想象的空间、永恒的传承意义和存在的感知价值，只有将价值精神的力量注入品牌灵魂中，那么这个品牌才具有流转的生命力。

在给重庆市石柱土家族自治县政府做城市美食策划的时候，在经过一系列的考察和走访，最终确定以“太阳出来喜洋洋”映照下的土家原生态美食为策划核心点，提炼出石柱“太阳美食”的名字与核心概念，通过土家美食的窗口，展现石柱土家族自治县的阳光、人、食物、环境、民俗之间的联系，我们设想的“太阳美食”由“土家宴、土家菜、土家汤”等“土生土长”的土家特色佳肴构成，它传承了土家的民族“美食”的精髓，是土家人世世代代“日出而作，日落而息”的生活写照，“太阳美食”是石柱土家族人的生活方式、食肆习俗、菜肴配伍、食养崇尚、薪火相传等原生态生活的“缩影”，映照着石柱土家民族的原始美、环境美、生活美、菜肴美，投影着石柱土家民族对阳光、空气、土菜等的特殊情感与舌尖记忆，最终依托“康养名店”“四宴系列”来落地“太阳美食”的品牌文化构建，形成太阳美食的精神形象：

以太阳宴系列展现土家族信仰的生命张力；

以良玉宴系列纪念土家族的城市英雄精神；

以莼菜宴系列表现土家族对生态环境的保护；

以土家甩碗酒宴记录土家族人们的生活情态。

通过土家美食的窗口，展现石柱土家族自治县的阳光、人、食物、环境、民俗之间的联系，再现土家原生态时期的人们与自然和谐相处：日出而作，日落而息，遵循太阳的起始规律，太阳温暖，滋养万物，山民们沐浴光芒在劳作间隙唱起“太阳出来喜洋洋”的调子，透过山民爽朗愉悦的歌声，我们感受到“太阳出来喜洋洋”背后的土家精神，太阳的美好，自然的美好，劳动的美好，生活的美好。

好作品必须加上创作者内心的情思巧构，赋予品牌精神的传承，给消费者留下“心源”感悟，就像中国古代文人托物言志、借景抒情的表达。我们做品牌也是一样，一个优秀的品牌，只要细细地去揣摩，你就能触摸到一个企业的依托与情结，发展与变革，你能感受到一个品牌背后蕴含的精神价值，思想精髓。

三、结语

品牌策划本身是把人们对品牌的模糊认识清晰化的过程，品牌策划更注重的是意识形态和心理描述，即对消费者的心理市场进行规划、引导和激发。五星级大厨听起来很牛，但是偏于厨房一隅，认真地做菜，他的菜式繁复而广博，从品牌角度来说，这些菜式很难传播出去。而像章鱼烧、奶茶、寿司这些大厨瞧不上的产品，却反而能做大做强，引起一波潮流，是因为它单点突破，操作简便，容易做成品牌，标准化的工艺与流程，使它容易复制加盟。成功的品牌不仅仅是产品好，更是传播一种模式、一种理念。通过我们做的品牌策划，明确品牌定位，提炼品牌属性，以文化为导向，挖掘品牌内核，提升消费者对品牌的认知，从而去打造一个具有传播价值的、高颜值的成熟品牌。

参考文献

[1] 万建中. 第二届中国食文化研究论文集[C]. 北京: 中国轻工业出版社, 2017.

[2] 张景明. 中国饮食器具发展史[M]. 上海: 上海古籍出版社, 2011.

[3] 陈放. 品牌学——中国品牌实战原理[M]. 北京: 时事出版社, 2002.

基于文化特征的岭南饮美食文化品牌打造的思考

陈　健　杨铭铎

（顺德职业技术学院，广东　顺德　528333）

摘　要：岭南因其独特的地理位置和文化氛围，形成了其特有的文化特征以及基于这种文化特征下形成的具有明显区域性特征的饮食文化。本文首先论述了岭南与岭南文化，分析了岭南文化的构成。其次，分析了粤菜的概念以及其基本特征，并对岭南菜的概念进行了界定。最后，从政府层面、行业组织层面和企业层面提出了打造岭南美食品牌的主要对策。

关键词：文化特征　岭南　美食文化　品牌

孙中山先生曾在其著作《建国方略》中说过“我中国近代文明进化，事事皆落人之后，惟饮食一道之进步，至今尚为各国所不及。”毛泽东也曾对其身边的工作人员说过“我看中国有两样东西对世界是有贡献的，一是中医中药，一是中国饭菜，饮食也是文化。”中华文明到了近代，被西方文明冲击得七零八落，有识之士莫不诊脉问疾。然而中国餐馆则大异其趣，居然能够登陆欧美，遍布全球，所向披靡，至今世界上几乎每一个国家都有中餐馆。这并不是一个孤立和偶然的现象，其中的原因与中国饮食文化有着千丝万缕的关联。

我国历史悠久，地理环境多样，气候条件丰富，物产丰富，饮食文化博大精深，但由于区域经济以及物产差异性的存在，我国各地饮食文化业的发展程度也参差不齐。岭南地区无论是物产的丰富程度还是经济发展水平在我国都属先进区域，随着粤港澳大湾区（广州、深圳、珠海、佛山、惠州、东莞、中山、江门、肇庆9市和香港、澳门两个特别行政区）概念的提出，岭南地区的发展再次被提上新的平台。因此，从各种角度研究岭南发展具有现实意义。本文基于文化特征对岭南地区的美食加以探究，以打造岭南美食文化品牌，发展岭南餐饮产业，促进岭南地区的全面发展。

1 岭南与岭南文化

1.1 岭南：中国富足区域的代表之一

地大物博的优越条件为我国的餐饮提供了坚实的物质基础。而自然地理条件多样性和复杂性也导致了我国不同区域饮食文化的差异性和丰富性。岭南，原是唐代行政区岭南道之名，指中国南岭之南的地

作者简介：

陈健（1962—　），男，副教授，顺德职业技术学院酒店与旅游管理学院院长，主要研究方向为酒店管理及餐饮管理。

杨铭铎（1956—　），男，教授、博士生导师，中国烹饪学会特邀副会长，主要从事餐饮教育与餐饮科学、饮食文化与饮食美学研究。

区，相当于现在广东、广西、海南全境及曾经属于中国皇朝统治的越南红河三角洲一带，后来分为岭南东道和岭南西道，是广东、广西分治的开始。由于历代行政区划的变动，现在提及岭南一词，特指广东、广西、海南、香港、澳门三省二区。

岭南属东亚季风气候区南部，具有热带、亚热带季风海洋性气候特点，岭南的大部分属亚热带湿润季风气候，雷州半岛一带、海南岛和南海诸岛属热带气候。

岭南地貌因在历次地壳运动中，受褶皱、断裂和岩浆活动的影响，形成了山地、丘陵、台地、平原交错，且山地较多，岩石性质差别较大，地貌类型复杂多样的特点。独特的气候条件和地貌特征使得岭南地域内可猎、可耕、可渔，物产十分丰富，山珍、海味、粮食、蔬菜、水果等种种食料，为岭南饮食文化的发展提供了丰厚的物质基础。岭南饮食文化正是在岭南的农业文化与海洋文化的交融中产生和发展的。

1.2 岭南文化：中国传统文化的重要构成

文化包括广义文化和狭义文化。广义文化是指人类在社会历史实践中所创造的物质财富和精神财富的总和，狭义文化专指社会意识形态。文化是“自然的人化”，即由“自然人”化为“社会人”。由于人的实践活动同时就是文化活动，因此，文化可以归纳为人的存在方式和生活方式。

文化的基本特征一般包括民族性（地域性）、时代性（时空性）、普遍性、阶级性、规律性以及延续性，而延续性是指一个民族在长期生活过程中渐渐流传下来的一些风俗习惯和思维模式。由于地域与时空的不同，在“自然的人化”过程中形成了不同地域文化和时代文化。在悠久灿烂中华民族的文化中，岭南文化是重要的有机组成部分，充分体现了文化的地域性和延续性特征。基于独特的地理环境和历史条件，岭南文化以农业文化和海洋文化为源头，在其发展过程中不断吸取和融汇中原文化和域外文化，逐渐形成自身独有的特点。

1.2.1 岭南文化的构成

岭南文化作为中华民族传统文化中最具特色和活力的地域文化之一，博大精深。它大体上由语言认同文化、固有的本土文化、南迁的中原文化以及舶来的域外文化几部分构成。

语言认同文化是岭南文化中最为重要的一种文化，这种语言认同文化的影响极其深远，以致成为今天广东人巨大包容性的根源；固有的本土文化是指岭南地处亚热带的五岭之南，依山傍海，珠江流域，河汊纵横，生活在这里的古百越族先民，从早期的渔猎文明、稻作文明到后来的商贸文明，都离不开江海水运，喜流动，不保守，便是区别于内陆文明或河谷文明的南越文化本色；南迁的中原文化是指秦汉以后，岭南统一于中华，修灵渠、开庾岭，岭南与中原的交流日益密切，更有几次战乱的大量移民，强势而先进的中原华夏文明席卷珠江，进而构成岭南文化的主体，主要包括语言、文学、饮食以及科技等方面内容；舶来的域外文化是指自从海上丝绸之路开通，岭南作为始发地甚至是唯一通商大港，一直是中外文化交流的平台，东西方的商业文化、科技文化、宗教文化、政治文化都从这里登陆引进，域外文化给岭南文化注入新活力。

1.2.2 岭南文化的文化特质

岭南文化集中体现为开放风气、进取精神和实利重商的文化特质。这些文化特质体现在岭南文化的各个方面，包括岭南建筑、岭南园林、岭南画派、戏曲音乐、工艺美术、民俗活动以及饮食文化特征等。

就开放风气而言，岭南文化从古至今就具有一种与众不同的开放心态。1583年，意大利传教士利玛窦和罗明坚乘坐船只从澳门来到了中国大陆的第一站肇庆，从这里真正开启他们的中国之旅。而饮誉世界的粤菜风味，不但吸取了国内八大菜系的技艺，也吸取了西菜烹饪之精要；就进取精神而言，岭南地区远离中国传统文化内核，处处迸发出一种超越“传统导向”的进取精神。在近代文化史上，涌现了一批努力超越传统导向的文化名人，如民主革命家孙中山，思想启蒙运动的先驱梁启超等，他们的思想、言行与业绩，充分体现了岭南文化的特异风格；就实利重商而言，广东得天独厚的地理条件，使它在唐宋时代已经成为我国重要的对外贸易区，特别是清中叶以后，随着国际市场对茶叶、丝绸需求量的增加，刺激了当地商品经济的发展。商品经济的发展，铸造了岭南文化讲求实利实惠，偏重商业的倾向。

2 粤菜与岭南菜

2.1 粤菜

粤菜即广东菜，是中国传统四大菜系、八大菜系之一，发源于岭南。粤菜由广州菜（也称广府菜）、东江菜（也称客家菜）、潮州菜（也称潮汕菜）三种地方风味组成，三种风味各具特色。

广州菜范围包括珠江三角洲和肇庆、韶关、湛江等地，用料丰富，选料精细，技艺精良，清而不淡，鲜而不俗，嫩而不生，油而不腻。擅长小炒，要求掌握火候和油温恰到好处。还兼容了许多西菜做法，讲究菜的气势、档次；潮州菜发源于潮汕地区，汇闽、粤两家之长，自成一派。以烹制海鲜见长，汤类、素菜、甜菜最具特色。刀工精细，口味清纯；东江菜起源于广东东江一带的客家人聚居地区，菜品多用肉类，极少水产，主料突出，讲究香浓，下油重，味偏咸，以砂锅菜见长，有独特的乡土风味。

2.2 粤菜的基本特征

饮食文化作为岭南文化的重要构成要素，在充分利用岭南地域丰富物产的同时，也充分体现了岭南文化的文化特质，岭南菜便是最为突出的代表。岭南菜长期受海外文化的影响和滋润，看重传承，又不囿于传统，是我国饮食体系中最富于改革和创新的角色。它吸取西菜面点和外来饮食中的许多优点，重视积极借鉴，吸纳。消化外来饮食文化的先进方面，进而融会贯通于民族饮食文化之中。其特征主要体现在以下几个方面。

第一，原料广泛，主次分明。粤菜选料广博奇异，品种花样繁多，令人眼花缭乱。为了显出主料的风味，粤菜选择配料和调料十分讲究，配料不会杂，调料是为调出主料的原味，两者均以清新为本。讲求色、香、味、形，且以味鲜为主体。

第二，刀工干练，配菜讲究。粤菜厨师根据菜肴制作的要求，运用各种刀法，将原料加工成为一定规格形状的操作技艺，使得菜品方便烹调、易于入味、便利饮食，同时造型美观。粤菜对于刀工的要求一般体现在以下几方面：首先，大小相同，长短一样，厚薄均匀，视料用刀，如鸡肉应顺纹切，牛肉则需横纹切；其次，主次分明，配合得当，即辅料在菜肴中只充当辅助的角色，它必须服从主料，衬托主料；三是，适合烹调，适应火候，即刀工处理必须服从菜肴烹制所采用的烹调方法、使用的火候及调味的需要；此外，还要进行统筹安排，合理用料，物尽其用，即刀工处理原料，要精打细算，慎防浪费。

第三，烹调方法多样，调味方式自成体系。粤菜的烹调技法许多源于北方或西洋，经不断改进而形成了一整套不同于其他菜系的烹调体系。其烹调技法有30 多种，多用煎、炸、炒、泡、扒、川、煲、炖、蒸等。其中的泡、扒、川是从北方的爆、扒、氽移植来的，焗、煎、炸则是从西餐中借鉴。粤菜的调味品多用老抽、柠檬汁、豉汁、蚝油、海鲜酱、沙茶酱、鱼露、栗子粉、吉士粉、嫩肉粉、生粉、黄油等，这些都是其他菜系不用或少用的调料。

第四，口味清淡，力求清中求鲜。综合来说可用“清鲜嫩滑爽香”六字概括其风味特色。这是岭南菜广受欢迎的根本原因。粤菜调味品种类繁多，遍及酸、甜、苦、辣、咸、鲜。但一般只用少量姜葱、蒜头做“料头”，而少用辣椒等辛辣性作料，也不会大咸大甜。岭南菜重色彩，求镬气（指用武火把镬烧热，加油，把油烧开，炒出来的菜有一种香味），火候恰到好处。粤菜追求原料的本味、清鲜味，如活蹦乱跳的海鲜、野味，要即宰即烹，原汁原味。

第五，博采众长，勇于创新。粤菜是由历史上中外饮食文化汇合并结合地域气候特点不断创新而成的，这与岭南文化本身虽具有的开放风气和进取精神是和谐一致的。历史上几次北方移民到岭南，把北方菜系的烹饪方法传到广东。清末以来，广东的开放亦使得饮食上渗透了西方饮食文化的成分。广东地区的人民思想开放，不拘泥于传统，一向善于模仿创新，因此粤菜在菜式和点心研制上，便富于变化，标新立异，制作精良，品种丰富，到目前为止，粤菜的菜式有5400多种，点心有1000多种，风味小吃也有几百种之多。

从菜系的划分上看，目前，都是以行政区域来划分，如四大菜系、八大菜系、每个省（市、自治区）都是按此来定义菜系的，粤菜亦是如此。岭南是文化区域，而非行政划分，岭南菜是按照岭南区域的文化特征来进行定义的，属于文化层面的划分。实际上，通过沿着岭南脉络考察各地餐饮，发现不仅仅广东一地的菜点能体现粤菜的这些基本特征，海南、广西、香港以及澳门等地的菜品特征与广东的特征基本一致，这远远超出了“粤”的范围。海南历史上便隶属于广东省，其文化至今仍然保留着广东的文化特征，饮食文化也是如此，如白斩加积鸭、白斩文昌鸡、抱罗粉汤等都与粤菜的做法和口味极其相近；香港和澳门最初也是广东省的一部分，后沦为殖民地，在保留广东省文化特质的同时也吸收了西方的文化特征，其饮食文化也是如此，如港澳地区的茶餐厅便充分体现了广东省内饮食文化与外来饮食文化的完美融合；目前，在广西的部分地区有着喝早茶的饮食习惯，这与广东的早茶文化十分相似。因此说根据行政划分，将粤菜命名为“岭南菜”更为合适。

所谓“岭南菜”是指利用岭南地区特产的原料或副料或调料或特有的烹饪工艺加工制作的菜点，是体现岭南地区地方特色风味的包括粤菜在内的所有菜系的统称。

3 打造岭南美食品牌的主要对策

关于饮食的基本解释有两种，一是指吃喝，二是指饮品和食品。而美食则是指美味的食物，美食不分贵贱，只要是自己喜欢的，都可以称之为美食。美食吃前有期待、吃后有回味，已不仅仅是简单的味觉感受，更是一种精神享受。随着经济的发展和人们收入水平的提升，人们对于生活质量的要求也不断提高。简单的饮食已经不能满足人们的需求，因此，人们对于口腹的满足也由简单饮食上升至美食享受层面。开发岭南美食最主要可从政府、行业协会以及企业三个方面着手，主要对策如下。

3.1 政府层面

3.1.1 发挥主导作用，培育和发展岭南美食聚集地

重点培育和发展具有一定规模的特色明显的具有代表性的美食聚集地，配套公共服务性设施，包括大型停车场、环境保护和排污处理等，通过标准化、规范化的科学管理，提升岭南餐饮业的整体水平，营造良好的经营和消费环境，突出岭南文化底蕴，吸引更多的餐饮企业聚集经营，形成具有一定规模、综合素质高、辐射力强的餐饮经济聚集地。而已建成的顺德岭南风情美食中心即凤城·食都，就是由顺德政府主导开发，集美食、休闲娱乐、文化交流于一体的美食聚集地。随着美食聚集地的建成，自然会吸引更多的消费者来到岭南，体验岭南美食文化，从而传播岭南美食文化。

3.1.2 转变传统观念，摒弃“源流纷争”思想

岭南美食是一个大地区的菜点特色的集中体现，无论是广东、广西、海南、还是香港、澳门的菜点，从菜点流派的内涵和完整性上讲，都只能算是岭南菜点的一部分，任何一个地区不能代表岭南菜的全部，但同样都是不可或缺的构成要素。因此，想要更好地发展岭南美食，首要的任务是要从政府部门的高度彻底打破“诸侯割据，各自为政”的局面，岭南各地区要携手合作，努力形成岭南菜文化体系上的完整性，从岭南菜的区域整体性出发弘扬岭南美食文化。

3.1.3 纳入地区产业规划，制定相应法规条例

源于第十六届中国厨师节的中国岭南美食文化节，是珠三角档次最高、规模最大、影响最广的品牌餐饮美食旅游盛会，现已成功举办了十二届。它是由中国烹饪协会、广东省旅游局和顺德区人民政府联合主办，经过多年的运营后，已经成为了享誉业界的国家级美食盛典，并被中国烹饪协会、各级旅游文化部门当作了展示中华餐饮文化的重要手段和平台之一。美食已经成为支撑岭南经济发展的重要构成，因此，理应纳入岭南地区产业整体规划，政府要制定相应的法规条例，维护餐饮市场秩序，保护消费者、经营者和从业者的合法权益，规范餐饮业经营模式，推进标准化建设，从而促进岭南美食和岭南餐饮产业的健康有序发展。

3.1.4 加强资金支持，促进企业资本运作

充足的资金支持是任何一个产业发展的必要前提。一方面，各级政府和部门应对本地区美食行业的发展制定相应的资金鼓励政策，提供资金支持。另一方面，也可鼓励本区域的餐饮企业之间或者与区域外实力雄厚的企业进行强强联合，引导餐饮企业更新观念，尽快实现从实体经营向资本运营转变。此外，也要支持餐饮企业扩大规模，进行连锁经营。由此，形成一批通过资本运作、连锁发展获得巨大收益的名牌连锁龙头企业，发挥十分重要的示范带头作用。

3.2 行业协会层面

3.2.1 发挥行业协会纽带作用，建立区域内的联动机制

行业协会作为政府和企业之间沟通的桥梁和纽带，在岭南美食发展的过程中发挥着重要作用。一方面，岭南区域内的餐饮协会、厨师协会等组织要支持、鼓励岭南各地开展名企、名店、名师、名菜的认定，组织企业参加全国各类竞赛活动，推荐行业精英人士参政议政以及开展行业自律、举办美食节庆等相关工作。另一方面，把在岭南地区从事岭南菜点经营和原辅材料经营的企业团结在一起，在做好对菜品研发、创新工作的同时，做到信息，原辅材料，经营管理，人力资源等方面的资源共享，为全行业菜

品创新提供科学示范。

3.2.2 加强对外宣传推广，提升岭南美食知名度和美誉度

宣传推广岭南美食的传播和发展过程中同样不可或缺。中国烹饪协会2005年授予顺德“中国厨师之乡”“中华美食名镇”等荣誉称号，截至2018年7月，顺德已有20家店获评“中华餐饮名店”，这可成为对外宣传推广岭南美食的重要资源。此外，区域内的行业协会要充分发挥好其桥梁和纽带作用，连接好政府和企业，组织好各种形式的美食节、大奖赛、联合办节、赴外联展、多项评优、专家讲座等活动宣扬岭南美食。目前，每年在顺德举办的中国岭南美食文化节便是很好的范例，各地区可效仿，开展类似的活动，创造高品位、高水平、全开放的美食窗口，提升岭南美食品牌的知名度和美誉度，使岭南美食走出岭南，走向全国，走向世界。

3.2.3 深度挖掘岭南美食文化，充分展示岭南美食独特内涵

2014年联合国教科文组织又授予顺德“世界美食之都”称号，这意味着作为岭南美食重要构成的顺德美食得到了世界的认可，那么岭南美食文化底蕴毋庸置疑。因此，可由行业组织牵头，组织、联合岭南地区名厨师、美食家、历史学家、民俗学家，反复查阅各种文献资料，踏访岭南地区的文化古迹，了解本地区的风土人情，搜集各地民间传说，完成关于岭南美食数百年传奇的系统梳理，更好、更全面、更系统地反映出岭南美食文化的全貌。每一道菜品将会有确切的典故出处，每一款佳肴都有相应的文化背景铺陈，从而唤起消费者对于岭南地区传统饮食文化内涵认知的渴望。

3.3 企业层面

3.3.1 倡导多元发展，推进餐饮市场的创新

岭南美食是岭南区域人民智慧的结晶，是其展示对生活品质高质量追求的平台。从历史上看，岭南的饮食正是因为能够不断吸纳与革新才能发展至今，为大家所接受、所喜爱。现今，岭南美食想要得到更多消费者的认可也必须不断吸取新的元素，进行创新。那么就要求不同企业要依据不同条件，实行大众化、特色化、专业化、连锁化、文明化、绿色化的发展方向。大众化即岭南美食要在满足多层次需求的前提下，合理调整结构，更注重满足个人消费、家庭消费的需求；特色化即每个餐饮企业都要形成他人所无法代替的特色，做到独一无二；专业化即岭南美食要逐步实现烹调工艺、投料配比、菜品质量的标准化；连锁化即鼓励有一定实力的餐饮企业要在特色化、专业化基础上向连锁化方向发展；文明化即企业要提高餐饮业的文化品位，追求餐饮企业的文化亲和力；绿色化即要秉承节约美德，推进和倡导科学、合理、健康、营养的绿色消费观念，努力培育节约型企业增长模式和社会消费模式。

3.3.2 构建餐饮企业文化，促进餐饮企业发展

餐饮企业文化是指餐饮企业所有成员的行为方式、共同信仰和价值观。餐饮企业文化是餐饮企业的精神力量所在，是推动餐饮企业发展的内在动力源泉。构建餐饮企业文化，务必要把握餐饮企业的精神文化、行为制度文化、物质文化的完整结合。岭南区域内的餐饮企业，在不断提升自身硬件设施的同时，要更加注重以人性化、个性化的服务来留住顾客，使客人在享受岭南美食的同时感受到岭南饮食文化的内涵和岭南人的温暖，只有这样的餐饮企业才能俘获消费者的心，从而吸引更多的消费者前来，从而促进企业的长足发展。

3.3.3 重视优势资源利用，打造岭南美食品牌

2016年五一期间，中央电视台九套播出了由《舌尖上的中国》拍摄组导演拍摄的三集共150分钟《寻味顺德》纪录片，在全国舞台上展示了以顺德美食为代表的岭南美食文化的魅力。这种宣传模式产生了一定的效应，很多旅游者纷至沓来，来寻找节目中所播出的美食，顺德美食已然成为岭南美食的一张名片、一个品牌。餐饮企业在其发展过程中，不仅要注重自身企业品牌的树立，还要注重岭南美食整体品牌的打造。如，实力较雄厚的餐饮企业可通过合作拍摄类似《寻味顺德》的岭南美食纪录片，在更广阔的平台、更多的渠道传播岭南美食，打造岭南美食品牌。

此外，教育是灌输知识和培养人才的最主要途径，高素质的从业人员的培养对于岭南餐饮业的发展起着至关重要的保障作用。餐饮企业要加强与专业院校的合作，注重引进高素质专业人才，提升行业从业人员的整体素质。相关烹饪院校也要肩负起为岭南餐饮业发展培养高质量人才的任务。如学校要在充分了解市场需求的前提下制定专业学生的培养方案，从而不仅能够保障毕业生尽快适应工作生活，也能够为岭南餐饮业发展有充足的专业人才提供保障。

4 结论

基于文化特征的岭南饮美食文化品牌打造目前仍处于初级阶段，文章通过对岭南文化、粤菜基本特征以及岭南菜的定义，充分展示了目前岭南美食发展的现状，再从政府层面、行业组织层面和企业层面提出的打造岭南美食品牌的主要对策，为政府制定区域美食文化发展政策提供了一定借鉴，也为行业组织发挥其纽带作用和餐饮企业的发展指明了方向。不仅有利于岭南地区美食旅游发展、餐饮经济的发展，也有利于岭南地区传统饮食文化的传承与发展。

我国饮食文化博物馆的发展现状及功能提升研究

刘军丽

（四川旅游学院川菜发展研究中心，四川　成都　610100）

摘　要：20世纪90年代以来，随着社会经济的发展、休闲时代的来临和文化消费的崛起，在民间收藏的日益繁荣、饮食文化理论研究的系统深入等因素的合力推动下，集中展示饮食文化的专题性博物馆开始出现，并在二十余年的时间里得到蓬勃发展。结合当前饮食文化博物馆的理论研究的薄弱与滞后现状，综合运用实地探访、文献资料、深度访谈、比较与归纳等研究方法，认为：目前我国饮食文化博物馆具有“数量增加快、区域聚集性强、主体多元与种类丰富”的特点。饮食文化博物馆的功能体系由“基础层面——传承传播饮食文化、拓展层面——促进推动美食产业、创新层面——丰富提升旅游文化”构成。未来应从深入挖掘饮食文化遗产、创新展陈方式、开发特色美食旅游产品三个方面实施功能提升，推动饮食文化博物馆的健康可持续发展。

关键词：饮食文化博物馆　发展现状　功能体系　提升策略

基金项目：本文为四川省社科联2016年项目的阶段性成果，项目编号：SC16E049。

博物馆是保护、研究与传承文化遗产的重要阵地，饮食文化是人类文化中最具超民族普泛性、民族共性与个性独特性的一种文化，其中蕴涵大量的物质与非物质文化遗产，是博物馆的重要资源。20世纪90年代以来，随着社会经济的发展、休闲时代的来临和文化消费的崛起，在民间收藏的日益繁荣、饮食文化理论研究的系统深入等因素的合力推动下，集中展示饮食文化的专题性博物馆开始出现，并在二十余年的时间里得到蓬勃发展。然而，相较于实践的超前性，饮食文化博物馆的理论研究和总结却显得薄弱与滞后。根据文献检索的结果，目前研究饮食文化博物馆的成果只有《从饮食文化博物馆谈城市美食观光业发展提升策略》[1]《中国餐饮博物馆展示设计评析》[2]《现代中国饮食类博物馆的相关考察——以“中国杭帮菜博物馆”为例》[3]，且都是针对个案进行的研究，学术界还未对此进行整体审视与理论建构。本文拟在分析总结我国饮食文化博物馆发展现状的基础上，结合川菜博物馆的发展实际，从基础、拓展、创新三个层面探讨阐释饮食文化博物馆的功能体系，最后提出实现功能提升的相关策略。

一、饮食文化博物馆的概念界定

目前国际博物馆学界大多是将藏品所反映内容的学科属性作为划分博物馆类型的主要标准，我国根据兴办博物馆的目的并结合藏品的性质，将博物馆划分为综合性、纪念性和专门性（专题性）三大类[4]。

作者简介：

刘军丽（1978—　），女，四川内江人，四川旅游学院川菜发展研究中心教授、《四川旅游学院学报》执行编辑，主要从事饮食文化、美食旅游、烹饪教育研究。成都美食文化创新与交流中心特聘专家，美食专栏撰稿人。

饮食文化博物馆概念的提出，也是由于其藏品所反映的内容均与人类的饮食生活与生产密切相关，从这个意义上讲，饮食文化博物馆是指主要通过收藏、展示和传播以人类饮食生活为主题的藏品，进而揭示饮食文化内涵的专门性博物馆。此类博物馆最主要的特征是借助于有关于人类饮食生活的实物陈列来展示饮食物态文化、饮食制度文化、饮食行为文化、饮食心态文化等[5]。由于饮食文化本身所具有的广泛性与包容性，饮食文化博物馆的构成也非常丰富，包含了菜肴文化博物馆、酒文化博物馆、茶文化博物馆、食器文化博物馆、食材文化博物馆5种类型[6]。

二、我国饮食文化博物馆的发展现状及特点

1. 饮食文化博物馆现状统计

借助资料搜集、调研访谈、会议交流等方法和渠道，笔者对目前国内现有的饮食文化专题博物馆进行了统计（详见表1）。具体原则有二：第一，为了研究的系统性和集中性，此次统计主要针对与烹饪菜肴和食品相关的博物馆，第二，为了研究的客观性和科学性，目前在建（含筹建）的博物馆，另有部分资料信息不全、不明确者均未统计在内。

表1　中国饮食文化博物馆（部分）统计表

序号	地区	名称	开馆时间	主办方	类型
1	北京（6）	中华小吃博物馆	2010年	万丰传统小吃有限公司	名菜名点
2		全聚德烤鸭博物馆	2014年	全聚德股份有限公司	名菜名点
3		便宜坊焖炉烤鸭技艺博物馆	2012年	便宜坊烤鸭集团有限公司	名菜名点
4		御仙都中国皇家菜博物馆	2014年	凯瑞豪门餐饮投资控股集团	名菜名点
5		北京豆腐文化博物馆	2008年	北京柳沟豆腐文化博物馆有限公司	名菜名点
6		腐乳科普馆	2010年	王致和食品有限公司	特色食品
7	河北（1）	直隶餐饮文化博物馆	2014年	保定市玉兰香直隶会馆餐饮有限公司	名菜名点
8	山西（3）	山西面食博物馆	2013年	山西会馆餐饮有限公司	名菜名点
9		东湖醋园（美和居）博物馆	1998年	山西老陈醋集团有限公司	调味品
10		河东盐业博物馆	1995年	南风集团	调味品
11	辽宁（3）	沈阳中华饮食文化博物馆	2002年	个人 李春祥	综合类
12		大连中国箸文化陈列馆	1995年	大连森兴箸业有限公司	炊餐食具
13		大连饺子博物馆	2017年	喜家德水饺餐饮管理有限公司	名菜名点
14	上海（2）	上海民间民俗藏筷博物馆	1988年	个人 蓝翔	炊餐食具
15		中国乳业博物馆	2001年	上海光明乳业	特色食品
16	江苏（6）	淮安中国淮扬菜文化博物馆	2009年	淮扬菜集团股份有限公司	风味菜系
17		南通江海美食博物馆	2013年	南通江海美食餐饮集团	风味菜系
18		扬州中国淮扬菜博物馆	2010年	扬州市扬子江投资发展集团	风味菜系
19		镇江中国醋文化博物馆	2010年	江苏恒顺集团有限公司	调味品
20		大娘水饺华夏饺子博物馆	2014年	大娘水饺餐饮集团有限公司	特色食品
21		中国太湖农家菜文化展览馆	2012年	江苏震泽地方政府	名菜名点

续表

序号	地区	名称	开馆时间	主办方	类型
22	浙江（8）	中国杭帮菜博物馆	2012年	杭州杭帮菜博物馆餐饮文化有限公司	风味菜系
23		绍兴中国酱文化博物馆	2007年	绍兴至味食品有限公司	调味品
24		绍兴菜博物馆	2015年	浙江农业商贸职业学院	风味菜系
25		杭州中策烹饪艺术博物馆	2011年	杭州市中策职业学校	炊餐食具
26		宁波鄞州雪菜博物馆	2013年	宁波绿色食品有限公司	食材原料
27		温州瓯菜博物馆	2017年	瓯海职业中专集团学校金盾校区	风味菜系
28		金华酥饼博物馆	2015年	金华默香食品连锁有限公司	名菜名点
29		金华中国火腿博物馆	2009年	金华金字火腿股份有限公司	名菜名点
30	安徽（1）	徽州糕饼博物馆	2015年	超港食品有限公司	名菜名点
31	福建（1）	闽菜博物馆	2017年	福州聚春园大酒店	风味菜系
32	山东（6）	中国鲁菜文化博物馆	2013年	山东旅游职业学院	风味菜系
33		德州扒鸡文博馆	2008年	德州扒鸡集团	名菜名点
34		淄博聚乐村饮食博物馆	2012年	淄博博山聚乐村食品有限公司	名菜名点
35		淄博周村烧饼博物馆	2011年	山东周村烧饼有限公司	名菜名点
36		山东泰顺斋南肠博物馆	2015年	山东泰顺斋食品有限公司	名菜名点
37		泰山豆腐文化博物馆	2015年	泰安文化艺术中心	名菜名点
38	河南（4）	开封饮食文化博物馆	2007年	个人 孙润田	风味菜系
39		长垣县中国烹饪文化博物馆	2013年	长垣县地方政府	综合类
40		洛阳老雒阳饮食博物馆	2013年	老雒阳饮食管理有限公司	炊餐食具
41		洛阳“真不同”水席博物馆	2013年	洛阳真不同饭店	名菜名点
42	湖北（2）	武汉鄂菜博物馆	2014年	武汉商学院	风味菜系
43		杨楼子老榨坊博物馆	2012年	个人 杨德元	食材原料
44	湖南（3）	中国湘菜博物馆	2009年	湖南省湘菜产业促进会	风味菜系
45		长沙玉和醋博物馆	2009年	玉和酿造有限公司	调味品
46		长沙辣椒博物馆	2015年	柯柯农艺梦工厂	食材原料
47	广东（3）	东莞饮食风俗博物馆	2005年	东莞市莞香楼饮食服务有限公司	风味菜系
48		圣心糕点博物馆	2009年	东莞圣心食品有限公司	名菜名点
49		顺德岭南饮食文化展示中心	2015年	邹伟酒店管理有限公司	风味菜系
50	重庆（1）	三耳火锅博物馆	2002年	个人 聂赣如	炊餐食具
51	四川（5）	成都川菜博物馆	2007年	个人 苟德	风味菜系
52		川菜文化体验馆（郫县豆瓣博物馆）	2013年	郫县豆瓣股份有限公司	调味品
53		成都饮食文化博物馆	2008年	四川旅游学院	综合类
54		中国泡菜博物馆	2012年	眉山市地方政府	特色食品
55		自贡盐业历史博物馆	1969年	自贡市文物局	调味品

续表

序号	地区	名称	开馆时间	主办方	类型
56	云南（1）	蒙自过桥米线历史文化陈列馆	2012年	云南桥香园餐饮管理有限公司	名菜名点
57	陕西（2）	西安中国烹饪博物馆	2013年	西安饮食股份有限公司	综合类
58		西部清真饮食文化博物馆	2010年	西安老孙家饭庄	名菜名点
59	广西（2）	柳州菜博物馆	2013年	广西味之坊食品科技有限公司	风味菜系
60		柳州市桂饼文化博物馆	2013年	柳州市锦桂楼饼业有限公司	名菜名点

注：由笔者结合《2015年度全国博物馆名录》[7]、各博物馆官网信息、调研信息、会议资讯等综合统计而成。

2. 饮食文化博物馆发展特点

第一，数量增加迅速，发展阶段性特征显著。我国饮食文化博物馆经历了3个发展阶段，一是初始阶段（2000年以前），此类型的博物馆只有5家；二是起步发展阶段（2001—2010年），随着社会经济的发展、民间收藏的升温和人们对文化生活品质的追求，致力于文化多元、展现区域特色的饮食文化博物馆逐渐增多，数量达到了20家；三是快速发展阶段（2011年至今），饮食文化博物馆迎来了发展的高潮，饮食相关企业与文化相结合兴建的博物馆成为主流，数量达到了35家，是前20年的总和的1.3倍。

第二，空间分布不平衡，区域聚集性强。当前我国饮食博物馆主要集中在经济文化发达区域和饮食文化资源丰厚区域，表1统计显示，北京、江苏、浙江、山东、河南、四川、广东7省市的数量达38家，占统计总数的63.33%。而上述区域正是我国最知名的四大地方菜系“川、鲁、粤、淮扬”的发源地[8]，由此可见，饮食文化博物馆的发展与社会经济的发展、地方特色文化的繁荣密切相关。

第三，创办主体多元，种类较为丰富。饮食文化博物馆以非国有的民间博物馆为主，兴办主体来自餐饮、特色食品、调味品等行业企业，还包含一些个人收藏者。表1中的饮食文化博物馆主要为名菜名点、特色食品、地方菜系、调味品、餐饮器具、食材原料等六大类。少数主题不明显者暂定为综合类。

三、饮食文化博物馆的功能体系

1. 基础功能：保存饮食文化记忆，传播饮食文明思想

保存与传播饮食文化是饮食文化博物馆的核心价值，在中华民族长达万年的饮食文明历史中，形成了丰富多样、异彩纷呈、特色鲜明的区域饮食文化，它承载了由特定的地理环境、气候物产、政治经济、生产技艺、民族信仰、饮食习俗等因素构成的人类生存状态写照。饮食文化博物馆是一种相对独立的公共传播空间，通过烹食器、灶具、盛食器、用餐器、菜谱、烹饪典籍、家具匾额、文献资料等各类文物的陈列与展示，结合各种制作加工技艺、品尝的历史场景复原，唤起观众对传统饮食文化的追忆与向往，对民族优秀饮食思想的认知与接受。如江苏淮安作为淮扬菜发祥地建设的淮扬菜文化博物馆、四川成都作为川菜发源地的川菜博物馆、浙江杭州的中国杭帮菜博物馆等，这些以地方风味菜系为主题的博物馆植根于地域饮食文化丰厚土壤之中，展现当地饮食文化的特质与地域风俗人情。位于四川省成都市西郊郫县古城镇的川菜博物馆，开馆于2007年，其占地面积40亩，拥有各类藏品6000余件，是目前我

国饮食文化类博物馆中为数不多的国家三级博物馆[7]。川菜博物馆通过文物典籍展陈、川菜原料与传统工具展示、灶王祠、老川菜馆一条街景观等，从川菜的演变发展的历史、川菜历史名人、川菜原料与技艺、川菜餐厨具与服务管理、四川饮食民俗与乡土风情等多个方面，全景式、系统性地表现川菜文化的内涵与外延。应当说，以博物馆为载体的饮食文化展陈与传播，升华了饮食行为的文化价值；观众通过参观与体验，产生对所属文化及文化群体的归属感，最终形成文化认同[9]。

2. 拓展功能：推动餐饮文化建设，构建餐饮行业文化力

饮食文化既是生产文化也是消费文化，在商品经济时代下，餐饮企业、餐饮产品与餐饮消费者构成了饮食文化的运行机体[10]，餐饮企业是饮食文化的传播者和开拓者，而中国饮食文化更是餐饮行业核心价值体系的重要支撑与持续发展的主要动力[11]。越来越多企业和有识之士认识到饮食文化对于行业企业发展的强大驱动力，并将兴建饮食文化博物馆作为打造企业文化品牌、加强餐饮美食行业文化建设的重要手段，在这一点上多数饮食文化博物馆都具有行业属性。因此，在我国餐饮美食产业快速发展的今天，饮食文化博物馆除了作为中国饮食文化传承与传播的载体之外，更发挥了餐饮行业文化建设的功能，利用博物馆的藏品优势、场地优势和人才优势，积极倡导行业行为规范、实施烹饪人才培养、促进餐饮与美食的国内外交流，以此构建我国餐饮行业的文化力与竞争力。如川菜博物馆以传统厨行中的灶王信仰民俗为根基，兴建了世界最大的灶王祠堂，举办一年两度的大型“厨行灶王祭祀仪式”，传播“‘敬灶王，崇食尚饮’，感悟‘一餐一饭皆思来之不易’，呼唤‘工匠精神的回归’”等主题思想，博物馆也由此成为了餐饮行业的职业素养教育基地，推动了餐饮从业人员的职业道德与诚信信念的养成和人文素质的提升。

3. 创新功能：塑造城市文化特色，提升旅游文化品位

从世界博物馆的起源来看，博物馆是城市文明的产物，它收藏一个国家、城市或者一个地区的文明，对于城市而言，博物馆就是城市文明的承载者[12]。饮食文化博物馆的产生，源自人们对各自地区、各自民族文化的重新审视与解读，以美食为媒，各博物馆作为展示饮食文化的窗口，向社会提供有特色的饮食文化产品，培育出城市文化的个性风貌。从城市发展的宏观角度来看，博物馆所展示的文化内容是城市的核心旅游吸引物，通过运用各种文化展示手段，博物馆能够成为营造高品质城市旅游环境的关键要素[13]。当前，饮食文化博物馆正在成为旅游业发展的重要旅游资源和休闲娱乐空间；而在“美食无国界”大趋势的影响下，饮食文化成为跨文化交流与国际旅游的重要推手，由此可见，饮食文化博物馆对提升城市旅游文化品位的作用更加明显。以成都为例，作为联合国教科文组织认定的“世界美食之都”，成都饮食文化历史悠久、享誉全球，为全世界奉献出了一种高度繁荣、发达和融合的美食文明。川菜博物馆、川菜文化体验馆等饮食文化博物馆通过以“川菜饮食历史”为主线、“区域饮食事件、人物”为延伸、以“餐饮文化”为基础的三原则，全面、立体、集中的展示川菜文化，传达出“兼收并蓄”“和谐包容”“勇于创新”“自由闲适”的城市文化特色。许多国外游客纷纷慕名而来感受川菜的神奇魅力，本地的家庭亲子游、小学生研学旅行等也都愿意进入博物馆体验极富地域特色的饮食文化，据统计，2015年初迄今，仅川菜博物馆一家已接待了三千余名海外游客，两万余名国内游客，成为成都旅游的重要目的地。

四、饮食文化博物馆功能提升的策略思考

随着国民休闲时代的到来，文化性、娱乐性、体验性成为都市人群消费的新需求，文化餐饮的发展、美食旅游的兴起，给予了饮食文化博物馆更多的发展机遇。我国饮食文化类博物馆应立足于“传承传播饮食文化、促进推动美食产业、丰富提升旅游文化”的功能体系，从深入挖掘饮食文化遗产、创新展陈方式、开发特色美食旅游产品三个方面入手，实施功能提升策略，推动饮食文化博物馆的健康可持续发展。

1. 深入挖掘饮食遗产，展示传承技艺

人类的饮食文化遗产不仅有器具、典籍、建筑空间等物质遗产，还有以技艺、仪式、思想为核心的大量的无形文化遗产。中国美食与法国美食、土耳其美食并称为世界三大烹饪美食体系，具有饮食思想宏博、风味流派众多、制作技艺高超、仪式民俗多样等特征。饮食文化博物馆是集中展示饮食文化、传播科学饮食观念、构建正确饮食价值观的空间，需要更加关注无形文化遗产（技艺、仪式）的挖掘、继承与传播。在文化部发布的四批次全国非物质文化遗产名录中，烹饪饮食类非物质文化遗产一共有48项，从表1的统计可以看出，以国家级非遗项目为主题的博物馆包括全聚德烤鸭博物馆、直隶餐饮文化博物馆、川菜文化体验馆（郫县豆瓣博物馆）、洛阳真不同水席博物馆等20余家。建议各博物馆整合人力资源与技术力量，加强饮食文化理论研究与田野调查，广泛展示饮食生产技艺、民俗礼仪等，尤其应在春节、清明、端午、中秋、重阳等饮食民俗、仪式集中的纪念日，提前安排有关的公众活动项目，发布活动新信息，扩大宣传影响。菜点加工制作技艺的展现是烹饪传统工艺展示的重点，可设置专门的演示空间，由烹饪技艺精湛的大师主讲示范，演示烹饪的刀工、调味、火候及成菜过程；对于某些特色食材，也可设置专门场地，请专人演示生产过程，给予观众真切而深刻的感受。除了针对一般观众的展教活动以外，博物馆还应注重对餐饮美食行业人员的教育与培养，遴选组织厨师研习烹饪类国家级非遗技艺，注重对传统饮食文化工艺技术的把握，实现各项技艺的生产性保护，以此提高餐饮美食行业的文化传承力与文化创造力。

2. 创新展陈方式，彰显饮食文化价值

目前众多饮食文化博物馆内仍采用以玻璃透明展柜为主的封闭式陈列，展板文图排版设计抽象呆板，无法满足观众丰富多样的游览需求。要改变这种现状，必须在对观众进行调查研究的基础上，打破“以物为本”的传统展陈思路，强调“以人为本”，从观众兴趣点出发[14]，创新展陈方式，彰显饮食文化价值。

目前国内大部分饮食博物馆将饮食器具的展示作为重点，强调以器物展示饮食文化；然而地域饮食文化特色的支撑来自于器物、技艺、思想、民俗、自然环境等，兼具物质与精神的多元属性，需要展现不同历史阶段与场景下从饮食原料选择、烹饪工具、菜品制作到饮食品尝的全过程。高清影片、电子地图、场景还原、幻影成像等展示技术的运用将强化展示的主题、极大增加感官的冲击力。如中国杭帮菜博物馆中再现了南宋时期杭州的饮食风貌，以《武林旧事》等文献记录和考古资料为基础，运用杭城酒店街市场景绘画、“四司六局”三维动图、丰乐楼模型为环境衬托，用各类精致肴馔模型展示南宋清河郡王府夜宴、岳飞家宴等，观众置身其中便能深刻感受到南宋杭城“暖风熏得游人醉，直把杭州作汴州”的历史意蕴。另外，有条件的博物馆还应建设多媒体功能厅，满足影像放映、学术报告、小型会议

等需求，通过放映、触摸式荧屏等手段扩展外空间，以声像节目展现更多当地饮食历史与现状，传达更多饮食资讯，满足观众和游客需求。

3. 开发特色美食旅游产品，丰富文化旅游内涵

美食旅游是指以特色美食、独特饮食文化为吸引物，旅游者参加美食活动、体验美食风情或进行美食考察和研究而引起的关系和现象的总和[15]。这是一种以浓郁深厚的饮食文化为底蕴和灵魂的特色旅游，博物馆与旅游业深度融合发展的今天，饮食文化博物馆既成为了文化旅游、美食旅游的重要吸引物，游客的纷至沓来也可为博物馆的运营提供资金支持。博物馆应以区域饮食文化为基础，针对观众游客“希望能通过互动式的交流来深入体验产品所带来的乐趣”需求[16]，创意开发互动体验式文化产品。具体而言，要做到以下三点，一是对体验空间进行整体设计开发，突出美食体验的真实性；二是满足游客观众对饮食文化知识的获取与探求，形成一个“观看—接触—了解—深入—想象”的体验过程；三是通过体验活动的开发增加博物馆的娱乐休闲功能，实现博物馆作为城市公共文化空间“增加个人自由感、发展人际关系与建立友谊”的价值取向。如川菜博物馆设计开发的“360° 玩川菜——川菜文化互动体验之旅”产品，通过品经典小吃、赏古（典藏馆）游园、川菜原料展示、灶王祠祭祀、游仿古美食街、传统工具体验、川菜烹饪、宴饮娱乐、品茗休闲九个环节，让游客在从品鉴特色小吃开始建立对川菜饮食文化的初步感知，进而通过欣赏饮食文化藏品追寻川菜饮食文化的历史演进，然后通过体验清代古法郫县豆瓣酿制工艺等环节建立对川菜原料、制作工具和餐饮空间的认知。最后在名厨指导下制作经典川菜，由博物馆首席烹饪师亲自点评菜品，并颁发“川菜达人”证书。这样的博物馆旅游产品使游客深度体验到中华美食精妙的烹饪技艺、美好的味觉感受、悠久厚重的历史积淀，可极大地丰富旅游的文化内涵，提升旅游品位。

参考文献

[1] 何方, 周鸿承. 从饮食文化博物馆谈城市美食观光业发展提升策略[J]. 杭州·我们, 2014(8):35-37.

[2] 汤强. 中国餐饮博物馆展示设计评析[J]. 中华民居, 2012(8):22.

[3] 刘征宇. 现代中国饮食类博物馆的相关考察——以“中国杭帮菜博物馆”为例[J]. 楚雄师范学院学报, 2016(11):18-22, 36.

[4] 姜涛, 俄军. 博物馆学概论[M]. 兰州: 兰州大学出版社, 2014:54.

[5] 赵荣光. 中国饮食文化史[M]. 上海: 上海人民出版社, 2006:2.

[6] 冯玉珠. 饮食文化旅游开发与设计[M]. 杭州: 浙江工商大学出版社, 2017:313.

[7] 国家文物局. 关于印发2015年度全国博物馆名录的通知[A]. 文物博发〔2016〕18号, 2016-12-27.

[8] 陈传康. 中国饮食文化的区域分化和发展趋势[J]. 地理学报, 1994, 49(3): 226-235.

[9] 郑晓云. 文化认同与文化变迁[M]. 北京: 中国社会科学出版社, 1992:4.

[10] 杨铭铎. 关于我国饮食文化发展与传承的思考[J]. 商业经济研究, 2012(9):143-145.

[11] 苏秋成. 饮食文化是构建国家文化软实力的重要组成[N]. 中国食品报, 2012-01-31(12).

[12] 郭富纯. 试论博物馆在现代城市文明建设中的作用[A]//博物馆创新与发展高峰论坛: 博物馆创新与发展高峰论坛论文集[C]. 沈阳: 辽宁人民出版社, 2009:64-67.

[13] Myriam Jansen Verbeke, Johan Van Rekom. Scanning museum visitors: urban tourism marketing[J]. *Annals of Tourism Research*, 1996, 23(2):364-375.

[14] 张志. 博物馆陈列新思维[M]. 天津: 天津人民出版社, 2011:1.

[15] 王雪莲, 吴忠军, 钟扬. 美食旅游市场需求分析——以桂林世界美食博览园为例[J]. 乐山师范学院学报, 2007(5):55—58.

[16] 吕建昌. 博物馆与当代社会若干问题研究[M]. 上海: 上海辞书出版社, 2005:132.

老厨家·滨江官膳传统厨艺非遗项目保护与传承

朱桂凤[1] 郑树国[2]

（1. 黑龙江大学历史文化旅游学院，黑龙江 哈尔滨 150080；
2. 哈尔滨“老厨家”黑龙江 哈尔滨 150080）

摘 要：老厨家是哈尔滨市首家博物馆式饮食文化体验餐厅，龙江老字号。老厨家·滨江官膳传统厨艺是黑龙江省级非物质文化遗产。现第四代传人郑树国是黑龙江省和哈尔滨市非物质文化遗产代表性传承人。郑氏四代事厨，历时百年传承，见证了自清末哈尔滨开埠、日本侵占东北、建国餐饮业低迷、改革开放餐饮业振兴的不同时期。现今“老厨家”在承袭祖传厨艺基础上，以开放的心态、开阔的视野，不仅走出了家族的局限，而且不断尝试将饮食与文化相结合，开创了“博物馆”里品美食的先例。

关键词：老厨家 非遗文化 四代烹饪世家 保护与传承

现今“老厨家”两个代表店面分别是位于哈尔滨市道里区友谊路318号店和位于道里区中央大街与西七道街交叉口巴拉斯美食城三楼老厨家店。“老厨家”以“博物馆式饮食文化体验餐厅”为特色，以此成为哈尔滨市首家将饮食与家族历史、城市文化相结合的特色主题餐厅。作为龙江老字号、黑龙江省级非物质文化遗产的“老厨家”，有着百年历史，贯穿着清末、民国、日本侵华伪满殖民、新中国成立及“文革”、改革开放至今等不同时期的历史文化和东北地方人文特色。如今“老厨家”努力践行“让文化遗产活起来”的经营理念，在业界及食客中有着广泛的口碑，就学术层面而言尚属研究空白，有待于学界关注和研究。

1 自清末至今，“老厨家”的兴衰

“老厨家”开设于1922年，由第二代传人郑义林建立和经营，店址在当时哈尔滨道里区中国十道街，取店名为“真味居”。但当时人还是通俗习惯的称店为“老厨家”，经营至1938年日本侵华时期关闭。“真味居”的店名源自于郑氏第一代名厨郑兴文于清光绪年间（1885年）开设在北京东城东华门大街的中档规模的酒家“真味居”，尽管只经营了3年零2个月。第三代传人郑学章虽没有开设实体店，但却一直怀揣再兴“老厨家”的志愿，在承袭了祖上的厨艺基础上，将郑氏家族的厨艺进行发展，并带领

作者简介：

朱桂凤（1964— ）女，黑龙江大学历史文化旅游学院教授，硕士生导师，世界中餐业联合会饮食文化专家委员会委员，从事文化产业、文化遗产、饮食文化研究。

郑树国（1969— ）男，黑龙江省和哈尔滨市非物质文化遗产代表性传承人，世界中餐业联合会饮食文化专家委员会委员，老厨家掌门人。

第四代传人郑树国，走上了厨师之路。2000年3月11日，由郑氏第四代传人郑树国、郑树森两兄弟在哈尔滨市动力区文政街重树“老厨家”，使具有近百年历史的“老厨家”店历经风雨，终于传承发展下来。目前“老厨家”已经开设四个店面，即位于哈尔滨市道里区友谊路、中央大街西七道街的“老厨家”，南岗区马端街的“老厨家道台食府”和南岗区文政街的“老厨家民间菜馆”。追寻“老厨家”的发展史，也可以从另一个侧面了解东北的食文化史和食民俗的发展变化。

1.1 第一代开创人郑兴文的庖厨之艺，保留浓重的满族官府贵族的食俗文化特色，并开启了“华洋大菜共置一席”的先例

郑兴文走上厨师之路，完全是出于自身的爱好。其父郑明泉主要在北京经营茶叶生意，家境殷实使郑兴文从小就随父亲走南闯北，应酬交际出入各种高档酒楼，他在品尝各地美食之时，不仅向人虚心讨教，还潜心琢磨，回家后又加以实践，直至痴迷。身为旗人出身的郑明泉，又受到汉文化儒学“君子远庖厨”的思想影响，自然对儿子迷恋庖厨痛心疾首，无奈郑兴文学厨意志坚定，不容动摇，于是以学厨可以，只能在家自娱自乐，不能以此为职业伺候人为前提应允了郑兴文的意愿，并将郑兴文送至恭王府学习厨艺。虽然当时已经是清末，但是恭王府在吃食上，仍然以满清贵族官府菜为主，这使得郑兴文大开眼界，对庖厨的技术追求达到了精益求精的程度。正是由于这样的学厨起点，使得他在1885年首次经营“真味居”时，特别强调菜品的质量和品位，少顾及成本，结果导致酒楼虽然生意红火但利润微薄，再加上店员得罪了当时的宫内大太监，所以只维持了3年零2个月。酒楼虽然关门，但郑兴文的手艺却是越来越精，他的庖厨技艺，承袭了满族官府菜的精髓。1907年，郑兴文在黑龙江铁路交涉局总办郑国华和滨江关道官员郑恭名的举荐下，来到哈尔滨，成为滨江关道（即“道台府”）衙门的一名官厨。清末时期哈尔滨作为北方重镇，道台府担负着与俄罗斯人交涉的重任，在吃食上也非常讲究。郑兴文在道台府身为主厨绝不敢懈怠，也使得他不断创新，厨艺可谓达到了炉火纯青的境界，现在“老厨家”传承下来的招牌菜，有很多都是郑兴文在道台府任主厨时创造出来的，如锅包肉、鞭打春牛、虞臣虾泥、马上封侯、加官受禄、天龙赐福、熏卤鸭、猪头焖子等名菜。由于厨艺高超，1914年道台李鸿谟为郑兴文先后题写“鼎鼐功深”和“治味方家”，以此赞美他精湛的厨艺。

郑兴文也是哈尔滨最早学习掌握西餐的中国厨师之一。1909年，留美学童出身的滨江关道第三任道员施肇基派郑兴文到中东铁路宾馆学习西餐。中东铁路宾馆当时是哈尔滨第一家较为完备的宾馆，它集餐厅、舞厅、剧场、客房于一体，这里的菜点均出自俄国大厨之手。

俄式菜以崭新的内容让郑兴文接触到了西餐的厨艺，着重采用牛肉、对虾、火鸡和番茄酱、黑胡椒、奶油等调料制成的煎牛肉饼、炸虾排、烤馅火鸡等品味浓鲜、香味强烈的佳肴，其灶具、炊具和烹制方式等也都与中式餐具有所不同，郑兴文一行对各种菜肴的制作要领，烹调工具的使用都一一学会记下。郑兴文在这里学习近两个月时间，基本掌握了俄式西餐的制作，学成回府。此后西餐正式成为道台府接待外宾必备的菜肴。

郑兴文的厨艺是基于清廷皇家菜、吸收江浙（历任道台多数是来自江浙地区：如杜学瀛、李家鳌等）美食特色、引入俄式西餐，逐渐形成了具有多元文化元素的技术风格，留有时代的印记，并传承给他的后人。

1.2 第二代传人郑义林创建“老厨家”，逐渐形成郑氏家族食文化特色

所谓将门出虎子。郑义林不仅继承了父亲郑兴文精湛的庖厨手艺，更保留了追求食文化精髓的品质。在创建“老厨家”之前，他在当时位于哈尔滨市道外六道街的名店“厚德福”饭庄任掌勺大厨，在应对一次不速之客砸店时，做了一道“拔丝冰溜子”（后来被第四代传人郑树国改良为“拔丝冰棍”，现为“老厨家”的一道特色菜，成为黑龙江著名风味菜肴）。这件事一直成为后人流传的佳话，写入电视剧《闯关东》中。身怀高超厨艺的郑义林，只担任名店掌勺大厨自然不是他的理想，因此1922年，在父亲郑兴文的支持下，终于在当时的俄国街，现在哈尔滨道里区西十道街开设了“老厨家”。在最初经营时，即采用了人性化的经营方式，对前来吃饭的客人，要求提前3天预定，并根据预定客人的年龄、籍贯、口味、喜好等，为客人准备菜肴。这种特色化经营，自然受到客人的喜好，开业不久，“老厨家”便颇具名气，并逐渐形成了以精选滨江官膳菜肴为核心的自己的经营风格和郑氏家族的食文化体系。其中以熏卤鸭、老火狮子头、糖醋瓦块鱼、鸳鸯大虾、江米肉圆、口福肘子、葱烧海参等菜最为有名。遗憾的是，随着1932年2月1日，日本侵占哈尔滨，至1938年日本占领东北期间，“老厨家”在这种殖民统治下，难以找到生存之路，历经16年风雨，终于以关门闭店而告终。但是郑义林敢于采取这样的人性化经营手段，当然来自于他对自己精湛高超厨艺的自信。因此在具体经营运行中，他的厨艺、经营手段、思想开放程度等，也成为左右“老厨家”特色发展的主要因素，当然发展的局限性也取决于他的综合能力。

1.3 第三代传人郑学章的守候和坚持，使“老厨家”重树成为可能

生于、长于乱世的郑学章，想要实现祖父和父亲的遗愿，谈何容易，因此守候和坚持就是最好的保护和继承。现在看来，正是由于郑学章的守候和坚持，对“老厨家”的重树起到了承上启下的作用。郑学章在自己继承了先辈的庖厨手艺的同时，不断地潜移默化地引领着自己的儿子郑树国走向庖厨之路。可贵的是，在郑树国的学艺之路上，郑学章能够让他在继承郑氏家族食文化的基础上，跳出家族的局限，虚心向其他名厨学艺。郑学章对学艺的儿子可谓是公私分明，铁面无私，仅从在酒店学艺期间不准儿子叫他“父亲”，只能叫“师傅”，就可见一斑。郑学章秉承的是传统的“严师出高徒”的理念，所以对儿子说的最多的一句话就是：“不怕没人请，就怕艺不精”。

1.4 第四代传人郑树国重树“老厨家”，践行着饮食非物质文化遗产的保护工作

郑树国的成长和成功，除他自身努力外，离不开时代的造就。从父亲身上继承了做事认真、技艺求精可贵品质的郑树国，经过多年踏实刻苦的学艺生涯，厨艺不断提升，1990年，年仅22岁就担任“白天鹅大酒店”主厨，期间他不断尝试着新的菜肴，将家族传承的特色菜海参烧鹿筋、鲜果㸆烧鱼等推出交流，根据客人口味不断推出长城火龙鱼、鱼跃蛙鸣等菜肴。后续几年里，郑树国又先后担任过几个大酒店的主厨，随着主厨阅历的丰富，他的思想也在不断变化。1998年，郑树国进入黑龙江商学院旅游烹饪系进修，系统接受烹饪文化的知识学习，在理论上提高自己对餐饮业的理解和认识。由此对“老厨家”所传承的手艺和承载的历史记忆，有了更深刻的热爱，认为有责任和义务将其传承下去，所以重新开设“老厨家”的想法越来越强烈，于是与父亲商议，在2000年实现了祖辈的愿望，重新树起了“老厨家”招牌。其开设的“老厨家”不仅继承了家族的菜品特色，更重要的是补充了新的内容，“老厨家”不仅是龙江老字号的家族企业品牌和产品，在全新经营理念的基础上又带给食客一种高层次有品位的食文化体验，既保留了家族式传统餐饮特色，又很好地满足了当下餐饮消费者的较高的精神享受需求。

正是由于郑氏家族近百年来对饮食文化业的特殊贡献，以及郑树国的努力和突出业绩，2003年1月，国家经贸委、中国饭店协会破格授予郑树国“中国烹饪大师”的荣誉称号，他也是目前国内获得这一荣誉称号最年轻的人。中央电视台《人物》栏目2011年第31期为郑树国作了一期专题节目《美食世家之道台府官府菜第四代传人郑树国》。

2“老厨家”的菜品，渗透着浓郁的官府菜特色，亦有丰富的菜品典故

“老厨家”的菜品，重在将官府菜与地方本土风味、西餐相结合。每道菜从选料、刀工、烹饪手法等都很考究。菜品的搭配也是荤素有序，口味上“中西合璧、南北交融”。主打中菜：锅包肉、熏卤鸭、啤酒鱼、菊花鱼、马上封侯、加官授禄、天龙赐福、一品清廉、四品精华、口福肘子、吉利虾球、虞臣虾泥、鞭打春牛、什锦锅子、油炸冰棍、黄焖鱼翅、贡米丸子、猪头焖子、岁岁有盈余、酸瓜洋春卷、鳇鱼烧土豆等；西菜：烤奶猪、烤奶汁鳜鱼、奶汁鲍鱼、平安有余、软煎大马哈、奶油山鸡脯、烤咸火鸡等。

以“老厨家”推出的鳇鱼宴、熏卤鸭、猪头焖子、锅包肉、鞭打春牛、虞臣虾泥、天龙赐福、马上封侯、加官受禄、岁岁有盈余等特色菜肴为例，我们从自然环境和人文环境来了解一下他所展示的东北食文化的民俗特色。

2.1 食原料以东北所产的家禽山珍野味为主，兼顾海味江鲜等其他地产食材

“靠山吃山，靠水吃水”“一方水土养育一方人”。东北自然资源丰富，为生活在这片土地上的人们提供了丰富的食原料，这些食原料中既有大众普遍熟知的动植物资源，也有一些可谓稀有的飞禽山珍。无论如何，这是当地人们赖以生存的基础。“老厨家”所用的食原料，自然要立足于本土之上，由此这也就逐渐形成了带有浓郁东北地方特色的食体系。

鳇鱼宴，主料是用产自黑龙江的大鳇鱼。清代大鳇鱼是皇家的贡鲜必品。鳇鱼宴是用鳇鱼肉、鳇鱼肚、鳇鱼翅、鳇鱼尾等部位制作的菜肴宴，堪称是宴席上的名品。

熏卤鸭，选用的鸭子，必须是生长在松花江边食江鱼长大的瘦肉型鸭。只有这种鸭子才能达到采用南方卤味和北方熏制相结合方法制作出的皮色红润、味透肌里、皮香肉嫩的美味鸭肴的奇妙效果，这是道台府首创初期的一道独具特色的风味菜。

天龙赐福，选用的鱼，是松花江所产的“三花”鱼中的最名贵的首花鳌花鱼，它是我国著名的“四大淡水名鱼”之一，以鱼肉鲜嫩，刺少肉多，味道鲜美，成为鱼中的佳品。

马上封侯，选用的食材为产自黑龙江、乌苏里江的“大马哈鱼肉”和“猴头蘑”。大马哈鱼是一种洄游鱼，是一种珍贵的经济鱼，以肉质鲜嫩，营养丰富备受人们的喜爱。而猴头蘑是一种外形酷似猴头的珍贵菌，素有“山珍猴头、海味鱼翅”之说。

2.2 菜品故事使“老厨家”菜品更具文化内涵

东北地处中国边陲，自古主要是少数民族在此生息繁衍，这些民族多以游牧渔猎方式生存成长，如满族、鄂伦春族、鄂温克族、达斡尔族、赫哲族等，他们的食文化习俗自然传承下来，影响着后续生活在这片土地上的人们。民国时期，随着“闯关东”大潮进入东北这片土地的“关内人”（山东、河北人居多）的大量涌入，他们带来的农耕文化也融入进来。加之东北紧邻俄罗斯，1898年中东铁路的修建，

很多“洋人”（俄罗斯人、犹太人、法国人、日本人等）也生活在这里。这些不同文化相互交融，形成了东北既有中华血脉，又有西方风采的多元文化共存的人文环境。这些因素对“老厨家”的菜系的形成都产生了影响。正是这些文化因素，使得“老厨家”的特色菜，不仅仅是人们的吃食，更有了故事和生命。

“老厨家”创始人郑兴文生活在清末，在担任官厨期间，揣度官员及客人的需求制作菜肴，是非常重要的，于是很多有故事和生命的菜肴也就诞生传承下来，成为“老厨家”的精髓和生命。比如天龙赐福、加官授禄、马上封侯、锅包肉等。

天龙赐福就是郑兴文在光绪三十三年腊月为哈尔滨首任道台杜学瀛而制作的。杜学瀛将光绪皇帝御赐题写的“福”字装裱悬挂在道台府会客厅的墙上，以此感谢皇恩。郑兴文为此创造了“天龙赐福”这道吉祥菜，选料用松花江所产的鳌花鱼去骨剃刺，将鱼身盘成银龙状，入锅清蒸定型，附上肉皮上刻有万福图案红烧后的方块猪肉（猪头是满族人的福肉），盛盘。郑兴文赢得了杜学瀛的赞许。

马上封侯和加官授禄这两道菜，都是郑兴文在清朝宣统二年秋天，为哈尔滨关道第三任道台施肇基应宣统皇帝爱新觉罗・溥仪传旨应召入京而制作的，取其意思为一切祥顺和官上加官。这样寓意深厚的菜肴，自然也受到后人的喜欢。

锅包肉是“老厨家”的招牌菜。这道菜是融入俄罗斯客人的口味将咸鲜的“焦炒肉片”改良成酸甜口味而成的，现在这道菜也成了东北的特色菜。还有很多这样中西合并口味的菜，如烤奶汁鱼、烤酿馅小鸡、酸瓜洋春卷、俄式罐焖菜等，他们是中俄文化交流的产物，当然也是东北食文化习俗的一个内容。

如今历经百年四代传承的“老厨家”已经逐渐形成了以“中西合璧、南北交融”为特色的饮食文化体系。这是珍贵的东北饮食文化遗产和历史记忆。第四代传人郑树国立志将“老厨家”非遗文化保护工作做下去，其尝试的“博物馆”里品美食，“老饭店”中看历史的“哈尔滨首家饮食文化体验馆”的经营模式，已经初见成效，并被人们接受和认可。当然，作为黑龙江省级非物质文化遗产，尚有许多后续保护和传承工作要做，这条路任重道远。

参考文献

[1] 中央电视台《中东铁路3》。

[2] 王俊良. 清史稿・地理志[M]. 长春: 吉林人民出版社, 2002.

[3] 根据黑龙江省文史研究馆馆员何宏研究整理提供。

[4] 2011年中央电视台《人物》栏目《美食世家》第31期制作了“中国最年轻的烹饪大师郑树国”专题节目——“美食世家之道台府官府菜第四代传人郑树国”。

地域食文化

北京餐饮老字号的演进轨迹

万建中

（北京师范大学文学院，北京　100875）

摘　要：北京作为全国的文化中心，其饮食有着独特的历史文化地位。老字号是饮食文化发展成熟的一个标志。从明代起始，北京老字号发展迅速，字号众多，特色鲜明，极大地满足了人们的口味欲求，促进了饮食品位的提升。这主要得益于北京独有的区位优势。北京历来是南北文化及游牧和农耕经济的交汇之地，各种风味的融合为老字号的成长提供了优越的环境。元明清三代，北京又是全国的政治中心，达官贵人、名贤雅士对老字号的兴盛起了推波助澜的作用。

关键词：北京餐饮　餐饮老字号

基金项目：此文属于北京市社会科学基金重大项目《北京饮食文化发展史》阶段性成果。项目编号：15ZDA37。

老字号是饮食文化成熟的标志之一，其形成和发展是一个漫长的历史过程。元明清三代，北京是全国的政治中心、文化中心，也是全国餐饮业汇聚的中心。在一定程度上，北京餐饮业老字号成为晚清及近代中国饮食文化发展的一个缩影。

一

北京餐饮老字号形成于明代，明代北京饮食文化已处于全国的领先地位。之所以发展迅猛，主要是商业的兴起。当时皇族聚居，王府林立，官僚贵戚麇集，北京成为闻名于世的大都会，可称全国财货骈集之市。据万历时的宛平县知县沈榜记，万历十六年（1588年）对铺户编审，顺天府的主要属县宛平、大兴两县分别有上中二则铺户3787户和6383户。据户部尚书张学颜题，宛大两县，“原编（铺户）一百三十二行”，其中“除本多利重如典当等项一百行”外，其他是针篦杂粮行、碾子行、炒锅行、卖笔行、柴草行等32行。“市上的蔬菜、花木、水果、粮食、手工业品以及马、牛、羊、猪等，主要来自郊区农民和城内手工业者。大米、丝绸、竹木、药材、漆蜡、瓷器、茶叶等，还有各省的土特产品，主要由外地商人运到北京。”商业发达首先使得饮食业所需的各种食物在北京可以得到广泛的交流，人们吃到许多别的地方的特产已不再是难事。其次是北京的繁华，商人足迹遍布大江南北，他们口味各异，不同的口味需求客观上刺激了饮食业的发展与繁荣。再有商业文化的发展使得北京人的思想观念也发生了很大的转变，商人经商取得成功占有了财富之后欲在饮食上极力追求，成为人们效仿仰慕的对象。对

作者简介：

万建中（1961—　）男，江西南昌人，北京师范大学文学院教授、博士生导师，民俗学与文化人类学研究所所长。主要研究方向为饮食文化、民间叙事文学、民俗学理论等。

饮食文化的追求成为北京人享受生活的一个重要方面。

北京饮食文化成熟的标志是餐饮老字号的得到业界和顾客的认同。从记载看，早在明代，京城即已出现了一些以风味取胜的著名的饮食名店。所谓“明末市肆著名者，如勾栏胡同何关门家布、前门桥陈内官家首饰、双塔寺李家冠帽、东江米巷党家鞋、大栅栏宋家靴、双塔寺赵家薏苡酒、顺承门大街刘家冷淘面、本司院刘崔家香、帝王庙前刁家丸药，而董文敏亦书、刘必通硬尖笔。凡此皆名著一时，起家巨万。又抄手胡同华家柴门小巷专煮猪头肉，日鬻千金。内而宫禁，外而勋戚，由王公逮优隶，白昼彻夜，购买不息。……富比王侯皆此辈也。”又有“查楼”，在明末时已是北京著名的酒楼，位于前门，崇祯皇帝曾微行到过这座酒楼。这些店铺一直延续下来的就成为老字号。北京饮食荟萃百家、兼收并蓄、格调高雅、风格独特，形成了自成体系的老字号。在北京老字号餐厅里，自成一体的风味及富有京城特色的烹饪技艺凸显了出来。

北京许多老字号餐馆、食品店的发家都有一些美丽的传说，甚至和皇家有着密切的关系，被赋予浓厚的神秘色彩。《旧都文物略》中有云：“北平为挈都，谊华素靳，一饮一食莫不精细考究。市贾逢迎，不惜尽力研求，遂使旧京饮食得成经谱。故挟烹调技者，能甲于各地也。”各老字号均有自己的秘技及拿手的招牌。

北京烤鸭历史悠久，早在南北朝就有“炙鸭”的记载。地道的“北京烤鸭”，则始于明朝。15世纪初，明代迁都北京，烤鸭技术也带到北京，并得到进一步发展，同治三年（1864年），北京又出现了“全聚德烤鸭店”，从此“北京烤填鸭”就驰名中外，被许多外宾誉为“天下第一美味”。

焖炉烤鸭是烤鸭子的正宗，它是明代由江南传入北京的。其制作工艺独特，堪称北京烤鸭的“鼻祖”。最早的“便宜坊”创办于明朝永乐年间（1416年），距今已有600余年的历史，地处菜市口米市胡同，由姓王的南方人创办，牌匾为兵部员外郎杨椒山所书。当时只是一个小作坊，并无字号。他们买来活鸡活鸭，宰杀洗净，给其他饭馆、饭庄或有钱人家送去，做些服务性的初加工，也做焖炉烤鸭和童子鸡等食品。由于他们把生鸡鸭收拾得干干净净，烤鸭、童子鸡做得香酥可口，售价还便宜，很受顾客欢迎。天长日久，这些饭庄、饭馆和有钱大户，就称该作坊为便宜坊。

焖炉烤鸭的特点是“鸭子不见明火”，鸭膛内灌汤，形成外烤内煮之势。所谓“焖炉”，其实是一种地炉，炉身用砖砌成，大小约一米见方。焖烤鸭子之前，需用秫秸等燃料放炉内，点燃后将炉膛烧至适当的温度，将其灭掉，然后将鸭坯放在炉中铁罩上，关上炉门，故“焖炉烤鸭”即是由炉内炭火和烧热的炉壁焖烤而成。因需用暗火，所以要求的技术很高，掌炉人必须掌好炉内的温度，温度过高，鸭子会被烤煳，反之则不熟。“焖”出来的鸭子由于鸭坯在烤制中受热均匀使得油脂和水分消耗少，鸭子烤成后皮肉不脱离，色泽红亮；外皮酥，内层嫩，一咬流油，入口即化，而且烤出的鸭子体态丰满，出肉多。烤好的焖炉烤鸭成品呈枣红色，外皮油亮酥脆，肉质洁白、细嫩，口味鲜美。

“便宜坊”是北京所有餐饮老字号中历史最长的一家。北京的烤鸭，与“烤肉”“涮羊肉”一起，素被称为北京的三大风味肉食。便宜坊之所以名声远扬，有这样一个故事。相传1552年（明嘉靖三十年），时任兵部员外郎的抗倭名将杨继盛（字仲芳，号椒山），在朝堂之上严词弹劾奸相严嵩，反被严嵩诬陷，下得朝来，内心苦闷，饥肠辘辘，没有直接回家，而是遛弯来到了菜市口东南侧的米市胡同。忽闻香气四溢，颇为不得意的他走进小店，打算大吃一顿，忘却庙堂上的烦恼，便点了烤鸭等菜。也有认出他的，知是爱国名臣良将，便报与店主。店主亲自为之端鸭斟酒，颇露钦佩之色，遂攀谈起来。菜品上来，杨继盛一尝，口味甚佳，遂询问小店字号，方知“便宜坊”。“此店真乃方便宜人，物超所值。”一句夸奖后，他提笔写下了“便宜坊”三个字。其后，杨继盛带着不少达官文人到此吃饭，也将“便宜坊”的名声传扬开去。

北京人有句很俏皮的老话叫“别拿豆包不当干粮”，意思是别小看任何一个不起眼的人。柳泉居的豆包面和得软，馅滤得细腻，有无糖和枣泥的。柳泉居是北京著名的八大居之一，始建于明代隆庆年间，距今已有400多年的历史，是饮誉京城的中华老字号。柳泉居初建时，店址在护国寺西口路东，是北京有名的黄酒馆。当年北京的黄酒馆分为绍兴黄酒、北京黄酒、山东黄酒、山西黄酒四种，柳泉居卖的正是北京黄酒。《燕京杂记》载：“高粱酒谓之干酒，绍兴酒谓之黄酒，高粱酒饮少辄醉，黄酒不然，故京师尚之，宴客必需。”其时，柳泉居与“三合居”“仙露居”号称北京“三居”，都是酿造京味黄酒的著名作坊，均系“前店后厂”。据史料记载，当年这院内有一棵硕大的柳树，树下有一口泉眼井，井水清冽甘甜，店主正是用这清澈的泉水酿制黄酒，味道醇厚，酒香四溢，被食客们称为“玉泉佳酿”。

“六必居”酱菜已有490年历史。据史料记载，“六必居”始建于明朝嘉靖九年（1530年）。原为山西赵存仁兄弟三人开的杂货店，兼卖伏酒，后增添了酱菜生产。作为一家酒店时，为保证酒味醇香甘美，这家作坊曾制订了六条操作规则：黍稻必齐、曲糵必实、湛之必洁、陶瓷必良、火候必得、水泉必香。六必居由此得名。六必居最出名的是它的酱菜，有12种传统产品，即稀黄酱、铺淋酱油、甜酱萝卜、甜酱黄瓜、甜酱甘螺、甜酱黑菜、甜酱包瓜、甜酱姜芽、甜酱八宝菜、甜酱什香菜、甜酱瓜和白糖蒜。这些产品色泽鲜亮、酱味浓郁、脆嫩清香、咸甜适度。

老字号饭庄初兴的最大因素即在其制作精湛，口味独特。明朝定都北京，四面八方来京做官、经商和谋生的外籍人，把山东“鲁菜”、江浙“淮扬菜”和广东“粤菜”等带进京城，以各自的特色立足北京，形成了京城饭庄“外邦菜”繁盛的局面。“北京老字号饭馆是积淀着深厚文化底蕴的品牌。它的开创和发展，蕴涵了几代老字号主人的艰辛和传奇，散发着浓郁历史气息。它不但是一块块沉甸甸的‘金字招牌’，更是中华民族经济发展史的有效见证。”明代北京餐饮老字号远不止上述数家，老字号的核心在于传承，它们奠定了北京餐饮业老字号发展的基础。

二

清朝作为中国历史上最后一个封建王朝，将封建社会的饮食文化推向了巅峰，烹饪规模不断扩大，烹调技艺水平不断提高，餐饮业更加繁荣，饮食文化发展到了登峰造极、令人叹为观止的境界。

清代官府和贵族饮食支撑起了整个清代饮食文化的大厦。如果说宫廷饮食是清代饮食文化的空中楼阁，那么官府和贵族的家宴，不仅引领着饮食的时代潮流，而且成为市井饮食重要的组成部分。官府菜与官府文化关系密切，其中寄予了官宦家族及历史事件的记忆，承载着一个家族兴衰的发展过程。

中国农业文化造就了中国人重历史、重家庭和传统技艺（包括特殊的烹调、酿造等方面的技术）的传统，使这些“祖传”的烹饪手艺得以留传，并世代以自己的实践经验加以补充，精益求精。中国历史上突出的“累世同居”，则提供了厨房经验家族传承的条件，这是中国烹饪发达的又一极重要原因。俗话所谓“三辈学穿，五辈学吃”说出了这一道理。

官府菜是个比较奇怪的菜系。清时，北京作为首善之区，官员云集，官府林立，在庭院深深的四合院里，弥漫着独特而诱人的食物芳香。清代北京官府奢华排场，府中多讲求美食，纷纷“家蓄美厨，竞比成风”，并各有千秋，呈现鲜明的家族风格。康熙年间王渔阳《居易录》曰：“近京师筵席，多尚异味，戏占绝句云：‘滦鲫黄羊满玉盘，菜鸡紫蟹等闲看。’”官府饮食水平处于民间与宫廷之间，既没有宫廷饮食的规模与气魄，也远非寻常百姓家可以比拟。官府、大宅门内，都雇有厨师。这些厨师来自四面八方，把中华饮食文化和烹饪技艺充分施展发挥。清朝北京诸多官员喜欢研究各地的美味及饮食风俗，他们还亲自把各地的风味菜品在官府精心汇集、融合，创制出不少的佳肴名点。至今流传的潘鱼、宫保肉丁、李鸿章杂烩、组庵鱼翅、左公鸡、北京白肉等，都出自官府。官府创制了名菜，名菜又使官府扩大了知名度，这是客观事实。

官府菜门派众多，如北洋政府国务总理段祺瑞家的段家菜、民国初年财政部长王克敏家的王家菜、银行家任国华家的任家菜，但最终得以发展并流传至今的却是谭家菜。旧京人士，几乎无人不知无人不晓谭家菜。老北京曾有“戏界无腔不学谭（即京剧伶界大王谭鑫培），食界无口不夸谭（指谭家菜）”之说，将谭家菜和当时京剧界领袖、泰斗谭鑫培并称，其地位之高可以想象。翰林谭宗浚酷爱珍馐美味，亦好客酬友；常于家中作西园雅集，炮龙蒸凤，沉迷膏粱，中国饮食文化史上唯一由翰林烹制的菜肴由此发祥。由于谭美食的味道极醇美和谭宗浚的翰林地位，使得京师官僚假谭翰林家宴客成为时尚，可称为中国私家会馆的发端。谭家菜的精髓几乎已经成了口耳相传的口诀，“选料精、下料狠、火候足、口味正”“长于干货发制，精于高汤老火烹饪海八鲜”。其实除了这些硬货外，谭家菜更大的长处在于糖盐各半的南北口味完美中和。由于谭家菜名扬京城，从此，谭家菜与谭宗浚紧紧连在一起，谭氏家族因此也声名远播。

有清一代，北京的大街小巷又涌现出一批为人称道的饮食老字号。这些老字号多为饭庄和饭馆。饭庄的字号都叫“××堂。”饭馆的规模较饭庄小，字号不称堂，而称楼、居、馆、斋等。而饭铺和饭摊则散布各个街巷，既无值得标榜的名号，有的也没有固定的营业点。

老字号饭庄兴起的最大因素即在其制作精湛，口味独特。汤用彬的《旧都文物略》有云：“北平……一饮一食莫不精细考究。市贾逢迎，不惜尽力研求，遂使旧京饮食得成经谱。故挟烹调技者，能甲于各地也。”各老字号均有自己的秘技，其拿手的招牌，味道多不相同。正如《清稗类钞》“京师宴会之肴馔”所言：“饭庄者，大酒楼之别称也，以福隆堂、聚宝堂为最著，每席之费，为白金六两至八两。若夫小酌，则视客所嗜，各点一肴，如福兴居、义胜居、广和居之葱烧海参、风鱼、肘子、吴鱼片、蒸山药泥，致美斋之红烧鱼头、萝卜丝饼、水饺，便宜坊之烧鸭，某回教馆之羊肉，皆适口之品也。”以菜驰名的有东来顺的涮羊肉、厚德福的熊掌、正阳楼的烩三样与清炖羊肉、便宜坊的烧鸭、月盛斋的酱牛肉等；以点心闻名的有玉壶春的炸春卷、都一处的烧卖、致美斋的萝卜丝饼、信远斋的酸梅汤、稻香村的糕点等，均各具特色。再如东兴楼等家发行的流通席票的菜品，亦价廉物美，老北京人，莫不知之。

王致和是安徽仙源县举人，1669年（清康熙八年）进京会试落地，滞留京城，为谋生计，做起了豆腐生意，一边维持生计，一边刻苦攻读，以备下科。一次，做出的豆腐没卖完，时值盛夏，怕坏，便切成四方小块，配上盐、花椒等作料，放在一口小缸里腌上。由此他也就歇伏停磨，一心攻读，渐渐把此事忘了。乃至秋凉重操旧业，蓦地想起那一小缸豆腐，忙打开一看，臭味扑鼻，豆腐已成青色，弃之可惜，大胆尝之，别具风味，遂送与邻里品尝，无不称奇。王致和屡试不中，遂尽心经营起臭豆腐来，也兼营酱豆腐、豆腐干和酱菜。清末传入宫廷御膳房，成为慈禧太后的一道日常小菜，慈禧太后赐名“青方”，身价倍增。

“京都一处共传呼，休问名传实有无。细品瓮头春酒味，自堪压倒碎葫芦。”“碎葫芦”也是当时一家有名的酒馆，以此说明“都一处”品味更佳。这是清末《增补都门杂咏》一书中的一首盛赞“都一处”的竹枝词。都一处烧卖馆坐落在繁华的前门大街36号，始建于乾隆三年（1738年）距今已有280余年的历史，是北京有名的百年老店之一。到了清同治年间（1862–1874年），都一处已然跻身于北京名饭馆行列，除了继续经营“佛手露”“炸春卷”“炸三角”等应时小卖之外，增添了今天已成为其特色的烧卖。在其全盛期间，还开辟了炒菜业务。该店的“回锅肉”也别具风味，受到欢迎。

砂锅居始建于清乾隆六年（1741年）年，原址在西四南缸瓦市义达里清代定王府更房临街之处。清朝旧俗，皇室王府每年的祭神、祭祖典礼，总要以白煮全猪作为祭品，祭罢则上下同吃“祭余”。于是，吃白煮肉，便由祭祀而成为满族的一种食俗。据民国15年（1926年）出版的柴萼的《梵天庐丛录》载：“清代新年朝贺，每赐廷臣吃肉。其肉不杂他味，煮极烂，切为大脔，臣下拜受，礼至重也。乃满洲皆此俗。”王公贵族们每次祭祀后所余“供品”，就赏给看街的更夫们吃。后来，更夫们与御膳房出来的厨师合作，开店经营起砂锅煮白肉。把猪肉、内脏等放入盛清水的砂锅里，用文火炖煮，煮的时间久，则汤味浓厚，锅里的猪肉和内脏也极为香烂。因店里使用一口直径约1.3米的砂锅煮肉，人们习惯称为砂锅居，由此成了北京一家名字号。久而久之，和顺居不为人知，砂锅居成为店名了。开业初期，只是少数官员前来品尝，后来人们不断慕名而来，每天一头猪，不到中午就卖完了，并且在卖完后便收幌子关门了，所以，当时北京有这样的歇后语，“砂锅居的幌子——过午不候”。

砂锅居擅长“烧”“燎”和“白煮”三种烹饪方式。清道光二十五（1845年）杨静亭在他的《都门纪略》一书中提到：“白片肉、会肝肠、烧下碎、烧下颏，和顺白肉馆在西四牌楼缸瓦市路东。”“烧”就是用油炸过的肉再行烹调。如砂锅居的名菜“炸鹿尾”即是。“燎”是把带皮的猪肉、猪肘、猪头、猪蹄等，直接用炭火将外皮燎煳。“白煮”，就是白煮肉。

北京“天福号”酱肘子是北京有名的熟食。北京酱肘子已经有280多年的历史。乾隆三年（1738年），一个叫刘德山的山东人同他的儿子在西单牌楼开设了一家熟肉铺，这就是“天福号”。他们刚开张，为了创出声誉，精心烹调各种熟肉。肉要熟烂，必须在前一天晚上就入汤锅里烧，父子俩只得轮流看守汤锅。有一天夜里，儿子看锅，由于太劳累，年轻人顶不住困惑睡着了。一觉醒来，他看到锅里的肉已经塌烂，汤也只剩下一点稠汁。起出锅后，肉软烂如泥，只好将其放凉以后摆在盘子里卖。恰巧这天的顾客中，有个刑部官员的家人买回去后，刑部大人吃着酱肘子，无论是皮肉，都熟烂香嫩，鲜美无比，他感到非常满意。第二天，他又命家人特地到天福号来买这种酱肘子。刘家父子见有人喜欢这样的肘子，就改变煮法，专烧这种新产品。天福号酱肘子以“肥而不腻，瘦而不柴，皮不回性，浓香醇厚”享誉京城，成为献给清宫的贡品。据传，光绪帝的瑾妃以素食为膳，却独爱吃天福号的肘子。

北京有道名菜“潘鱼”，是一位清代翰林潘祖荫所发明。他用活鲜鲤鱼和上等香菇、虾干等配料，用鸡汤蒸制，却并不加油，味道很鲜美。这位翰林老爷是北京广和居菜馆的常客，遂将鱼的制法传授给广和居的店主和厨师，使此菜成为广和居的名菜之一。据《道咸以来朝野杂记》载：“广和居在北半截胡同路东，历史最悠久，盖自道光中即有此馆，专为宣（武门）南士大夫设也。其肴品以炒腰花、江豆腐、潘氏清蒸鱼、四川辣鱼粉皮、清蒸干贝等，脍炙人口。故其他虽隘窄，屋宇甚低，而食客趋之若骛焉。”民国夏仁虎在《旧京琐记》卷九“肆市”中亦记云：“士大夫好集于半截胡同之广和居，张文襄在京提倡最力。其著名者，为蒸山药，曰‘潘鱼’者，出自潘炳年，曰‘曾鱼’，创自曾侯（乃曾国藩），曰‘吴鱼片’始自吴闰生（苏州人，阁读，善烹调）。”广和居开业于清朝道光年间，是南城的王公大臣、达官贵人们经常光顾的场所，上至亲王、下至名妓，都是广和居的座上宾。1930年广和居倒闭，其大厨转至同和居操厨，“潘鱼”又成为同和居名菜。

北京饮食老字号林林总总，成为食客们争相追捧的对象，久而久之，成为北京具有标志性的饮食符号，并得到高度概括性的表述。有“八大楼”“八大春”“八大居”“北京三居”“四大兴”“四大顺”“清真三轩”“南宛北季”“通州三宝”“六大饭店”之说。北京老字号餐馆不仅仅是一个个庄馆、食品店。它见证着历史的变迁，蕴涵着传统文化的无形资产。人们说：“看不到北京老字号就等于没有看到老北京的文化!”老字号以其文化底蕴彰显着无可取代的独特魅力。

三

民国时的北京饭馆没有纯粹北京馆，只砂锅居（和顺居）、白肉馆和其他卖小烧煮的饭馆，勉强可说是北京馆。此外，大部分是以山东馆为北京馆。山东馆以善做鸡鸭鱼菜见长，如炸胗儿、糟鸭头、拌鸭掌、抓炒、软炸等，非山东灶不精。北京以烧鸭子出名的全聚德，和已然关闭素称金陵移此的便宜坊，也是由山东人来经营的。在山东馆子以外，另有“济南馆”，所做肴馔，介于南北之间，别有味道，尤善做大件菜，如燕窝、鱼翅、甜菜等珍细品，非普通馆子所能及。丰泽园、新丰楼便是济南馆。另外，民国期间的“山西馆”“江苏馆”“四川馆”“福建馆”“贵州馆”“广东馆”等都在京城有一定的名望。

北平的饭馆，分为堂、庄、居、斋几个档次，而以堂最大。既可办宴会，又可唱堂会。全有宽大的院落，上有油漆整洁的铅铁大罩棚，另外还得有几所跨院，最讲究的还有亭台楼阁！曲径通幽的小花园，能让客人诗酒留连，乐而忘返；正厅必定还有一座富丽堂皇的戏台，那是专供主顾们唱堂会戏用的。其中名气较大的有：东皇城根的隆丰堂、地安门大街的庆和堂、什刹海的会贤堂、报子胡同的聚贤堂、金鱼胡同的福寿堂、五老胡同的页寿堂、钱粮胡同的聚寿堂、前门外肉市的庆丰堂、观音寺街的惠丰堂、锦什坊街的富庆堂、长巷头条的庆丰堂等。它们以替达官贵人承应婚丧寿诞、包办酒席的买卖为主，一般不招揽散客。

第二种饭馆子，多以园、馆、楼、居、坊等为名号。这类饭馆中，以晚清同光时期的“八大居”和清末民初的“八大居”和清末民初的“八大楼”最为著名。“八大居”指福兴居、东兴居、天兴居、万兴居、砂锅居（和顺居）、同和居、泰丰居、万福居等，是八家著名的风味餐馆。“八大居”只是表明民国期间北京一些带“居”字老字号，至于谁在“八大居”之列，有不同说法。而“八大楼”说法也不一致，一般认为是东兴楼、会元楼、鸿兴楼、万德楼、富源楼、庆云楼、安福楼、悦宾楼等。“八大楼”有一个共同特色——都是山东菜，主厨均出自山东福山与荣城，但各有各的名菜名点。除东兴楼在东华门大街，安福楼在八面槽，其他六家都处于繁华的前门大栅栏一带。1928年以后，这里的饮食业每况愈下，陷入不景气状态。相反，位于长安街上的以“春”字命名的餐馆生意却十分红火，诸如宣南春、万家春、四如春、新南春、新路春、淮阳春、大陆春、庆林春等等，号称“八大春”。其实，当时带“春”的著名餐馆不止八家。“北京长安街上有十二家饭馆，它们的字号中都有一个“春”字：庆林春、方壶春、东亚春、大陆春、新陆春、鹿鸣春、四如春、宣南春、万家春、亚壶春、同春园、淮阳春。它们经营的是淮扬菜、福建菜、四川菜。其中，同春园以江苏南京菜闻名，拿手菜有荷包鲫鱼、松鼠鳜鱼、炒鳝糊，其小笼包和炸春卷等南味小吃也很受欢迎。”不过，“长安食街”的兴旺保持了一二十年，在一些政府机关南迁至南京之后，便也随之萧条了。同春园现在还有，淮阳春于1988年恢复营业，其他饭馆均已停业。

民国期间的老字号也都有自己的金牌菜馔，用以撑立门面。各老字号均有自己的秘技，其拿手的招牌，味道多不相同。梁实秋在《雅舍谈吃》一书里如数家珍，例举了正阳楼烤羊肉，致美斋锅烧鸡、煎馄饨、爆双脆、爆肚，东兴楼的芙蓉鸡片、乌鱼线、韭菜篓，中兴楼的咖喱鸡，忠信堂的油爆虾、盐焗虾，厚德福的铁锅蛋，润明楼的砂锅鱼翅，青华楼的火腿煨冬笋，月盛斋的酱牛羊肉，玉华台的水晶虾饼，厚德福的熊掌，正阳楼的烩三样与清炖羊肉，便宜坊的烧鸭，壹条龙的炒菜……都是这些老字号的拿手菜，在别处吃不到的正宗味儿。除此之外，还有全聚德烤鸭——中国第一名菜，东来顺的涮羊肉——真叫嫩，砂锅居的买卖——过午不候，六必居的抹布——酸甜苦辣都尝过，等等，展示了这些京城老字号的饮食魅力。

中华人民共和国建立初期，由于经济低迷、市场萧条，许多“老字号”餐馆相继歇业，没有停业的也是勉力维持，经营十分困难。面对这种情况，人民政府采取扶持“老字号”餐饮业持续发展的政策，通过“公私合营”，使原来属于私人所有的饭馆酒楼成为国营企业的一部分。这些留存下来的“老字号”大多成为政府外事接待、文化艺术界名人聚会宴饮的场所。“文化大革命”期间，这些“老字号”作为“破四旧”和“封资修”的重要对象，受到打击，原有的餐馆建筑受到破坏。改革开放后，在政府的大力支持下，许多“老字号”逐渐恢复，并重新振兴。特别是像“全聚德”“东来顺”这样的知名“老字号”餐馆积极应对市场挑战，通过产权重组，强强联合等措施，建立企业集团，从而成为北京饮食服务业大型骨干企业，并取得了不俗的业绩。

北京“老字号”餐馆的文化特色主要表现在其悠久的历史和饮食特色上。可以说，几乎所有的“老字号”餐馆都有上百年的历史，它们不但是中国社会文化变迁的一个重要组成部分，而且其特有的饮食文化传承也是中国优秀传统文化的重要方面。从某种程度上讲，保护“老字号”就是保护中国传统文化，保护历史的印迹。“老字号”不仅是北京饮食文化的精华所在，而且作为当代北京的一张名片，向世界各地的人们展示着北京文化的博大与精深。

回族的节日饮食

刘　伟

（宁夏社会科学院，宁夏　银川　750021）

摘　要：回族是分布最广的一个民族，有着自己的节日文化和习俗。在历史的长河中，回族与汉族等兄弟民族和谐相处，生息与共，引进了很多节日饮食品种，在作料、做法，甚至吃法上都进行了变革，形成了自己的节日饮食民俗。

关键词：回族　节日　饮食

回族信仰伊斯兰教，生活习俗各方面受伊斯兰教影响较大，回族的饮食在一定的历史时期内很少有大变化，代代相传的现象十分普遍，因而在饮食习俗方面形成了突出的宗教性和传承性特征。回族人热情好客，总以好茶好饭款待客人。回族的主要节日有“开斋节”“古尔邦节”“圣纪节”等三大节日。回族在历史的长河发展中形成了独特的节日民俗文化现象。

一、回族日常和宾客饮食习俗

1. 日常饮食习俗

由于回族分布较广，各地自然条件、经济发展水平差异很大，各地回族的食俗、食品结构及烹调技法也不完全一致。回族的日常饮食很注意卫生，凡有条件的地方，饭前、饭后都要用流动的水洗手，根据穆斯林的习俗，回族不抽烟、不饮酒，忌讳别人在自己家里抽烟喝酒。平时，回族在居家饮食中也有自己的一些礼仪讲究。如饮食时要长幼分明，年长者先食；与客人一同吃饭要礼让“口到”（品尝）；吃饭前要先念“太思米”而后方可吃；吃完饭后碗筷不能乱放，筷子要平放桌上，不能架在碗上或斜放碗中。又如倒茶是平时待客的主要礼节之一，给客人倒茶要用双手倒，上茶要用双手递；倒茶时壶与杯距离要适中，不能提得太高等。

回族非常重视水在饮食清洁中的作用，有“以水为净”的观念。讲究水源要干净，用水要用流动的水，忌讳用不流动的水；用水宜正手倒，忌讳反手倒水。再如在“饮食至贵”观念的影响下，吃饭讲究适量，反对浪费；吃饮中忌讳嬉闹；吃饭前后忌讳敲打碗筷等。有些食物在吃的时候也有讲究，如吃油香（即油饼），忌讳拿起就咬就吃，而是先念太思米，后顺油香的刀口掰开再食等。

在回族日食三餐中，北方以面食为主，南方以米食为主，也吃其他杂粮。面食品种多为面条、馒头、包子、烙饼、水饺、干饭、稀饭等；还有锅盔、花卷、连锅面、揪面片、干捞面、臊子面等，油香与馓子是其节日名点。菜肴上视地区而异，南方的多食鲜蔬，与汉民没有什么区别；北方的多吃土豆、

作者简介：

刘伟（1964—　），男，回族，宁夏社会科学院回族研究院副院长、研究员，主要从事回族历史与饮食文化研究。

白菜、萝卜、豆腐、腌酸菜和酱咸菜，一年四季“酸浆水”不断。肉食也视南北而定，北方多为羊牛驼兔，南方多为鸡鸭鱼虾。烹调习惯用炸、熘、爆、煮、焖、烤等方法，特别是爆，惯有油爆、盐爆、葱爆、酱爆、汤爆等之分。其口味注重咸鲜、酥香、软烂、醇浓，强调生熟分开、咸甜分开和冷热分开。

2. 宾客饮食习俗

回民好客，特别亲近本族的乡邻，有“十家回民九家亲，天下回民是一家”的说法。到了回民的家，不论熟识与否，只要你能按照穆斯林的传统礼仪和宗教习俗，正确使用语言、手势和习惯动作，均会受到友好的接待。同时，来客必有茶点；亲密的客人，要备饭菜；贵重的客人轻则宰鸡，重则宰羊，甚至会摆出几十个盘子的“全羊席”。他们的迎宾席，很注重口彩，如“五罗四海席”（五种炒菜加四种汤菜）、“九魁十三花”（九道大菜带十三个碟子）、“十五月儿圆”（十五道大菜）、“十八盘”“二十四盘”等。有些宴席上还要请灵巧的妇女唱《谢厨歌》，歌词生动有趣，如：“厨子师傅忙又忙，勺子碰得炒勺响，炒得肉菜喷喷香，七碟子八碗都端上。油饼子、干馓子、葱花饼子油香子；牛羊鸡鸭大鲤鱼，夹板丸子好味气。”

二、回族节日饮食习俗

回族有三大节日，开斋节、古尔邦节、圣纪节，是三个最隆重的节日，这些节日和纪念日都是以伊斯兰教历计算的。伊斯兰教历，以月亮盈亏为准，全年为12个月，平年354天，闰年355天，30年中共有1个闰年，不置闰月，与公历每年相差11天，平均每32.6年比公历多出1年，故回族上述三大节日一般每三年提前一个月，此外，回族在阿舒拉节、法图麦节或盖德尔夜等有纪念性的节庆日里也有一些与饮食相关的活动，或吃饮或馈送。

1. 开斋节

在我国陕西、甘肃、青海、云南等地的回民将开斋节亦称为“大尔德”，流行在全国十个信仰伊斯兰教的民族中，但信仰伊斯兰教的10个民族在过节时又有许多本民族的特点和习俗。

回族的斋月，是伊斯兰教历九月（莱麦丹月）。回族为什么要封斋呢？据《古兰经》载，伊斯兰教先知穆罕默德40岁那年（伊斯兰教历九月），真主安拉开始把《古兰经》降示给他。因此，回族视斋月为最尊贵、最吉庆、最快乐的月份。为了表示纪念，就在每年伊斯兰教九月封斋一个月。斋月的起止日期主要由新月出现的日期而定。

斋月里，回族的生活安排得比平时要丰盛得多。一般家庭都备有牛羊肉、鸡肉、鸡蛋、油茶、白糖、茶叶、水果等有营养的食品。

封斋的人，在东方发白前要吃完饭。东方破晓后，至太阳落山前，禁止行房事，断绝一切饮食。在回历九月的“斋月”期间，除了老幼病残和孕产妇，白天必须禁食禁水，违者受罚。封斋的目的就是让人们体验饥饿和干渴之苦，让有钱的人真心救济穷人。通过封斋，回族逐步养成坚忍、刚强、廉洁的美德。

开斋后，斋戒的男子大多数都要到清真寺等候做“泰勒威哈”（礼拜名）。当人们听见清真寺里开斋的梆子声后，就在寺里吃开斋饭了。开斋时，若是夏天，有条件的先吃水果，没有条件的喝一碗清水或盖碗茶，而后再吃饭。这主要是在夏天斋戒的回民首先感到的是干渴，而不是饥饿。若在冬天，有的人讲究吃几个枣子后再吃饭。用枣子开斋是圣行，相传穆罕默德开斋时爱吃红枣，所以回民现在也有这种习惯。斋戒期满，就是回族一年一度最隆重的节日——开斋节。

开斋节要过三天，第一天从拂晓开始就热闹起来。家家户户都要早早起来，打扫院子巷道，给人以清洁、舒适、愉快的感觉。男女老少都换上自己喜爱的新衣服，而回族群众聚会和活动的场所——清真寺，节日里会打扫得更细致洁净，悬挂起“庆祝开斋节”的巨幅标语和彩灯。

节日中，家家户户炸馓子、油香等富有民族风味的传统食品。同时，还宰鸡、宰羊，做凉粉、烩菜等，互送亲友邻居，互相拜节问候。

西北地区的回族，在节前要扫尘，粉刷房屋。男人要理发，男女都要沐浴、换新衣。全家吃“粉汤”。这种习俗，在全国各地大体都相同。

2. 古尔邦节

古尔邦，阿拉伯语音译“尔德·古尔邦”，意为“牺牲”“献身”，故亦称“宰牲节”“忠孝节”。大部地区的回族称为“小尔德”，一般在开斋节过后70天举行。

回族为什么要宰牲过古尔邦节呢？人类的古代先知——易卜拉欣夜间受到安拉的启示命他宰杀爱子伊斯玛仪献祭，以考验他的信仰。易卜拉欣把刀磨得闪闪发光，非常锋利，并问他的儿子：“儿子啊，爸爸真的不忍心下手啊！你走吧。”但是，他的儿子伊斯玛仪说：“万物非主，唯有真主！爸爸，我们是真主的仆人，来到这个世界只为拜万能至大的主。”当伊斯玛仪侧卧后，易卜拉欣把刀架在儿子的喉头上。他伤心痛哭，泪如溪流。这时，安拉派天仙吉卜热依勒背来一只黑头羚羊作为祭献，代替了伊斯玛仪。易卜拉欣拿起刀子，按住羊的喉头一宰，羊便倒了。这就是“古尔邦”的来历。

古尔邦节，还要举行一个隆重的宰牲典礼，这就是节日里，除了炸油香、馓子、会礼外，还要宰牛、羊、骆驼。一般经济条件较好的，每人要宰一只羊，七人合宰一头牛或一峰骆驼。宰牲时还有许多讲究，不允许宰不满两岁的小羊羔和不满三岁的小牛犊、骆驼，不宰眼瞎、腿瘸、缺耳、少尾的牲畜，要挑选体壮健美的牲畜宰。所宰的肉要分成三份：一份自食，一份送亲友邻居，一份济贫施舍。

宰牲典礼举行后，家家户户又开始热闹起来，老人们一边煮肉，一边给孩子吩咐：吃完肉，骨头不能扔给狗嚼，要用黄土覆盖。这是一些回族地区的风俗。肉煮熟后，要削成片子，搭成份子；羊下水要烩成菜。而后访亲问友，馈赠油香、菜，相互登门贺节。有的还要请阿訇到家念经，吃油香，同时，还要去游坟，纪念亡人。这种庆贺节日的形式多种多样，各地互有异同。有些地方除了参加聚礼和访亲问友外，还组织各种文娱体育活动。

3. 圣纪节

圣纪节，是纪念伊斯兰教先知穆罕默德的诞辰和逝世的纪念日。由于穆罕默德的诞辰与逝世恰巧都在伊斯兰教历三月十二日，因此，回民一般合称“圣纪”。节日这天首先到清真寺诵经、赞圣、讲述穆罕默德的生平事迹，之后，穆斯林自愿捐赠粮、油、肉和钱物，并邀若干人具体负责磨面、采购东西、炸油香、煮肉、做菜等，勤杂活都是回族群众自愿来干的。回民把圣纪节这一天义务劳动视为是行善做好事，因此争先恐后，不亦乐乎。

仪式结束后，开始会餐。有的地方经济条件较好，地方也宽敞，摆上十几桌乃至几十桌饭菜，大家欢欢喜喜，一起进餐；有的地方是吃份儿饭，回族群众叫“份碗子”，即每人一份。对于节前散了“乜帖"，舍散了东西，而没来进餐的人，要托亲友、邻居给带一份"油香"去品尝。

4. 法图麦节

在每年的斋月十四，即伊斯兰教历九月十四日。当天为纪念穆罕默德的女儿、阿里的妻子法图麦，由回族妇女亲自出动，收集钱粮，选择一个住宅宽敞的回民家里，架几个特大铁锅，熬几大锅杂豆粥，烙一些油香或炸油香，请阿訇念经祈祷并赞颂圣女的事迹，回民也叫"女圣纪"，之后，让全坊的男女老少一起来吃。这种杂豆粥是用黄米、小米、大米、扁豆、豌豆、绿豆、大豆等十几种豆类加肉丁和葱、姜、盐等各种调料熬成的一种稀粥。回民吃这种杂豆粥是有来历的。传说很早以前，法图麦的丈夫阿里带兵打仗已三天三夜没吃东西了，兵荒马乱，为安抚人心，法图麦到河边拣了一衣襟各式各样的小花石头，拿回来淘洗了两遍就下到锅里煮，在人们正闹着要吃饭时，法图麦说米已下锅，正在这时锅里喷出豆味。法图麦打开锅一看，那各样石头变成了小花豆，香味扑鼻。阿里高兴地说，今天弟兄们放开肚皮吃吧。士兵们每人吃了四五碗，边吃边赞扬法图麦的功绩。为了纪念法图麦的这一传奇行动，表示对她的尊敬，至今回民当中仍保留着吃杂豆粥的习俗。回民把这一天叫妈妈会，也叫法图麦节、姑太节。

5. 阿舒拉节

它是为了纪念阿拉伯历史上的一位圣人，在伊斯兰历的每年一月十日（阿拉伯文"第十日"的译音为"阿舒拉"）这一天，回族群众去清真寺或在家里都要吃精美的饭食。

相传在远古时期，洪水漫世，努海（诺亚）方舟载穆斯林避难，使阿丹（亚当）、易卜拉欣（亚伯拉罕）和穆萨（摩西）等先知得救。洪水退后方舟靠岸，努海在10日以杂豆粥救人之饥。故在这天穆斯林以豆类煮粥，并佐以红枣、核桃仁，即杂豆粥，在清真寺聚餐，以示纪念，故又称"粮食节"。有时妇女们也在这一天集会、捐钱、凑粮做此类饭食，颂经会餐，故也称"妈妈节"。这种杂豆粥比较稠，不像我们平时吃的稀饭顶不住饿，一般人吃一碗也就足够了，吃的时候再配些小菜，口感更好。

三、回族节日饮食的特点

1. 主食中面食多于米食

面食是回族人民的传统主食，其品种多、花样新、味道香、技术精，显示回族人民的聪明才智。据统计，回族饮食中，面食品种达60%。拉面、馓子、饸饹、长面、麻食、馄饨、油茶、馄馍等，经过回族人的制作，都会成为待客的美味佳品，甚至国外友人也是一吃为快，赞不绝口。

2. 回族饮食中甜食占有一定的地位

这和阿拉伯穆斯林喜欢吃甜食有一定的渊源。阿拉伯穆斯林妇女生下小孩后，用蜜汁或椰枣抹入婴儿口中，才开始哺乳；宁夏回族婴儿出生后，也有用红糖开口之俗。回族著名菜肴中，有不少是甜菜，如它似蜜、炸羊尾、糖醋（牛）里脊等。米、面中的甜食就更多了，如凉糕、切糕、八宝甜盘子、甜麻花、甜馓子、糍糕、江米糕、柿子饼、糊托等，宁夏回族还把穆斯林的传统美食油香做成了甜食，调制面团时，给里边加入蜂蜜、红糖等。

3. 回族特别喜爱吃牛羊肉

这和伊斯兰教的饮食思想有关。刘智在《天方典礼》中说"饮食，所以养性情也"，"凡禽之食谷者，兽之食刍者，性皆良，可食"，又说"惟驼、牛、羊独具纯德，补益诚多，可以供食"。伊斯兰教所倡导的食物，都是佳美的食物。所谓佳美的食物，马坚先生解释说，就是纯洁的、可口的、富于营养的食物，更具体地说就是要有良好的外观形象、佳美的味道和丰富的营养价值。以羊为例，性情温驯，自身洁净，其肉美味可口，同时还对身体有滋补食疗作用。羊肉成分中含蛋白质、脂肪、维生素及钙、磷、铁等矿物质。经常食用羊肉，可以开胃健力，散寒助阳，益肾补虚。

4. 回族人民非常重视学习吸收兄弟民族的烹调经验

几百年来，回族与汉族等兄弟民族和谐相处，生息与共，引进了很多饮食品种，例如饺子、馒头、粽子、元宵、月饼等。回族在烹调这些饮食时，绝不是完全照搬，而是创造性加以改进，例如饺子，不仅仅是将汉族饺子改成清真饺子，而是在作料、做法，甚至吃法上都进行变革，其中的酸汤饺子就是回族的一大发明。现在，随着社会经济的发展和人民生活水平的提高，回族与汉族及其他兄弟民族的饮食交流越来越密切，从而又促进了回族饮食文化的进一步发展。

参考文献

[1] 马坚译. 古兰经[M]. 北京: 中国社会科学出版社, 1981.

[2] 白剑波编著. 清真饮食文化[M]. 西安: 陕西旅游出版社, 2000.

[3] 丁万华、杜玉昆主编. 宁夏清真菜谱[M]. 银川: 宁夏人民出版社, 1992.

[4] 刘伟主编. 宁夏回族历史与文化[M]. 银川: 宁夏人民出版社, 2004.

[5] [清] 刘智著. 天方典礼[M]. 天津: 天津古籍出版社, 1988.

[6] 马石奎口述. 中国清真菜谱[M]. 北京: 民族出版社, 1982.

[7] 吴俊著. 清真食品经济[M]. 银川: 宁夏人民出版社, 2006.

苗都彭水社饭习俗

杨 涛

（重庆旅游职业学院，重庆 409099）

摘 要：社饭是一种祭祀社稷的食品。吃社饭主要在社节（立春后的第五个戊日）进行，在民间有“过社”“拦社”等称呼。戊日属土，相传是土地神的生辰，因此这天是祭祀土地神的日子。人们通过祭祀活动以祈六畜兴旺，五谷丰登，家运祥和。通过访谈记录整理发现：虽然社饭很多地方都有在做，但因为乌江沿岸地理环境的复杂性再加上苗民先辈多不识字又与外界不同语言，所以乌江苗都的苗家人根据社饭原料来源广泛这一特性又称社饭为“渣菜饭”。

关键词：苗都彭水 祭祀 社饭 美食

引言

社者，土地之神也。《国语·鲁语上》：“共工氏之霸九州也，其子曰后土，能平九土，故祀以为社。”相传农历二月二日是后土的生辰，在农耕文明时期，先民们对土地十分崇敬，于是便把后土出生这天到立春后第五个戊日（包含戊日）期间定为“春社日”。人们每到“春社日”都要举行祭祀土地之神（后土）的活动，而祭祀社神的日子便称作“社日”。在古时祭社神有官社、民社之分。《礼记·祭法》说：“王为群姓立社，曰大社；诸侯为百姓立社，曰国社；诸侯自为立社，曰侯社；大夫以下成群立社，曰里社。”每到春社日，官府、民间皆以祭祀“社神”为主，祈求丰年。后因历史的变迁，朝代更迭，节令日期均不相同，之后就无“官社”“民社”之分，逐渐演变成春社、秋社。而在社节这一天吃的食物便是社饭，广义上的社饭包含过节当天的饮食以及给神灵的供奉，包含酒水和茶食；狭义上的社饭则是过社节时所食用的米饭。根据时令所产原材料不同和地理环境等因素，乌江沿岸的居民在春社、秋社的社饭也不大相同，苗都彭水更为隆重。

1 社节的内容

1.1 春社过程以及社饭的制作

根据夏历推算，春社和秋社分别在立春和立秋后第五个戊日举行。春社主要是请神入府，将土地神请入社庙保佑家人在新的一年里平安健康、五谷丰登、六畜兴旺。到了春社的时候，乌江苗都彭水的苗家人会以家庭为单位在春社这天或者社节期间选择一日进行隆重的祭祀活动。戊日属土，为了尊敬土地神，在彭水乡下有“不动土，不施肥”的习惯。据道藏《女青天律·九天神霄戊口禁忌》云：“戊日不

作者简介：

杨涛（1996— ），男，重庆旅游职业学院 2015 级学生。从事食文化研究工作和中餐烹饪教育教学工作。

可浇灌肥粪触秽地灵。春犯六戊，则令人促寿绝嗣，动土，犯帝星。夏犯六戊，则令人眼目失明，飞灾横祸相侵，动土，则犯主府星辰。秋犯六戊，则令人遭瘟瘪时病，动土，则犯五岳四渎。冬犯六戊，则令人官非口舌，耗散财物，动土，则犯后稷皇社。世人能畏天地，不犯六戊禁忌，即得时和岁检，衣食自然。”因此，在春社这一天，男人们在家修理农具准备迎接即将来临的春耕，女人们则带领孩子们在山坡田地里采青蒿和苦藠准备煮社饭的原材料。青蒿性味苦寒，不伤脾胃，有清热解暑、退虚热、宣化湿热的功效。苦藠有治水肿、肿毒和胀满作用。两者相辅相成，扯回家中洗净沥水切碎。青蒿用纱布包袱包紧，揉尽苦水在顶罐里小火焙干，再与苦藠、地米菜、腊肠丁、腊豆干丁、腊肉丁、血粑、酸菜等；掺在事先准备好的半熟的糯米、粘米的米坯子中拌匀，再装进顶罐里焖熟。社饭咸鲜适口，腊香浓郁，饭粒润泽、晶莹剔透，香气扑鼻。口感糯且不粘，油而不腻，松软可口，老少皆宜，回味隽永。吃社饭前家中长辈带领年轻的一辈祭祀土地神，并低声吟唱一些祷告的民谚：“良田出宝贝，挖土生金山。春种一粒粟，秋收万粒子”。九黎城的苗家儿女淳朴好客，做社饭不光是自家人吃，还要给左邻右舍送些去增进邻里间的感情。于是乎，便有了这家端过来，那家送过去的画面，并且称赞对方社饭做得好，“好香嘞!”对那些没有做社饭的独居老人，则是这家请、那家邀，好不热闹。故有民谚说：“送完了自家的，吃不完别家的。”充分显示出彭水儿女的质朴、亲和的民风。在春社这天，人们还会自发地聚集在社庙，长者主持点烛烧香，摆酒供菜，叩头礼拜，给土地神过生以求五谷丰登，家庭和睦，兴旺发达。供品包括社酒、社肉（亦称“福肉”）、社饭、社面、社糕、社粥等。祭祀完毕后，再由长者将社酒、社肉、社饭等分给参加社祭的人。祭祀的社饭，需用葫芦盛装表示对神灵敬畏。相传社酒可以治耳聋。苗民也好酒，因此常常酩酊大醉。唐代诗人王驾《社日》诗云：“鹅湖山下稻粱肥，豚栅鸡栖对掩扉。桑柘影斜春社散，家家扶得醉人归。”南宋大诗人陆游也在《社肉》中提到：“醉归怀余肉，沾遗遍诸孙。”便是指人们在酒足饭饱后将社肉带回家，分给子孙们，让全家老少都能感受到神的恩惠。

1.2 秋社的变迁和社饭“两糙饭”

秋社谢神，在丰收之后，向土地神酬报献祭以报告丰收的喜讯，并答谢土地神，以祈来年的风调雨顺。古时还有食糕、饮酒、妇女归宁的习俗，后世秋社渐微与中元节（俗称七月半）合并。每每秋收之际，人们会在中元节前选取一把颗粒饱满的稻穗进行晾晒制成新米，在中元节的时候将新米掺入旧米中在顶罐（一种用生铁铸造的罐子，类似于瓦罐呈圆锥形）里焖熟，让先辈和神灵尝一尝新米的味道，俗称“上新”。然而在乌江苗都彭水，勤劳的苗家人更钟爱在新米中掺入苞谷面（也称玉米面）一同制熟，又称“两糙饭”。在中元节除了“上新”以外，还会准备一碗夹生的米饭供祭路边孤魂野鬼。相传在中元节的时候阎罗王会打开鬼门放出一批无人侍奉的孤魂野鬼到阳间享受人们的供奉，而这碗夹生饭便是给孤魂野鬼准备的贡品，以避免从鬼门出来的恶鬼滋生是非。因为秋社与中元节合并，所以现今秋社会在家里祭拜一些逝去的英灵，缅怀先辈。此时盛夏已经过去，秋凉才刚刚开始。乡民们坚信先辈们会在此时返家探望子孙。祭拜的仪式选在午后举行，依照辈分和长幼次序，逐一给每位先人磕头，默默祷告，向先人汇报并请先人审视自己这一年的言行，保佑自己平安幸福。在祭拜完先辈后，由长者带领小辈们另准备一份贡品撒进田间，以敬土地。更有好事者会在烧纸过后，用剪成碎条的五色纸系于田间的作物上，相传这样做可以免受雪害。

2 社饭中的智慧

2.1 社饭的食疗作用

苗家人制作社饭不只是为了祭祀，更是为了养身。彭水地处武陵山山脉，山高林深，沟谷众多，乌江穿城而过，空气湿度较大。春季气温回暖，易生瘴气，苗民在山间行走不免会染上疟疾。《本草纲目》中记载，青蒿可以去热是治疗疟疾的草药。在春天找一点青蒿掺进主食当中可以减少疟疾的发生率。而且青蒿精油具有独特的芳香气息，可在春日中提神醒脑。同时在春夏交替期间气温变化较大，容易引起肠胃的不适造成肠胃感冒。苦藠具有调理肠胃、清热减毒、通便排气、化痰平喘的功效。适量的食用藠头可以增强人体的肠胃功能，从而调节人体的免疫力。以青蒿和苦藠在春季烹制社饭充分说明了彭水苗家人对食材有着深刻的认识。

2.2 “两糙饭”——先辈们生活的不易

“两糙饭”，如其名，是糙米和苞谷面一起在顶罐里焖熟的一种主食，口感粗糙有强烈的干涩感，难以下咽。彭水地区素有“九山半水半分田”之称，典型的喀斯特溶岩地貌，山体保水保肥性差，山多田少，难以开垦出成片的土地。于是乎勤劳的彭水苗家人便在贫瘠的山脊中种上苞谷这种耐旱的农作物，待到秋收后晒干用石碾碾压成粗粉存储起来。在旧时，乡下种地的人们都是秋收之后要自己预留来年春季的种子，而且产量也不高。因此很容易出现春种之后粮食不够吃到秋收的情况，于是便有了在大米中加入部分苞谷面蒸熟一起食用的局面，俗称“度春荒”。将苞谷面掺大米中一起食用，既是一种创新，也是一种对生活环境的无奈。

3 社饭的发展

随着苗都彭水的发展，苗民的生活水平不断提高。社饭不再是只有社节祭祀的时候才制作的美食，街头巷尾也能见到社饭的影子。现今的社饭多指的是由青蒿和苦藠制作的在春天食用的社饭，颜色丰富多彩，香气浓郁扑鼻。随着粮食产量的不断提高，苗民不再需要在大米中添加大量的玉米制成“两糙饭”以度春荒。但是怀旧的彭水苗家人还是习惯在大米中加入适量精磨后的苞谷面，笑称“银镶金”或“金包银”。社饭逐渐由祭祀中独立出来，成为一道民族美食。

参考文献

[1] 杨如安, 袁昌曲. 重庆市少数民族饮食文化[M], 西南师范大学出版社, 2016.

[2] 李小波. 乌江: 那条如墨般浓的险江[J], 中国国家地理, 2007(8).

[3] 黄智宇, 曹竹溪. 苗家火炕上煮的美食——顶罐饭[J/OL], 中国彭水网 第1269期, 2017-03-08.

[4] 廖望光, 张茂玉. 祖地[N], 彭水日报, 2013-06-09.

[5] 吴炳霖, 黄智宇. 彭水街头快餐食品——菜豆花两糙饭[N], 彭水日报, 2017-05-10.

[6] 杨静, 黄智宇. 一道老少皆爱的开胃菜——酸菜[N], 彭水日报, 2017-05-17.

《吕氏春秋》本味篇湖湘食材主料的探析

方八另　彭军炜

（湖南省商业技师学院烹饪学院，湖南　株洲　412000）

摘　要：《吕氏春秋》本味篇第四段为纯粹的烹饪理论和食材举例，其中有一部分以云梦、洞庭等具体的湖湘地名说到了湖湘的食材。只因为年代久远和文学语言的应用及对《山海经》等典籍的演化，食材的名称随着年代变化很大，已经很难知晓其具体的食材为何物。本文就此进行梳理、考证、探索，发掘其具体食材，特别是现在的名称。

关键词：《吕氏春秋》　本味篇　湖湘食材　主料　考证

《吕氏春秋》是秦襄公时期吕不韦出任秦相，他组织门客以“一字千金”的代价编纂了26卷的《吕氏春秋》，计12纪、8览、6论共160篇。其中“孝行纪”共8篇，《本味》篇是第二篇，全文近1300字。

《本味》的最后一段即第四段为纯粹的烹饪理论和食材举例，其中有一部分说到了湖湘的食材。原文“肉之美者：猩猩之唇，獾獾之炙，隽燕之翠，述荡之腕，旄象之约。流沙之西，丹山之南，有凤之丸，沃民所食。鱼之美者：洞庭之鲋，东海之鲕，醴水之鱼，名曰朱鳖，六足，有珠百碧。雚水之鱼，名曰鳐，其状若鲤而有翼，常从西海夜飞，游于东海。菜之美者：昆仑之蘋；寿木之华。指姑之东，中容之国，有赤木、玄木之叶焉。余瞀之南，南极之崖，有菜，其名曰嘉树，其色若碧。阳华之芸。云梦之芹。具区之菁。浸渊之草，名曰土英。和之美者：阳朴之姜，招摇之桂，越骆之菌，鳣鲔之醢，大夏之盐，宰揭之露，其色如玉，长泽之卵。饭之美者：玄山之禾，不周之粟，阳山之穄，南海之秬。水之美者：三危之露，昆仑之井，沮江之丘，名曰摇水，曰山之水，高泉之山，其上有涌泉焉，冀州之原。果之美者：沙棠之实，常山之北，投渊之上，有百果焉，群帝所食；箕山之东，青岛之所，有甘栌焉；江浦之橘；云梦之柚；汉上石耳。”[1]这段是就“肉之美者”“鱼之美者”“菜之美者”“和之美者”“饭之美者”“水之美者”“果之美者”等七种食材、原料、佐料来评价全国各类食材的，这七种食材即肉类、水产、菜蔬、调料、主食、水质、果品。因为篇幅，分为主料、辅佐料、主食果品三篇，主料为肉类、水产、菜蔬，辅佐料调料、水质，主食果品为主食、果品，本文只论主料。

一、《本味》篇肉类食材的考证

《本味》里讲肉类食材的只有“肉之美者：猩猩之唇，獾獾之炙，隽燕之翠，述荡之腕，旄象之约。

作者简介：

方八另（1979—　），男，湖南新化人，中国作家协会会员、中国科普作家协会会员、湖南省作家协会会员，中国食文化研究会民族食文化委员会理事，湖南商业技师学院特聘湘菜文化研究员。

彭军炜（1989—　），男，湖北咸宁人，中国食文化研究会民族食文化委员会会员，湖南商业技师学院讲师、烹饪学院湘菜非物质文化传承与研究中心主任，中式烹调高级技师，湘菜名师。

流沙之西，丹山之南，有凤之丸，沃民所食。”即猩猩唇、獾獾炙、隽燕翠、述荡腕、旄象约、凤凰卵等六种。前面五种动物的肉类食材都没有注明产地和出处，只有凤凰蛋有地理位置，即“流沙之西，丹山之南”，在火焰山南边的沙漠边缘，有一种鸟就是天山雪鸡，雪鸡本来就很稀少，它的蛋很美味。

天山雪鸡属雉科，耐寒耐热，反应敏锐快捷，与锦鸡等一样漂亮。雪鸡肉质乌黑鲜美、香甜细嫩，具有野鸡特有的风味。

也就是说《本味》里没有湖湘的特色肉类食材。

二、《本味》篇水产食材的考证

《本味》里讲水产类食材的只有“鱼之美者：洞庭之鲋，东海之鲕，醴水之鱼，名曰朱鳖，六足，有珠百碧。雚水之鱼，名曰鳐，其状若鲤而有翼，常从西海夜飞，游于东海。”即洞庭鲋、东海鲕、醴水朱鳖、雚水鳐等四种，都有地名和出处，标明湖湘地名的就有洞庭鲋、醴水朱鳖两种。

1. 洞庭鲋

鲋，《庄子·外物》云：“周昨来，有中道而呼者，周顾视车辙中，有鲋鱼焉。”《山海经·海内东经》：“濮水出鲋鱼之山，帝颛顼葬于阳，九嫔葬于阴，四蛇卫之。”晋刘邵《七华》曰：“洞庭之鲋，出于江岷。宏腴青颅，朱尾赤鳞。”沅水上游曾属濮国，经过桃源、常德进入洞庭湖。鲋为鲫鱼，洞庭鲋就是洞庭湖的鲫鱼。鲫鱼简称鲫，俗名鲫瓜子、月鲫仔、土鲫、细头、鲋鱼、寒鲋。现在常德的柳叶湖曾是洞庭湖的外湖，也是洞庭湖的湖汊。洞庭湖的鲫鱼特别多，最有名的就是青壳鲫鱼，就是柳叶鲫。柳叶鲫肉质细嫩，煎煮后汤呈乳白色，营养丰富，味道鲜美。清朝末年武陵县令捕捞柳叶鲫作为贡品供皇室享用。1971年毛泽东回湖南视察，品尝柳叶鲫后赞不绝口。中国工程院院士刘筠用柳叶鲫（湘江野鲫）与鲤鱼结合，培育出四倍体鲫鱼，又名工程鲫。

不同的版本，鲋字为鱄、鳟、鳙等。

（1）鱄，《说文解字》云：“鱼也。从鱼专声。旨兖切。”《康熙字典》云：“《广韵》职缘切《集韵》《韵会》朱遄切《正韵》朱缘切，𠀤音专。《说文》鱼也。《仪礼·士丧礼》鱼鱄鲋九。《家语》鱼之大者名为鱄。”《山海经·南山经》载：“又东五百里曰鸡山。其上多金，其下多丹雘。黑水出焉，而南流注于海。其中有鱄鱼，其状如鲋而彘毛，其音如豚，见则天下大旱。”《注》鱄音团扇之团。鱄鱼即毛花鱼，长江刀鱼中的一种，主产洞庭湖区域及湘、资、沅、澧。鱄读音团，但是有人会认为是团鱼，即脚鱼，也是流行的甲鱼、中华鳖。其实不然，后面专门讲到了甲鱼。

（2）鳟，郭璞《尔雅》注云：“似鲩子，赤眼。”鲩，草鱼。[2]《说文解字》云：“鳟，赤目鱼也。从鱼，尊声。”赤眼鳟，属鲑科，体侧扁，形略似鲑鱼，全身有显著黑点。常栖海中，夏季上溯于河产卵，秋末又入海，肉可食。即我们常见的青嫩仔鱼，与草鱼、青鱼相似。《尔雅》云鳟的古代称呼是“鲋”[3]，那“鲋”不等同“鲋”。

（3）鳙，原产于我国，生长在淡水湖泊、河流、水库、池塘里。现分布在亚洲东部，引进世界各地的淡水水域。似鲢而黑，体侧扁，头极肥大，鳞小，腹面仅腹鳍甚至泄殖孔，具皮质腹棱。俗呼黑鲢，又称鲢胖头。亦称花鲢、麻鲢、大头鱼、胖头鱼、包头鱼，也叫雄鱼。鲤科。

从《本味》篇对食材的独一性和特色性来看，虽然鱄（毛花鱼）、鳟（青嫩仔鱼）、鳙（黑鲢鱼）

都是湖湘的特色食材，但是与柳叶鲫相比，还是没有它的特色性这么强，应该是鲋鱼，只是古代的“付”字都是“傅”，也就让人很容易把“鲋”理解为是“鱄”字。

2. 东海鲕

鲕，《说文解字》云：“鲕，鱼子也。”《国语·鲁语》云：“鱼禁鲲鲕。”现在对鲕的解释有三种，一是鱼苗，小鱼；二是鱼名；三是鱼卵。综合这三种解释和《说文解字》《国语》的记载，可以肯定的是这种鱼既像鱼卵又是小鱼，那就是幼小的银鱼，有黑色的眼睛，就像鱼卵，但是个头小就像鱼子或者小鱼，其实就是一寸左右的鲜银鱼。“东海之鲕”直接理解就是海银鱼，生活在东海的银鱼。江南到处是河汉、湖泊，就像一片水域，就像大海。按照地理位置来说，出于东部的太湖就是古代的东海位置，那“东海之鲕”就是太湖银鱼，也是全国最早、最闻名的银鱼。

3. 醴水朱鳖

澧水是湖湘的第四大河流，比湘、资、沅三条河流要小，但是是现在常德、张家界、湘西州三地的母亲河。因上游“绿水六十里，水成靛澧色”得名，又因屈原“沅芷澧兰”曰兰江。朱鳖直译就是朱色或者红色的甲鱼。

在湖湘历史上，出现过“长沙鳖”“洞庭鳖”“九肋鳖”三种贡鳖[4]，一是“长沙鳖”，见于西周成王时候的《逸周书》卷七王会篇，“权扶玉目。白州比间，比间者，其华若羽，伐其木以为车，终行不败。禽人菅，路人大竹，长沙鳖……特大而美，故贡也。”楚王敬献了一只硕大鳖给周天子。《史记·郑世家》云：“灵公元年春，楚献鼋于灵公。”即公元前605年春，郑灵公即位，楚庄王派使臣送了一只超大的“长沙鳖”，大臣公子宋（字子公）与子家拜见郑灵公，公子宋突然食指大动，欲偷吃长沙鳖，被郑灵公知晓。“长沙鳖”烹制好后，郑灵公分赐诸侯鳖汤，唯独不给他，公子宋忍无可忍，到鼎前，不顾一切将食指伸入鼎中蘸鳖汤吃，后拂袖而去，郑灵公暴跳如雷，声称非杀公子宋不可。公子宋回家联合子家先下手，大开杀戒杀了郑灵公，成为因为一只鳖引发的一起血案。[5]“长沙鳖”是河鳖，又称沙鳖，即黄鳖，外表铜黄，生活在河湾沙洲浅水湾区。二是“洞庭鳖”，主要产在洞庭湖区。“洞庭鳖”又称湖鳖，生活在洞庭湖边缘的湖汊地带的泥沙中。三是“九肋鳖”，《唐书·地理志》记载为“岳州贡鳖”。《湖南通志》载：“鳖甲以岳州沅江所出九肋者为胜。”鳖的背壳即王八盖子普通的为八根肋骨，沅江乃洞庭湖与沅江入湖口的交汇处，有大面积的沙洲，与海滩极其相似，非常适合鳖的生长，并能补充鳖的骨骼生长需要的矿物质，在性成熟后鳖有九根肋骨，这就是近海鳖。

从这三种鳖来说，它们产在长沙（湘江）、洞庭湖、沅江，最接近澧水的是洞庭湖的西洞庭的龙阳湖，即现在的常德汉寿这一带，就是现在的中华鳖产地。龙阳湖一直是鳖的产卵场，也是民间渔民所说的鳖巢。明代嘉靖《常德府志》“介之属”载：“多鳖，俗呼‘团鱼’。段成式云：‘甲虫以影伏，羽虫以体伏，今鳖伏于渊而卵剖于陵，此思化也。’世云：‘鳖之所在，其上必有浮沫，谓之“鳖津”。捕者以此占之。’又云：‘鳖之老者，以蚊煮之，易熟。’”[6]据《湖南省志第八卷·农林水利志·水产业》载：“鳖分布广泛，江湖塘库中皆有，尤以洞庭湖产量最高。汉寿、常德、湘阴、岳阳、安乡等地都是主要产地。全省一般年产约120吨，最高达300吨。”[7]

“醴水之鱼，名曰朱鳖，六足，有珠百碧”连起来好像无法解释，其实“朱鳖”就是“珠鳖”，也就是能生出珠宝的鳖。这种解释是不科学的，要从醴水的特殊性来说，醴水河与沅水河都在常德进入洞庭湖，而此处又是鳖在洞庭湖的产卵场。孵化的幼鳖会沿沅水逆流而上，到达沅水中游的辰阳，中国第三大钻石产区沅江流域，进入沅水的支流辰水。清代乾隆《辰溪府志》卷十六“物产考下”载：“水晶石，又曰白棱石，有出永绥者，有出溆浦者，大小不一，每枚六棱，底稍平，顶尖削，莹净如玉，间有似茶晶者，曰蔡璞。土人莫能用，故弗奇也。”[8]这河段出产金刚石即金伯利岩，是非常珍贵的自然钻石原料，它经过泥沙和水的打磨成为水磨钻石，俗称“水钻”，与在非洲等地开采的矿钻有明显的区别，也是我国河流中不多见的。除了被鱼、龟、鳖、鸭吃进肚子里，还曾卡在河床上爬行的鳖（甲鱼）、龟（乌龟）的爪子缝隙里，经过数年的时间，慢慢长入爪子的肉里，被包裹起来，古人以为就是甲鱼脚心长出来的钻石。有些钻石被吃进龟、鳖的肚子里，因为颗粒多，龟、鳖泄殖孔小，又有上下两块大的龟甲紧扣，钻石比较坚硬，在胃的蠕动下很容易被挤到有活动空间的脚的位置附近，如果吃到的钻石多，会出现多个肉瘤，类似脚或翼的形状，就会有六足甚至多足出现。这些水钻的颜色晶莹剔透，像白色的波浪闪闪发光。清代乾隆《辰溪府志》卷十六“物产考下”“介之属”载：“曰鳖。《酉阳杂俎》：鳖伏于渊而卵剖于陵，鳖甲裹肉，鳖肉裹甲，故《考工记》：外骨为龟属，内为鳖属。辰俗呼团鱼，亦曰脚鱼，有青黄两种，又有沙鳖，生沅陵龙泉山，前者背多一横骨，寻丈外，即异。”[9]现在受捕捉过度和水污染的影响，沅水鳖甲越来越少，水钻常在鸭子的胃里发现。二十世纪八九十年代还常有到餐馆吃饭点现宰水鸭的客人遇到鸭的胃里有钻石的。这些带水钻的鳖在性成熟后回到西洞庭的龙阳湖，在产完卵之后，它们又要继续逆流而上，有的就进入了澧水，它们表面的颜色已经由黄色变成黑褐色甚至红褐色，成为真正的朱鳖和珠鳖。

4. 藿水鳐

高诱注：“藿水在西极。”陈奇猷集释：“《御览》九百三十九引作‘灌’，《西山经》作‘观’，均与‘藿’为通假。”《山海经·西山经》载：“钟山又西百八十里，曰泰器之山，观水出焉，西流注于流沙。是多文鳐鱼，状如鲤鱼，鱼身而鸟翼，苍文而白首，赤喙，常行西海，游于东海，以夜飞。其音如鸾鸡，其味酸甘，食之已狂，见则天下大穰。”[10]鳐鱼、文鳐鱼为条鳍鱼纲颌针鱼目飞鱼科燕鳐鱼属，广布于全世界的温暖水域，生活在热带、亚热带和温带海洋里，在太平洋、大西洋、印度洋及地中海都可以见到它们飞翔的身姿。我国主要分布在南海，具有滑翔能力的鱼类，俗称飞鱼。飞鱼胸鳍发达像鸟类翅膀，身体像织布的长梭，最长滑行时间40多秒，最远滑行距离400多米，以每小时三十六千米的速度在运动。飞鱼的背部颜色和海水接近，经常在海水表面活动，成群在海上飞翔，形态像鲤鱼，鸟翼鱼身，头白嘴红，背部有青色的纹理，它常常夜间飞行，有部分落到海岛或者撞在礁石上。全世界共有8属50种，中国及临近海域记录有6属38种，以南海种类为最多。飞鱼有食用价值。多制成鱼干或鲜食，味道鲜美。

再连起来读“藿水之鱼，名曰鳐，其状若鲤而有翼，常从西海夜飞，游于东海。”其实这句话不是落在藿水这个地方，还是落在了东海，他们在东海看到了飞鱼或者说吃到了飞鱼。也就是《舌尖上的中国2》纪录片里拍到的台湾台东县兰屿乡达悟族喜欢在三至六月捕捞的飞鱼。达悟族应该是个古老渔猎民族，曾经生活在雅鲁藏布江一带，享受印度洋暖流，因为环境的改变，部落不得不迁徙，最后在有飞鱼的兰屿岛定居下来，形成自己捕鱼的习俗。

洞庭鲋、东海鲕、醴水朱鳖、藿水鳐等四种水产性食材，其中两种出自湖湘，分别是洞庭湖的柳叶鲫鱼和幼鳖长在龙阳湖成鳖游到澧水中上游并携带钻石的湖鳖。

三、《本味》篇菜蔬食材的考证

《本味》篇里讲菜蔬类食材的只有“菜之美者：昆仑之蘋；寿木之华。指姑之东，中容之国，有赤木、玄木之叶焉。余瞀之南，南极之崖，有菜，其名曰嘉树，其色若碧。阳华之芸。云梦之芹。具区之菁。浸渊之草，名曰土英。”即昆仑蘋、寿木花、赤玄木叶、余瞀嘉树、阳华芸、云梦芹、具区菁、浸渊土英等八种，都有地名和出处，标明湖湘地名的有云梦芹一种。

1. 昆仑蘋

昆仑即昆仑山，也是被神化了的一座山，在西海之南，流沙之滨，赤水之后，黑水之前。《山海经·西山经》载：“西南四百里曰昆仑之丘，是实惟帝之下都，神陆吾司之。其神状虎身而九尾，人面而虎爪。是神也，司天之九部及帝之囿时。有兽焉，其状如羊而四角，名曰土蝼，是食人。有鸟焉，其状如蜂，大如鸳鸯，名曰钦原，蠚鸟兽则死，蠚木则枯。有鸟焉，其名曰鹑鸟，是司帝之百服。有木焉，其状如棠，黄华赤实，其味如李而无核，名曰沙棠，可以御水，食之使人不溺。有草焉，名曰蕡草，其状如葵，其味如葱，食之已劳。河水出焉，而南流东注于无达。赤水出焉，而东南流注于氾天之水。洋水出焉，而西南流注于丑涂之水。墨水出焉，而四流注于大杅。是多怪鸟兽。”[11]《龙鱼河图》曰：“昆仑山，天中柱也。”汉代东方朔《神异经》曰：“昆仑有铜柱焉，其高入天，所谓天柱也。围三千里，员周如削，铜柱下有屋，壁方百丈。”东方朔《海内十洲记》：“昆仑，上通璇玑（北斗星）……是以太上名山，鼎于五方，镇地理也。号天柱”。昆仑山这座山，住的是西王母，见过西王母的人只有周穆王，他见过西王母的住所，见过西王母的宫殿。昆仑山的所有设施和环境，都是通过周穆王的叙说来介绍的。两个需要说明的问题，一是西王母并不是西边、西方的王母，“西王母”三个字是一个词，这就是接待周穆王的人，男女均可，也可以是女娲，也可以是伏羲，所以昆仑山不一定要确定在我们的西方部位。二是昆仑山并不是昆仑山脉，昆仑山是一座神山，也是古代贤者居住的山，或者说是知识分子的精神之山，或者说是帝王将相的心中所向之山。《山海经·西山经》把昆仑山列为“丘”之列，并非山之列，在山高矮、山大小、坡缓急方面都有差距。西王母并没有住在昆仑山，还是住在昆仑山的西面的玉山，中间隔着乐游山、流沙、嬴母山，大概相隔九百七十里。反观远古时代，蚩尤、炎帝居湖湘，黄帝到湖湘，善卷归隐湖湘德山，舜帝及娥皇、女英到湖湘，大禹到湖湘，帝喾到湖湘，赤松子居湖湘，鬼谷子居湖湘，在这神秘的三苗之地，到底有多少是他们中华先祖必须到的地方，昆仑的精神应该就在这个地方。可以推断《山海经·西山经》里的玉山为雪峰山脉，昆仑山为武陵山脉。

“蘋”，读音“贫”，郭璞认为是《山海经·西山经》的“蕡草，其状如葵，其味如葱，食之已劳。”都认为是大蘋，有的认为是水藻，王念孙认为是水藻[12]。都是指浮萍，其实这个“蘋”是指莼菜，并非荷叶。莼菜又名蓴菜、马蹄菜、湖菜、水葵、莼、菁菜等，多年生水生宿根草本。性喜温暖，适宜于清水池生长。深绿色椭圆形叶子浮生在水面或潜在水中，嫩茎和叶背有胶状透明物质。嫩叶可食用，口感圆融、鲜美滑嫩，为珍贵蔬菜之一。含丰富的胶质蛋白、碳水化合物、脂肪、多种维生素和矿物质。莼菜漂浮的形态、生长的环境、叶片的形状和颜色都与浮萍相似，唯一不同的是它的嫩叶是美味的食物。“昆仑之蘋”就是“武陵山脉的莼菜”，现在鄂西北还盛产莼菜，为我国除浙江、江苏之外的第三大省。

2. 寿木花

“寿木之华”，高诱注：“寿木，昆仑山上木也。华，实也。食其实者不死，故曰寿木。”晋代王嘉《拾遗记·前汉上》：“有寿木之林，一树千寻。日月为之隐蔽。若经憩此木下，皆不死不病。”唐代元结《退谷铭序》：“满谷生寿木，又多寿藤萦之。”宋代范成大《题径山寺楼》诗：“神光来烛夜，寿木不知秋。”明代唐寅《世寿堂诗》：“长山大谷出寿木，雨露沾濡元气足。”现代对此注释的也很多，主要有“不死树的花。传说人吃了不死树的果实以后不死。”[13]“昆仑山上木也。食其实者不死。”[14]“寿木的花果。”[15]寿木就成了仙木，生长年岁长久的树木。

树木开花结果这是一种常态，只是有些树木开花的时间需要的长一些。寿木，我们理解就是不死之木。也许它是属于那种开花结果的时间要经过漫长的积淀，才能让它有开花的意识的树木。其实我们只想到了不能让树木死，有的想到在沙漠里的胡杨。有的想到它开花需要很久的时间，认为是铁树。其实这里要从“华”出发，无论是做“花”还是“华”，也就是无论它结出来是花朵还是果实，但是在这里只能是花朵，因为把它划为蔬菜一类。也就是说“寿木”就算死了甚至腐烂了、腐朽了还能生出花朵甚至果实，那就是木耳，但是像花一样漂亮的就是银耳。银耳是长在椴木上的菌子，无论是吃还是观赏，都是令人非常喜悦的。也就是在武陵山脉有长银耳的椴木（青㭎树），后来四川的巴中通江银耳成为贡品。通江银耳外形美、色泽好、菌朵大、肉质厚、鸡冠状、色微黄、玉石感、易炖化。

3. 赤玄木叶

“指姑之东，中容之国，有赤木、玄木之叶焉。”郭璞云：“此国中有赤木、玄木，其叶实美；见吕氏春秋。”高诱注云：“赤木、玄木，其叶皆可食，食之而仙也。”战国宋玉《高唐赋》：“玄木冬荣，煌煌荧荧。”三国魏曹植《大暑赋》：“寒泉涌流，玄木奋荣。”赤木、玄木是传说中的一种常绿树，谓食其叶，可成仙。《山海经·大荒东经》载：“大荒之中有山名合虚，日月所出。有中容之国，帝俊生中容。中容人食兽、木实，使四鸟：豹虎熊罴。”[16]帝俊就是帝喾，是颛顼的继任者，帝俊之子中容是中容国创始人。中容国的人是中容的后裔，他们平时吃野兽的肉和树木的果实，据说这种树叫赤木玄木，其树叶、果实都味道鲜美，吃了能成仙。

其实，这是北方寻找开春第一个食物的信号，榆树、香椿树的嫩叶都是最好的食物。

香椿嫩叶名香椿芽、香桩头、大红椿树、椿天等，称为“树上蔬菜”。原产中国，分布于长江南北，落叶乔木，椿芽供食用。中国人食用香椿在汉代就遍布大江南北，曾与荔作为南北两大贡品，深受皇上及宫廷贵人喜爱。椿芽营养丰富，具有食疗作用，主治外感风寒、风湿痹痛、胃痛、痢疾等。香椿喜温喜光，较耐湿，适宜生长于河边、宅院周围肥沃湿润的土壤。香椿品种多，分紫香椿和绿香椿两大类，紫香椿有黑油椿、红油椿、焦作红香椿、西牟紫椿等，绿香椿有青油椿、黄罗伞等。宋代苏轼《春菜》：“岂如吾蜀富冬蔬，霜叶露芽寒更。”“椿木实而叶香可啖。”《食疗本草》载：“椿芽多食动风，熏十经脉、五脏六腑，令人神昏血气微。若和猪肉、热面频食中满，盖壅经络也”。

榆树俗称榆钱树，别称榆实、榆子、榆仁、榆荚仁、白榆、榆树巧儿，为落叶乔木，喜光，耐旱，耐寒，耐瘠薄，不择土壤，适应性很强。榆钱是榆树的翅果，外形圆薄如钱币。它是“余钱”的谐音，有吃了榆钱可有“余钱”的说法。当春风吹来第一缕绿色，金黄的榆钱就一串串地缀满了枝头，人们趁鲜嫩采摘下来做成各种美味佳肴。《尔雅》载，榆皮荒岁农人食之以当粮，不损人。嘉祐年中，过丰沛，人缺食，乡民多食此。唐代施肩吾《戏咏榆荚》云：“风吹榆钱落如雨，绕林绕屋来不住。知尔不堪还酒家，漫教夷甫无行处。”宋代苏轼《榆》：“我行汴堤上，厌见榆阴绿。千株不盈亩，斩伐同一束。及居幽囚中，亦复见此木。”

赤木就是长紫香椿芽的红皮椿树。玄木就是结榆钱的榆树，能够在寒潮里结出丰硕的果实，对古人来说觉得非常神奇，觉得是上天的拯救他们，他们就接受自然的馈赠。这两种树木的嫩芽都是在严寒刚过就可以作为食物供给人类食用，为那些当时没有食物过冬，或者过冬之后余粮不多的人来说，那无疑是雪中送炭，最及时的食物了，吃了当然快活似神仙。

4. 余簪嘉树

“余簪之南，南极之崖，有菜，其名曰嘉树，其色若碧。”有“嘉树”的文献不多，纵观历史只有几条。《左传·昭公二年》：“既享，宴于季氏，有嘉树焉，宣子誉之。”《楚辞·橘颂》：“后皇嘉树，橘徕服兮。”三国阮籍《咏怀·嘉树下成蹊》：“嘉树下成蹊，东园桃与李。”唐代柳宗元《小石城山记》：“环之可上，望甚远，无土壤而生嘉树美箭。”唐代刘禹锡《早夏郡中书事》诗：“华堂对嘉树，帘庑含晓清。”明代刘基《拟连珠》之二十：“赤日流金，嘉树之阴。”明代宋濂《看松庵记》：“南望闽中数百里，嘉树帖帖，地上如荠。”“嘉树”高诱注云：“食之而灵。”《山海经·中山经》载：“又东七十里曰半石之山。其上有草焉，生而秀，其高丈余，赤叶赤华，华而不实，其名曰嘉荣，服之者不霆。来需之水出于其阳，而西流注于伊水，其中多鯩鱼，黑文，其状如鲋，食者不睡。合水出于其阴，而北流注于洛，多螣鱼，状如鳜，居逵，苍文赤尾，食者不痈，可以为瘘。”[17]“嘉树”通“佳树”，为美树。有人认为是扶疏或扶疎、扶踈，即枝叶繁茂分披貌。《吕氏春秋·任地》：“树肥无使扶疏，树墝不欲专生而族居。肥而扶疏则多粃，墝而专居则多死。”南朝宋刘义庆《世说新语·汰侈》：“枝柯扶疎，世罕其比。”宋姜夔《虞美人·咏牡丹》词：“玉盘摇动半厓花。花树扶疏，一半白云遮。”明刘基《梅颂》：“扶踈萧森清以直兮，玄冰沍寒不挠其节兮。”《淮南子·修务训》：“龙夭矫，燕枝拘，援丰条，舞扶疏。”高诱注：“扶疏，槃跚貌。”能够生长在悬崖峭壁，又能够长得很好，很有观赏性，远看就是一株小树，它就是石斛，亦竹亦树，丛生，很有观赏性。

盛弘之《荆州记》云：耒阳龙石山多石斛，精好如金钗，是矣。《本草纲目》载：“今荆州、光州、寿州、庐州、江州、温州、台州亦有之，以广南者为佳。多在山谷中。五月生苗，茎似小竹节，节间出碎叶。七月开花，十月结实。其根细长，黄色。惟生石上者为胜。宗奭曰：石斛细若小草，长三四寸，柔韧，折之如肉而实。时珍曰：石斛丛生石上。其根纠结甚繁，干则白软。其茎叶生皆青色，干则黄色。开红花。节上自生根须。人亦折下，以砂石栽之，或以物盛挂屋下，频浇以水，经年不死，俗称为千年润。”[18]石斛又名仙斛兰韵、不死草、还魂草、紫萦仙株、吊兰、林兰、禁生、金钗花等，分铁皮石斛、铜皮石斛、环草石斛。碧绿色的是铁皮石斛。茎直立，肉质状肥厚，稍扁的圆柱形。石斛花姿优雅，玲珑可爱，花色鲜艳，气味芳香，被喻为“四大观赏洋花”之一。

5. 阳华芸

“阳华之芸。”阳华是山名，在吴越之间。《山海经·中山经》：“又西九十里曰阳华之山，其阳多金玉，其阴多青雄黄，其草多藷薁，多苦辛，其状如橚，其实如瓜，其味酸甘，食之已疟。杨水出焉，而西南流注于洛，其中多人鱼。门水出焉，而东北流注于河，其中多玄硝。绪姑之水出于其阴，而东流注于门水，其上多铜。门水出于河，七百九十里入雒水。”[19]《说文解字》云：“芸草可以死复生。”注为“芳菜也。”或“芸始生”。甚至直接注为“一种香菜”或“油菜”。其实应该是油白菜，也就是白菜，在白菜抽薹的时候，就是白菜薹，开花时有香味，但是不影响食用，反而细嫩，花香四溢。

6. 云梦芹

“云梦之芹。”“芹生水涯。”《字林》曰：蕈，美菜，生云梦。芹在《尔雅》名“楚葵”，亦名“水芹”“水靳”。在历代名家注释中，多为“一种水生野菜”[20]“芹菜”[21]。洞庭湖古名云梦泽，“云梦之芹”即产在洞庭湖边的芹菜。

中国芹菜为本芹，分香芹、毛芹、水芹。在湖边、水边生长的芹菜那是毛芹和水芹，毛芹有毒不能吃，那只有水芹可以成为美味。《列子·杨朱》：“昔人有美戎菽，甘苔茎、芹萍子者，对乡豪称之。乡豪取而尝之，蜇于口，惨于腹。众哂而怨之，其人大惭。”《诗经》云：“思乐泮水，薄采其芹。鲁侯戾止，言观其旂。”周处的《风土记》称：“萍苹，芹菜之别名也。”范汪《祠制》曰：孟春，祭有芹菹。可见水芹在古代士大夫和知识分子中非常流行。水芹菜又叫刀芹、蜀芹、楚葵。长江流域各省均有野生。

柳宗元《河东先生龙城录》有《魏征嗜醋芹》云：“魏左相忠言谠论，替襄万几，诚社稷臣。有日退朝，太宗笑谓侍臣曰：此羊鼻公不知遗何好而能动其情？侍臣曰：魏征嗜醋芹，每食之欣然称快，此见其真态也。明日召赐食，有醋芹三杯，公见之欣喜翼然，食未竟而芹已尽。太宗笑曰：卿谓无所好，今朕见之矣。公拜谢曰：君无为故无所好，臣执作从事，独僻此收敛物。太宗默而感之，公退，太宗仰睨而三叹之。”台湾美食家朱振藩在《食林外史·魏征最爱吃醋芹》里把芹菜定名为西芹。[22]西芹为外来物种，又称洋芹、美芹，从欧洲引进，植株紧凑粗大，叶柄宽厚，实心。质地脆嫩，有芳香气味。“芹菜不挑作。素油炒，香；切段炒白干子，青白干净，令人怜爱，香；炒肉丝，腻腻油光，惹人生津；红辣椒切丝，水芹切段，肉丝炒出，味鲜色美——穷有穷的吃法，富有富的吃法，都味美。”[23]

7. 具区菁

“具区之菁”。“具区”太湖之古称，又称“震泽”“五湖”“笠泽”。古代滨海湖的遗迹，曾经是个大海湾，后来逐渐与海隔绝转为内陆湖泊。位于江苏和浙江两省的交界处，长江三角洲的南部。“菁”邱庞同注为韭花。崔寔《四民月令》：“七月藏韭菁。”也就是说“菁”就是“花”而非“韭花”。菁是“芜菁”，即“蔓菁”。一种植物，块根可食。贾思勰《齐民要术·蔓菁》：“七月可种芜菁。”蔓菁又称葑，俗称大头菜，又叫九英菘、合掌菜、结头菜、芣蓝、芥蓝、擘蓝，茄连、撇蓝、玉蔓青等。

8. 浸渊土英

“浸渊之草，名曰土英。”“浸渊”即深渊。“土英”高诱注“英言其美善，土英华也。”长在深渊或者深海的草，在水里漂浮的样子翩翩起舞，又非常的漂亮和吸引捕捞者。这就是我们现在常见的海带，它在水里的样子很漂亮也美味。

菜之美者：昆仑的莼菜、寿木的银耳、中容紫椿芽和榆钱、余瞀的铁皮石斛、阳华的白菜薹、云梦的水芹菜、太湖的大头菜、深海的海带等八种，只有水芹菜是湖湘的食材。

四、《本味》篇里的湖湘食材主料

《本味》篇里“肉之美者”“鱼之美者”“菜之美者”等三类食材是主料，特色肉类食材湖湘没有，水产食材里有洞庭鲋、醴水朱鳖即洞庭湖柳叶鲫鱼、澧水携钻石湖鳖两种，菜蔬食材里有云梦芹即水芹菜。

参考文献

[1] 吕不韦. 吕氏春秋[M]. 长沙: 岳麓书社, 1989.

[2] 管锡华译注. 尔雅[M]. 北京: 中华书局, 2014.

[3] 管锡华译注. 尔雅[M]. 北京: 中华书局, 2014.

[4] 万里. 试论湘菜的社会历史地理文化底蕴[A]. 见: 李贻衡. 湘菜飘香[M]. 长沙: 湖南科学技术出版社, 2004.

[5] 范亚湘. 长沙历史上的第一——长沙鳖的故事[Z]. 华夏经纬网. 2014, 9(26).

[6] 陈国华主编. 明嘉靖<常德府志>校注[M]. 北京: 方志出版社, 2011.

[7] 湖南省地方志编纂委员会编. 湖南省志第八卷・农林水利志・水产业[M]. 长沙: 湖南人民出版社, 1989.

[8] 席绍葆, 谢鸣谦等修纂. 乾隆辰溪府志[M]. 长沙: 岳麓书社, 2010.

[9] 席绍葆, 谢鸣谦等修纂. 乾隆辰溪府志[M]. 长沙: 岳麓书社, 2010.

[10] 李润英, 陈焕良译注. 山海经[M]. 长沙: 岳麓书社, 2012.

[11] 郭璞注. 山海经[M]. 长沙: 岳麓书社, 1992.

[12] 许维通撰, 新编诸子集成. 吕氏春秋集释[M]. 北京: 中华书局, 2009.

[13] 邱庞同译注. 吕氏春秋本味篇[M]. 北京: 中国商业出版社, 1983.

[14] 许维通撰, 新编诸子集成. 吕氏春秋集释[M]. 北京: 中华书局, 2009.

[15] 陆玖译注, 中华经典名著全本全注全译丛书. 吕氏春秋[M]. 北京: 中华书局, 2011.

[16] 郭璞注. 山海经[M]. 长沙: 岳麓书社, 1992.

[17] 郭璞注. 山海经[M]. 长沙: 岳麓书社, 1992.

[18] 李时珍著, 王育杰整理. 本草纲目(金陵版排印本)[M]. 北京: 人民卫生出版社, 2004.

[19] 郭璞注. 山海经[M]. 长沙: 岳麓书社, 1992.

[20] 陆玖译注. 吕氏春秋[M]. 北京: 中华书局, 2011.

[21] 邱庞同译注. 吕氏春秋本味篇[M]. 北京: 中国商业出版社, 1983.

[22] 朱振藩著. 食林外史[M]. 长沙: 岳麓书社, 2004.

[23] 董改正. 云梦之芹[N]. 大众日报, 2017, 5(19).

《齐民要术》中有关湘菜烹饪技艺的文化解读

赵建民　谭　璐　谢　军

（长沙商贸旅游职业技术学院湘菜研究所，湖南　长沙　410000）

摘　要：《齐民要术》所记录的农业生产技术和食物加工技术主要是以黄河中下游的北方地区为主。但作者还借助当时一些所见和掌握的其他相关历史资料，零散的记录包括中国南方一些地区的农耕经验和食物加工技术。这其中包括一条关于记载湘菜烹饪技术的珍贵资料，是《齐民要术》卷第八"作鱼鲊第七十四"的"作长沙蒲鲊法"，是关于湘菜菜肴加工工艺的内容。尽管，《齐民要术》所记载的关于湘菜烹饪技艺的资料只有一条，而且文字量也不大，但其中所透露的信息量却是不可小觑的。本文通过对这一条珍贵历史资料的研读，据其所反映的相关信息，可以略窥在魏晋南北朝及其以前，湖湘地区饮食文化的发达和湘菜烹饪技术的进步及发展情况。

关键词：齐民要术　长沙蒲鲊　湘菜　湘菜烹饪

1 关于《齐民要术》之书

《齐民要术》是迄今为止被公认的世界农业科学文化史上第一部保存完整的，而且是比较系统地总结与论述农业科学技术的专业著作书。《齐民要术》的作者贾思勰也因此被后人推崇为我国历史上、乃至世界历史上最伟大的农学家。

贾思勰是北魏时期的人，大约生于公元500年，他做过山东高阳（今临淄县）太守，大约于533—544年写成了《齐民要术》这一旷世农业巨著。美国南加州大学东亚研究中心研究员杨文骐先生在所著的《中国饮食文化和食品工业发展简史》中认为："《齐民要术》不但是每一个农业工作者，也是每一个食品工作者必读的书，"而且认为"它是我国古代以迄北魏时期在饮食文化成就方面的总结，反映北魏时期所已经达到的水平，给后世的发展和演进情况提供了线索和依据。"毫无疑问，杨先生所说的"食品工作者"自然是包括烹饪工作者与烹饪文化研究者的。因为，《齐民要术》"还谈到当时肉、鱼、蛋的加工。果蔬的储藏和干制，盐和饴糖的制作方法，各种菜点的烹饪技艺等。"[1]杨先生如是说。

由农业出版社于1982年编辑出版的"中国农业丛刊综合之部"的《齐民要术校释》一书，被世人认为是"迄今为止最完善的一部《齐民要术》校释本"。该书是由当代著名的中国农业史研究专家缪启愉

作者简介：

赵建民（1957—　），男，山东济南人，山东旅游职业学院鲁菜文化博物馆原馆长、教授，现长沙商贸旅游职业技术学院湘菜研究所研究员，从事烹饪理论、烹饪营养学、饮食文化、饮食民俗学教学研究。

谭璐（1983—　），女，湖南常德人，长沙商贸旅游职业技术学院湘菜研究所研究员，副教授，从事烹饪理论、饮食文化教学研究。

谢军（1977—　），男，湖南华容人，长沙商贸旅游职业技术学院院长，湘菜研究所副所长，副教授，从事烹饪理论、饮食文化教学研究。

先生校释的。缪先生在“校释说明”中认为：原书十卷，共九十二篇，内容广泛丰富，“起自农耕，终于醯醢”，从农、林、牧、渔到酿造加工，直至烹调技术都作了专门介绍。[2]本文所依据的版本与注释全部来自于该书。

关于《齐民要术》和作者贾思勰已有许多的专家学者进行了详尽的介绍，本文就不在此画蛇添足了，而且这本来就不是本文的研究范围。但本文所要研究的内容似乎与作者本人还是有点关系的。贾思勰是北魏人，一生主要生活在以古齐鲁地域范围内的中国北方地区。《齐民要术》所记录的农业生产技术和食物加工技术也主要以黄河中下游的北方地区为主。当然他也借助一些当时所掌握的其他相关历史资料，零散的记录包括中国南方一些地区的农耕经验和食物加工技术。其中，《齐民要术》有两条关于湖湘饮食文化内容的记载，其中的一条叫作“作长沙蒲鲊法”，是关于湘菜菜肴加工的内容。尽管，《齐民要术》所记载的关于湘菜烹饪技术的资料只有一条，而且文字数量也不大，但所透露的信息量却是不可小觑的。本文通过研读这一条珍贵历史资料所蕴含的历史信息和文化资源价值，可以略窥湘菜在魏晋南北朝及其以前的时期里，其湖湘饮食文化的发达与湘菜烹饪技术的进步以及不断提高发展的情况。

2《齐民要术》“作长沙蒲鲊法”解读

《齐民要术》卷第八“作鱼鲊第七十四”中记载了一条关于“长沙蒲鲊”的文字，原文如下：

作长沙蒲鲊法　治大魚，洗令净，厚盐，令鱼不见。四五宿，洗去盐。炊白饭渍清水中，盐饭酿，多饭无苦。[2]455

这段文字用现在的话来说，就是：整治大个的鱼，洗干净后，厚厚地盖上一层盐，把鱼埋在盐里看不见鱼，过四五夜，取出鱼，把盐洗掉，做些白米饭连鱼一起浸渍在清水里，让盐和白饭发酸，饭多些味不苦。

2.1《齐民要术》所记载“长沙蒲鲊”的文字诠释

关于《齐民要术》中记载的“长沙蒲鲊”制作工艺的文字，在研究它与湘菜的关系之前，有两点需要加以说明。

其一，历史资料没有记载作者贾思勰本人到过长沙及其周围地区的记录，也就是说他本人没有亲自见过“长沙蒲鲊”的制作过程和成品，即不是作者本人“询之老成，验之行事”所为，而是通过“採捃经传”[2]5得来。按照《齐民要术》现有版本的行文特点来看，“长沙蒲鲊”是从一本叫作《食经》的书中转载的。据有关资料表明，魏晋南北朝时期同名为《食经》的书有若干种，贾思勰引用的哪一本，没有说明，后人不得而知，但有一点可以肯定，贾思勰所选用的《食经》是一本以记录长江流域食物加工为主的专业书籍。由于史籍中所记录的魏晋南北朝及其以前的所有《食经》均已遗失，现今无一传世，因此无法推知该《食经》的详情，也无法知晓该《食经》中有多少关于湘地食物加工的记录，这实在是一件遗憾的事情。所幸的是《齐民要术》保留了“长沙蒲鲊”的制作工艺，堪称弥足珍贵的历史资料。

其二，食品（或菜肴）的名字叫做“长沙蒲鲊”，《齐民要术》记录为“作长沙蒲鲊法”。但在鱼鲊的用料和制作过程当中，奇怪的是没有“蒲”的出现和使用。同书中有“《食经》作蒲鲊法：‘取鲤鱼二尺以上，削，净治之。用米三合，盐二合，腌一宿，厚与糁。’”[2]455的文字记录，虽然名为“蒲鲊”，却同样也没有“蒲”的使用记录。因为这两种菜肴中的“蒲”出现在菜肴的名称中，显然是重要的原料，但菜谱中却没有出现，有点令人费解，可谓《齐民要术》一书的一个谜。我们今天可以猜想，或许是由于“蒲”的应用在当时过于普及而无须列出，抑或是在转录时文字遗漏，不过在两个菜谱中均被遗漏，却是一件比较有趣的事，内中原委不得而知。但似乎以上的两个理由都无法成立。这里的“蒲”应该是昌蒲，也叫香蒲，类似现今的蒲菜，一种古老的水生植物，西周时期的周文王以喜食昌蒲见称，所以在先秦的祭祀食物中，昌蒲位列其中。但当时的菖蒲是要经过腌制的，称为“蒲菹”。昌蒲一物，为我国先民常食之物，这在《诗经》等书中多有记载。《齐民要术》卷八十八有：“蒲菹：《诗义疏》曰：‘蒲，深蒲也……今吴人以为菹，又以为鲊。’”[2]532《诗义疏》是西晋吴地人陆机的著作，应该熟悉当地的食风。所谓“深蒲”，一般是指在深水里生长的部分，即今天的蒲菜，水面以上被太阳光照的部分老硬不可用。据此可知，古代的“蒲菹”也叫作“鲊”。因此，“蒲菹”与鲜鱼搭配制作而成为“蒲鲊”是自然的，故无须详细说明，也未可知。

2.2“长沙蒲鲊”作为历史美食的特色分析

笔者相信，一本名为《食经》的书，应该记录了大量的菜肴食品制作，包括数量可观的湖湘地方菜肴。《齐民要术》之所以从《食经》的众多菜肴加工中选择了“长沙蒲鲊”进行转载记录，想来是有一定原因的。这其中的原因或许就是“长沙蒲鲊”的特色所在。笔者认为大抵有如下三方面的特色：

一是“长沙蒲鲊”富有加工技艺的特色。“长沙蒲鲊”与同书记载的“《食经》蒲鲊”加工技艺比较，有着明显的特色优势。首先，是用料的数量有别，“《食经》蒲鲊”用米和盐有数量的限制，而用鱼和糁的数量没有限制，这会影响到成品的味道，而“长沙蒲鲊”用料没有限制，无论米饭、食盐，皆多多益善。其次是加工时间不同，前者把所有食材合在一起腌一宿，从发酵的效果来看，难以达到最佳状态。而“长沙蒲鲊”是先用盐腌四五宿，入味充分而且厚实，再用大量的食盐、米饭、水等长时间酿制，以达到最佳的发酵效果。由此，“长沙蒲鲊”成为当地人非常喜欢的鱼鲊，也就不足为奇了。

二是民间加工食用的普及性和广泛性。因为味道美好，特色鲜明，无论佐饭下酒，还是招待客人或自己佐餐之用，或是四季配合食用皆可。尤其加工技艺不复杂，用鱼的选料上没有限制，什么鱼都可用，以料多料足为宜，而且人人可为。而“《食经》蒲鲊”只能选用鲤鱼，食材受到限制，不是时时可得、人人可为。所以，“长沙蒲鲊”一时间成为当地从社会到民间广泛流行的美食，并广为传播，具有非常广泛的普及性特色。因此，不仅被《食经》等书直接以地名的方式载入，甚至连稍后的《齐民要术》也进行了特别转载，其意义非同一般。

三是由此形成了具有广泛意义的影响力和社会美誉度，以至于成为那个时期当地人一谈到美食就绕不过去的标志性食品，甚至其美名远播四方。因为这种鲊的地方特色浓厚且影响力极大，所以从《食经》到《齐民要术》都以长沙的地方名称命名。以地名命名的菜肴，在《齐民要术》中仅此一例，堪称奇迹。《齐民要术》还有一例是联合地名人名命名的菜肴，叫作“乐安令徐肃藏瓜法”，[2]533也是绝无仅有的案例。乐安应该是今天的山东省广饶县，这一条也是作者转载自《食经》一书的。但以笔者的理解，“乐安令徐肃藏瓜法”应该属于一款私家菜，用今天的话说就是“私房菜”，也算是制作秘籍之类的。但私房菜的传播范围仅限于与之有关的朋友圈或者是有局限的范围内，其影响的程度是无法与“长沙蒲鲊”相提并论的。在我国的魏晋南北朝之时，大地主庄园式的生产、生活方式大行其道，在庄园生活背景下产生的私家菜，是很正常的现象，但其影响范围无疑是有限的。但“长沙蒲鲊”则不同，它是一款在以长沙为中心的广泛地域内广为流行的菜肴食品，显而易见其影响力和影响范围不是一个私房菜所能够比拟的。

当然，以上几点都属于笔者的臆断，未必与历史事实相符合。不过，根据事物发展的一般能规律而言，“长沙蒲鲊”不仅在那个时代具有一定的辐射影响力，而且一直影响到湘人的口味嗜好与湘菜的口味形成。

3《齐民要术》“长沙蒲鲊”对后世湘菜发展的影响

现在我们来探究一下，“长沙蒲鲊”究竟是一种什么样的食物，能够产生如此大的影响力。

3.1 “长沙蒲鲊”在湘菜烹饪中的技艺传承

“长沙蒲鲊”严格意义上是一种鱼鲊。所谓的“鱼鲊”就是使用鲜鱼为原料加工制作的“鲊”。如果按照古人对“鲊”的界定，实际上是一种或几种由动物食材掺和米饭、糁浆、盐进行腌制发酵而形成的，集酸、香、咸、鲜于一体的食品，我们如今称为菜肴。古籍中有时为了区别不同食材制作的“鲊”，就有了“鱼鲊”“肉鲊”“蒲鲊”等的区别。

在魏晋南北朝及其以前，“鲊”应该是一种经过发酵过程的腌鱼或腌肉。《齐民要术》中不仅记载了几种鱼鲊，而且还有“猪肉鲊”的制作记录。但汉人刘熙《释名・释饮食》中说：“鲊，菹也，以盐米酿鱼以为菹，熟而食之也。”[3]210说得很清楚，是用鱼、盐和米（或米饭）酿制发酵的食品。按照刘熙的解释，“鲊”是专指“鱼鲊”，这有可能是汉代及其以前的情况。因为《齐民要术》及其以后，“鲊”的含义委实宽泛得多，在此不作深究。

当年的“长沙蒲鲊”之所以有很大的影响，笔者认为首先是因为“长沙蒲鲊”味道好。只有好吃的东西，传播久了，吃的人多了，自然就有了名气。而“长沙蒲鲊”之所以好吃，可以说是得湖湘地区的天时、地利与人和而成。首先，我国的长江中游，一年四季几乎都处于高温之下，即便是冬季也是比较温和的，适宜酵母菌一类益生菌的生长繁殖。其次，湖湘地区自古以来盛产各种淡水鱼和稻米，米和鱼搭配制作食品，既是湖湘人的聪明才智，也是自然而然的事情，由于资源丰富，适宜大量制作。三是湖湘地区人们的聪慧发现了发酵食品的美味与发酵食品可以使鱼肉等动物食品较长时间储存的特点。所以，把鱼、肉制作为“鲊”，也是一种储藏方法。我国年代较早的字书《玉篇》有“鲊，藏鱼也”的解说。如果发酵时间达到一定的时长，就成为了类似后世的“酸鱼”或“酸肉”，是可以直接食用的，当然经过熟制后风味更好。其实，或许因为以上的的原因，湖湘地区加工“鲊”的历史非常久远。长沙马王堆一号墓出土的汉代竹简有“鱼酯一瓷”的记录，有学者认为汉简中的“鱼酯”就 是“鱼鲊”。同样，在屈原的《楚辞》中，也有大量各色鱼肴的记录和描述。

3.2 “长沙蒲鲊”口味对后世湘菜的影响

经过发酵制作的“鲊”，是一种富有浓郁酸味的食品，且这种酸味是一种天然发酵的酸。而且这种发酵，是运用动物与植物配合的联动发酵，富有特色。也许正因为如此，“长沙蒲鲊”的技艺在延续了一千多年后的今天，还在湖南常德地区的民间继续被传承着。在现今的常德民间，有一种用鱼和米粉浆发酵制作而成的被人们称为“鲊”的菜肴，其制作工艺和食材搭配与《齐民要术》所记载的“长沙蒲鲊”一脉相承。由此看来，这种运用米饭汤汁（即糁）与鱼肉融合发酵的酸味菜肴，不仅被传承至今，而且对湘菜后来形成的“酸辣”味型以及湘地人所具有的酸辣口味嗜好有着一定的渊源关系。因此我们说，今天湖湘地区或者说湘菜重视酸辣的味型与湘人喜欢酸辣的味道，是深受历史上“长沙蒲鲊”类似菜肴的制作与流传的浸润和影响的，尽管一个地区群体口味的形成可能有着多种因素。现今湖南常德地区“鲊”的制作和湘西土家族运用淘米水发酵成为酸浆用来制作酸鱼、酸肉等菜肴，就是鱼鲊酸味的某种传承和沿袭。而湘菜中诸如“酸菜鱼”一类的菜肴制作，恐怕无不与“长沙蒲鲊”的食物发酵制作技艺与口味特色有着某种密切的传承关系。

4 结语：古代湖湘饮食成果之辉煌

湖湘饮食文化源于荆楚饮食文化，有着悠久的历史积淀和深厚的文化蕴含，积累发展成为我国著名的八大菜系之一的湘菜，也是情理之中的事情。尤其难能可贵的是，在久远的历史积淀中，能够保留至今有关饮食文化丰富的文字资料和出土实物，又是其他饮食文化体系所难以比拟的。本文通过对《齐民要术》有限的古代湖湘饮食成果记载的分析，已经可以展示魏晋南北朝以来湖湘饮食文化的繁荣发达和高超的水准。虽然仅仅是一款菜肴的烹饪技艺，但对古代湖湘饮食文化成果的展示足可以达到窥一斑而见全豹的效果。正如宋代大文学家王安石诗所云：“自古楚有才，酃醁多美酒。”当一种地方美酒成为一种精神寄托与文化象征（美酒的代名词）的时候，人们没有理由不为之赞叹。当然王安石的诗也可以演绎为“自古楚有才，湖湘多佳肴。”当一种地方菜肴能够在某种地域范围内产生如此影响的时候，古今人没有理由不为之骄傲。在此需要说明的是，如本文无意于对古代湖湘饮食文化所取得的成果进行无限的夸大和炫耀，但综观中国饮食文化发展历史，无论是其延续的时间长度，还是其传播地域的宽泛程度，以及明确地域表示的符号意义，委实没有一款菜肴如“长沙蒲鲊”那样在中国饮食文化发展史产生如此大的影响力。即便如后世“北京烤鸭”的声名远播，也不过是明清以后的事情，与拥有近两千年历史的“长沙蒲鲊”的影响时长是无法相提并论的。

参考文献

[1] 杨文骐. 中国饮食文化和食品工业发展简史[M]. 北京: 中国发展出版社, 1982.

[2] [北魏] 贾思勰著. 缪启愉校释. 齐民要术校释[M]. 北京: 农业出版社, 1982.

[3] [清] 王先谦. 释名疏证补[M]. 上海: 上海古籍出版社, 1984年.

安化四保贡茶的产地探究

谭　璐　方八另

（长沙商贸旅游职业技术学院，湖南　长沙　410000）

摘　要：安化前乡片芙蓉山脚下归化乡的大桥、仙溪、龙溪、九渡水等四保所产的茶即四保贡茶在安化茶叶企业之间和安化茶人之间说起的人比较多，他们对文献和历史的考证却比较少。我们本着梳理清楚安化四保贡茶的历史脉络为原则，寻找相关的安化四保贡茶的文献和史料，探究安化四保贡茶的历史面貌。

关键词：安化　四保贡茶　传承　发展

安化茶叶在安化建县之前就受到朝廷的关注和征集，宋神宗熙宁五年（1072年）建安化县，宋朝廷就有把茶叶纳入国家军事物资的行动，开始了常规的茶马互市和成立茶马司。

明太祖朱元璋诏令地方罢造团茶，命其采制芽茶上贡，湖南逐渐改制烘青茶[1]。明末史学家谈迁的《枣林杂俎中集·荣植·茶》有具体的记载："国家岁贡，岳州府湘阴县茶六十斤。宝庆府邵阳县茶二十斤。武冈州茶二十四斤。新化县茶十八斤。长沙府安化县芽茶二十二斤。宁乡县茶二十斤。益阳县茶二十斤。"[2]这是明代洪武二十四年（1391年）规定全国各地进贡的茶叶共4022斤，其中列出地名的有3463斤，其中湖南的贡茶是184斤。那22斤安化贡茶，为安化县前乡片芙蓉山脚下归化乡的大桥、仙溪、龙溪、九渡水等四保所产，后来史称四保贡茶，一直沿用至今。

一、四保贡茶的产地探究

安化四保贡茶众说纷纭，具体的产地大家都很难说清楚，特别是历朝历代安化县的区划变更频繁，在寻找产地之前，先对安化县的历代区划进行一个梳理。

1. 安化县历代区划

宋代熙宁五年（1072年），安化置县，全县分四乡五都，四乡为归化、常丰、丰乐、常安等。归化乡辖现在仙溪、大福、高明一带，常丰乡辖现在梅城、乐安、田心、清塘、栗林一带；丰乐乡辖现在涟源七星街、桥头河、栗山桥一带；常安乡辖现在涟源蓝田一带。五都为十一、十二、十三、十四、十五都，后改一、二、三、四、五都。一都辖现在江南、陈王、小淹、龙塘、冷市一带，二都辖现在羊角塘

作者简介：

谭璐（1983—　），女，湖南常德人，长沙商贸旅游职业技术学院湘菜研究所研究员，副教授，从事烹饪理论、饮食文化教学研究。

方八另（1979—　），男，湖南新化人，中国作家协会会员、中国科普作家协会会员、湖南省作家协会会员，中国食文化研究会民族食文化委员会理事，湖南商业技师学院特聘湘菜文化研究员。

金鸡一带；三都辖现在东坪、木子、杨林一带，四都辖现在马路、奎溪、苍场一带，五都辖现在烟溪、坪口、古楼、南金、渠江一带。

元代，安化县把四乡五都编为十九里，进行了一种新的分法。

明代，安化县辖有十一个乡，也编为十九里，后来合并，为九里。

清代，安化的区划反复改动。顺治年间，安化县编为九里，承明朝旧制。康熙三十五年（1696年），增设一坊，为九里一坊。咸丰年间，复改为九里。同治年间，恢复四乡五都，其中常丰、常安、归化、丰乐等四乡及一都、五都各辖十保，二都辖五保，三都辖八区，四都辖五区。

民国时期，安化县区划变更频繁。民国元年，沿清朝旧制，安化县为四乡五都。民国十一年（1922年），将四乡五都改称镇，加县治梅城，共十个镇，即城区、常丰、归化、丰乐、常安、一都、二都、三都、四都、五都等，各镇设若干区、团。城区镇镇治在梅城，辖十一个团；常丰镇镇治在梅城，辖八个区；归化镇镇治在梅城，辖十四个区；常安镇镇治在蓝田，辖十个区；丰乐镇镇治在桥头河，辖十三个区；一都镇镇治在小淹，辖十三个区；二都镇镇治在大岩塘，辖六个区；三都镇镇治在东坪，辖八个区；四都镇镇治在马辔市，辖四个区；五都镇镇治在神湾，辖十一个区。民国二十一年（1932年）镇改称区，原镇下的区改称乡，区乡均以数字序列命名，分十个区九十三个乡。民国二十四年（1935年）设九个区，四十五个乡，六百一十五个保，保下设甲，一区辖梅城、清塘一带，二区辖大福、仙溪一带。民国二十六年十二月（1937年12月），以数字序列命名的乡改地名，全县分九个区、四十三个乡、两个镇，二区辖仙溪、山口、箈箬、大福、东山五乡。民国二十七年（1938年），安化县撤区并乡，将四十五个乡镇并为二十六个乡镇，下辖三百三十五保。民国三十六年（1947年），再次并乡并保，安化县合并为十乡一镇，下辖一百四十九保，有常丰、仙长、大东、丰乐、四维、一都、二都、三都、四都、五都等乡及蓝田镇。

新中国成立后，安化县区划变化次数甚多。1949年初，安化县共十一个乡一个镇、一百四十八保。仙长乡辖十二保，乡公所设仙溪。1949年9月，安化县分八个区，即一区梅城、二区大福、三区桥头河、四区蓝田、五区小淹、六区东坪、七区马辔市、八区烟溪。1950年4月，安化县废除保甲制度，建立乡、村政权，共九个区，二百七十一个乡、六个镇，民间对古地名的称呼还是沿用保，大桥、仙溪、龙溪、九渡水等地方的行政区划还是称保，在茶叶产业方面总称四保。

1951年7月，安化县辖六个区、一百八十三个乡、镇。二区大福坪辖大福、圳上、大桥、清澄、仙溪、九龙、泉塘、芙蓉、九渡、山口、大溪、通溪、杨柳、沿岩、柏杨、长塘、丫山、兰石、箈箬、大荣、浮园、九歧、金鸡、孟家、石门、柘木、木孔、大尧、新桥、印石、西村、官仑、磨刀、东山、石膏、司徒、高明、驿头、田庄等三十九个乡。1952年6月，将六个老区划为十五个新区，一百八十三个乡镇划为三百七十七个乡镇。第七区人民政府设仙溪，辖仙丰、九龙、九丰、仙溪、圳上、云雾、杨柳、龙溪、泉塘、南溪、赶进、田溪、山口、罗溪、长冲、通溪、大溪、大段、沿岩、雷公、山漳、茅岗、伏溪、清澄、童家、九渡、九如等二十七个乡。1953年4月，安化县将原有三百七十七个乡镇划为十五个区二百一十九乡、一个区级镇，八个区辖镇。第七区辖十五个乡，即仙溪、茅岗、圳上、杨柳、雷公、通溪、山漳、兰溪、清澄、九龙、九渡、泉塘、云雾、山口、大溪乡。[3]

2. 历代保甲制度

古代的保甲制度是以户（家庭）为社会组织的基本单位。

汉代以五家为伍，十家为什，百家为里。

唐代以四家为邻，五邻为保，百户为里。

北宋王安石以十户为一保，五保为一大保，十大保为一都保。

元代以二十户为一甲，设甲生。

清代形成十进位的牌甲制，以十户为一牌，十牌为一甲，十甲为一保。

民国时期，才有广为流传的保甲制。甲以十户为原则，不得少于六户，多于十五户；保以十甲为原则，不得少于六甲，多于十五甲；乡（镇）以十保为原则，不得少于六保，多于十五保。

民国时期的这种保甲制度一直在那些上了年纪的人中间形成记忆，他们在传递给子女的地理知识的时候，就常用民国时期的区划和地名来叙说，在现在的人群中还有很大的影响。

3. 安化四保贡茶的具体地址

在清楚安化县的区划变更和保甲制度的前提下，我们再来确定安化四保贡茶的具体生产地址，那也就显得容易得多。从现存的实物文献来看，有关安化四保贡茶的纸质文献有两种，一种是清代同治十一年（1872年）刊刻的《保贡卷宗》，一种是光绪十二年（1886年）手写的《大桥保贡茶册》。前者多为公文、布告等文献资料，或者记录保、甲与茶人姓名和缴纳茶叶数量、种类及采摘时间。以甲为单元的有山彰江、青麻山、童家坪、窑头、河柏佛、河山桥、佛堂山、柏树坪、大桥等七甲，这就是大桥保产贡茶的具体的几个甲。以保为单元的有大桥保、仙溪上保，其中的仙溪上保是仙溪保分的小保，也就是仙溪在超过了十五甲之后，就分为仙溪上保、仙溪下保等。

民国二十九年（1940年），彭先泽在《安化黑茶》载："茶叶生产最多之地，则为第五、二、七、八区之各乡，第二区仙溪乡之芙蓉山，虽以往昔政府采用贡茶得名，然品质之优，产量之富，尚不足以代表安化茶叶也。"[4]而在《安化黑茶》第二章茶叶产地的具体地名中，可以找到九渡水、大桥市、仙溪等地名，只有龙溪不作为一个独立的地名出现。[5]从彭先泽的叙说可以确定，四保贡茶集中在"第二区仙溪乡之芙蓉山"，即以前的归化乡。

有关仙溪、芙蓉山，清代的安化县志就有记载。嘉庆十六年（1811年）《安化县志》载："山川云：归化乡仙溪在县北三十里，源出县治西山谷，细流会集，可行小船出入，溪昔王南美隐居于此，成仙故名。"[6]这是对仙溪这条河流的具体记载，它的地理方位、河流长度、典故等都很清晰。嘉庆十六年（1811年）《安化县志》又载："归化乡芙蓉山在县东六十里，高十五里，东西十五里，南北三十里，与大沩山相接，上有寺，山状若芙蓉故名。土人望云雾以占晴雨，此即芙领朝云也。宋张南轩诗曰：'上头壁立起千寻，下到（列）群峰次第深。兀兀蓝舆自吟咏，白云流水此时心。'邑人李盛诗曰：'遥望芙蓉入画图，巍然东壁赖支吾。几回欲识晴和雨，但看山头雾有无。'上有南轩亭，系宋张南轩游其地创建。僧定洌诗曰：'大宋文章未丧君，湘湖萍浪日昕昕。蓝舆到处成踪迹，一箇闲亭在白云。'"[7]这对芙蓉山进行具体的描述，地理位置、山的大小、高度、形状、山上的事物都有详细的记载，特别是张栻、李盛、定洌等人的诗词记录，让后人知道芙蓉山这座山自古就受人朝拜，人文历史深厚。

根据安化县区划变化，于1950年4月废除保甲制度建立乡、村政权，那当时候的保相当于乡、甲相当于村，安化四保贡茶的产地就是芙蓉山脚下的四个小乡，比四个自然村落又要大。据2016年修订版的

《仙溪镇志》考证：大桥保包括现在的大桥新村、山漳村、圳上村等村域；仙溪保包括现在仙峰村、河东村、仙中社区村、仙溪社区村等村域；龙溪保包括现在九龙社区村、三星村、泉江村、富兴村、龙丰村、芙蓉村等村域；九渡水保包括现在三丰村、九渡水村、岐山村等村域。[8]安化四保贡茶的产区就在现在仙溪镇范围内，属于仙溪镇的一部分。

二、四保贡茶的运输

安化地处梅山腹地，古代与外界沟通是资江，自宋代建立安化县后，朝廷为了方便管理梅山地区，特别修建了宝安益大道，中心点在安化蓝田，延伸到安化梅城、新化石槽、邵阳、益阳，为传递政令和运输物资提供了陆上通道，也为进贡方物提供了陆路保障。

安化四保贡茶的运输很少有文献记载，嘉庆十六年（1811年）《安化县志》载："物产云，至于茶芽为湖南上品，甲于他邑，多产于北路及西北路，之外东南二路，则不产焉。额有贡茶，往例进京奉斋名色，皆当年里递出办。道里殷遥，虽所费浩繁，犹以迟误为虑。自康熙三十三年（1694年）奉上司差官汇解，小民既已省虑，而方物亦得以及时入贡，民甚便之。又向来有巡抚南贡、总督北贡，嘉庆六年（1801年）督宪吴免以后，县宪不办不解。"[9]贡茶的运输成为当时候最头疼的事情，特别是由茶农运输的时代，从康熙三十三年（1694年）开始，就有专门的官吏押运，减轻了茶农的负担。特别是嘉庆六年（1801年），吴总督免除了安化县的北贡。同治十年（1871年）《安化县志》载："时事纪云：（康熙）三十三年甲戌，定采买芽茶，巡抚委员寻解。赵志安化额有芽茶二十二斤，往例凡进京奉斋名色，皆当年里选出，办道里殷遥所费，不赀犹以迟误，为虑今奉上司差官寻解，小民既已免虑。方物亦得及时，人贡民甚便之。"[10]再一次补充说明了安化贡茶的运输困难和得到减压、免除的情况。

直到民国之后，才有具体的文献来记载安化四保贡茶的具体运输情况。彭先泽《安化黑茶》载："逮清乾隆时，湘抚陈文恭公，又奏准章程备案，旋令安化岁输贡茶，由转饬归化乡保甲……缴县解省，此贡献方物之意也，安化县知事，每年于谷雨节后，例须亲往沿资江一带，弹压茶市，行户及各茶号，各送程仪，曰'规费'，每岁知钱数千缗乃至万缗，县知事视为当然利得。"[11]只说明先由归化乡运到县城，再运到省城。

安化四保贡茶的运输情况研究得最具体的是孙国基的《中国黑茶之乡》。云"为了加强对贡茶山的管理，更为了新采集制作的'安化芽尖'能快速运到京城，明朝政府还把唐朝、宋朝修的益阳县城至安化县城梅城的官道——宝安益大道，进行了改造加宽。官道穿越现桃江县浮邱山的穿天坳，将那儿原来的私人客栈，改成了官方驿站，养了传递官方文件和跑运贡茶的马匹。桃花驿，明代始建，清康熙二十三年（1684年）由知县江闿重建，在今桃江县城关。明制岁编马80匹，清初定马63匹，册设长养排夫100名。安化至益阳和长沙的茶马古道，借贡茶的大势，兴盛了300年。因为来往的人多，穿天坳驿站还有很气派的茶亭，有人为茶亭题写对联：'穿破名利关头，想只因身家富贵，过此尽属康庄道；坳上清闲地位，看不了江山风月，少坐都为畅快人'。"[12]其实，这是讲四保贡茶在运出安化县之后怎么走，针对安化县境内的运输，修订版的《仙溪镇志》有些研究，安化县进贡的贡茶从安化县城梅城起运，必经安宁古道，经"古瑶民桥"后进入宁乡县境到达长沙郡府，再押送进京。[13]

三、四保贡茶的延续

安化归化乡即现在的仙溪镇区域是安化前乡茶叶生产、加工、储运的中心。解放前仙溪街上光经营茶叶加工储运的就有浀源长、谭孝德、太昌和、太和源（李悠久）、怡和丰（刘佑华）、谭曙记（谭曙初）、谭友记（谭友初）等七家大商号，[14]小商号无计其数。

1. 安化四保贡茶的种主及延续

记载安化四保贡茶的历史文献极少，只有光绪十二年（1886年）二月采办《大桥保贡茶册》有具体种植贡茶园、采摘贡茶、制作贡茶的名单。其中的向氏是一直还在种植、采摘、制作贡茶的茶人，其他姓氏的传承极少，可以说几乎消亡。在《大桥保贡茶册》赫然记载着十多位贡茶人，他们是向重山、向生云、向宣声、向生裕、向生鸿、向生柔、向逢春、向道虎、向道德、向名（各）重、向治典、向治谟、向道远等。[15]

就此，找到了安化1994年八修《向氏族谱》，《向氏源委记略》载："十一世宗宪公，宗宪乃我的祖也。榜名显，字辅卿，号勉齐，以明洪武十八年累官授南京工部虞衡清吏司，至永乐时，因廷议直对，乃左迁于湖南长沙府安化县尉，以丙戌四年七月始下车，在县捐馆，葬席于城东之东华山，所生三子，文质、文彬、文贵，质彬二公住新化，小地名大坡塘。贵公字永富，号履安，以父冢在安邑不忍远离，遂卜居城北小石桥，由廪庠例贡，在京候送，因疾告终，生四子，潮、滨、淳、濂，厥后，潮公徙居北路仙溪，即今之龙溪保向家垴是也。滨公亦徙居北路大桥保雷公山。淳公则徙居南路苏溪。惟濂公远徙，至今失考，姑不及载然。自潮、滨、淳三公迁徙之后，子孙又星散不一。如滨公之后有迁居泉塘老龙溪即益阳者，滨公之后有徙居梁乙溪青麻山山彰江、湘思与萧家街者。"[16]文贵次子滨房班次："文景崇华守，智祖大日国，安凝忠生治。"[17]民国十九年统一班次："道兴垂庆远，相传统绪长，贻谋为可继，典籍正刚常。"[18]

在按着《大桥保贡茶册》的向氏人名，查找八修《向氏族谱》，有"向生鸿，第二十五代，忠质次子，忠质为凝礼次子。向生刚，字逢春，第二十五代，忠杰长子。向生柔，字美堂，第二十五代，忠杰次子。向生裕，字于后，第二十五代，忠杰三子。向治典，第二十六代，生芝次子，生芝为忠贤第三子，忠贤为凝礼长子，凝礼为安廉长子。向治谟，第二十六代，生芝三子。向道远，第二十七代，治奉三子。向生震，字宣声，第二十五代，忠义长子，向生云，字凤朝，第二十五代，忠义三子；忠义为凝灵长子，凝灵为安廊长子，安廊为国干次子。向道虎，字龙麟，第二十七代，治贵三子，治贵字含九，为生远三子，生远字世孚，为忠良次子，忠良字赛飏，凝峨独子，凝峨字我山，安仁长子，安仁字灵虚，国朝长子，国朝字观天，日朗长子。"[19]还有向重山、向道德、向名（各）重在族谱上没有记载，主要有五种情况：长子取名不加辈分字，或取下一辈的字；所查阅的是八修族谱，六修、七修族谱末见；八修族谱里有些人只有辈分名，谱上没有字、号；还有些人没有后裔，他们的名号都记载不详；还有后裔迁徙离开安化，无从查考。

再根据世代传递，宗宪公文贵房景滨序表，第十二代，文质、文彬、文贵。第十三代，文贵子嗣有景潮、景滨、景淳、景濂，景滨字南溪，号彩廷。第十四代，景滨子嗣崇铭、崇达、崇德，崇铭字又新，号俗奇。第十五代，崇铭子嗣华公，字龙光，号斗墟。第十六代，华公子嗣守凤、守爵、守雍、守法，守雍字容和。第十七代，守雍子嗣聪、元、青，聪字明宇。第十八代，聪子嗣祖华、祖寿、祖智，祖华字思梧。第十九代，祖华子嗣大忠、大会、大喜、大思，大会字信凡。第二十代，大会子嗣日朗、日午、日定，日朗字子明。第二十一代，日朗子嗣国朝、国干，国干字能臣。第二十二代，国干子嗣安廉、安廊、安庠、安康，安廉字清雅。第二十三代，安廉子嗣凝礼、凝乐，凝乐字韶舞。第二十四代，凝乐子嗣忠烈、忠杰，忠杰字仕俊。第二十五代，忠杰子嗣生刚、生柔、生裕，生刚字逢春。第二十六代，生刚子嗣治定，字平章。第二十七代，治定子嗣道前、道秋，道秋字中元。第二十八代，道秋子嗣兴十，字育之。第二十九代，兴十子嗣垂弟，字介夫。第三十代，垂弟子嗣庆廷、庆孝、庆刚、庆强，庆廷字远幸。第三十代，庆廷子嗣远游，字凤龙。[20]

2. 安化芙蓉山茶区的变化及延续

自民国元年取消安化四保贡茶之后，种植贡茶的茶农开始没落，种植、采摘、制作、工艺都有所变化，特别是多向黑茶制作倾斜。民国二十三年（1934年），据湖南省茶事试验场调查，前乡产茶主要集中在归化区的芙蓉山、仙溪、泉塘、龙溪。[21]新中国成立初期，划定芙蓉山为红茶、黑茶、绿茶的兼产区，包括梅城、仙溪、大福、清塘四个区的洢泉、东华、田心、思游、乐安、浮青、仙溪、九龙、长塘、大荣、木孔、新桥、东山、高明、清塘、大平等十八个乡和芙蓉山、廖家坪林场，共三百九十一个村。为历史“四保贡茶”产地，芙蓉青茶享有盛名。过去茶园比较少，多为新中国成立后新发展起来的新式茶园，茶园比较集中，单产高于全县水平。[22]

1980年，安化黑茶供过于求，开始转型做红碎茶、乌龙茶、绿茶，县茶叶公司在梅城、大福两个区的乐安、浮青、长塘、大荣、新桥及城关等社镇改制绿茶，恢复春制绿茶，兴建厂房、配备机具、培训技术，全县共有七个绿茶厂，安化绿茶生产出现上升趋势，绿茶的品质好，颇受国营制茶厂和消费者的好评。[23]

2008年，安化县委、县政府实施“3+2”产业兴县战略，茶叶产业重振雄风。仙溪镇境茶叶产业趁势而上，山漳村村民向远幸是仙溪茶叶产业的第一个执意坚守者：自2000年起承包原山漳村几近荒废的200亩茶园和原仙溪镇红旗茶场山漳分场100余亩茶园，投入大量的人力、物力、财力进行全面复苏，并引进成套茶产业加工设备，兴办了仙溪镇首家茶产业企业。[24]2009年，向远幸把在沿海工作的儿子向凤龙召集回来，父子俩一起传承和制作贡茶。他们以种植贡茶园为基地，恢复贡茶制作工艺，生产了贡茶类保贡松针、保贡芙红、保贡仙茶等绿茶、红茶共十四个品种。

参考文献

[1] 朱先明主编. 湖南茶叶大观・湖南茶业历史编年纪要[M]. 长沙: 湖南科学技术出版社, 2000.

[2] 谈迁. 枣林杂俎[M]. 北京: 中华书局, 2006.

[3] 黄伟庐. 安化县乡镇行政区划变化史料, 青树美嘉新浪博客, 2010-05-27.

[4] [5] 彭先泽. 安化黑茶[M]. 益阳市黑茶收藏协会翻印, 2012.

[6] [7] 牛中瀚, 陶澍. 安化县志[M]. 北京: 社会科学文献出版社, 1993.

[8] 仙溪镇. 仙溪镇志. 修订版[M]. 2016.

[9] 牛中瀚, 陶澍. 安化县志[M]. 北京: 社会科学文献出版社, 1993.

[10] 邱育泉, 何才焕. 安化县志[M]. 北京: 社会科学文献出版社, 1993.
[11] 彭先泽. 安化黑茶[M]. 益阳市黑茶收藏协会翻印, 2012.
[12] 孙国基编著. 中国黑茶之乡[M], 长沙: 岳麓书社, 2008.
[13] [14] 仙溪镇.仙溪镇志. 修订版[M]. 2016.
[15] 贺道渚. 大桥保贡茶册[M], 手抄本, 清代光绪十二年.
[16] [17] [18] [19] [20] 八修《向氏族谱》[M]. 1994.
[21] [22] 廖奇伟主编. 安化县茶叶志[M]. 安化县农业局印刷, 1990.
[23] 廖奇伟主编. 安化县茶叶志[M]. 安化县农业局, 1990.
[24] 仙溪镇. 仙溪镇志. 修订版[M]. 2016.

哈尔滨城市文化与“哈埠菜”之互动发展探析

朱桂凤[1] 郑树国[2]

（1. 黑龙江大学历史文化旅游学院，黑龙江 哈尔滨 150080；

2. 哈尔滨“老厨家”道台食府，黑龙江 哈尔滨 150080）

摘 要：地域文化与地方美食关系紧密，两者之间存在互动发展的关系，并且意义重大。哈尔滨的城市文化有着开放的、包容的、多元化的特色，这些特质促成了哈尔滨地方美食“哈埠菜”的形成，同时反过来也使得“哈埠菜”具有哈尔滨城市文化的历史痕迹。当下无论是历史寻根，文化溯源还是市场需求等方面，都需要我们在总结哈尔滨的地域文化与“哈埠菜”互动发展模式的基础上，结合哈尔滨餐饮业发展的实际情况，提出哈尔滨城市文化与“哈埠菜”互动发展的措施，服务于哈尔滨地方经济和文化的发展。2018年6月15日，哈尔滨市饭店烹饪协会授予老厨家“中国·哈埠菜研发基地”，这既是一份荣誉，更是一份责任，老厨家将会一如既往为哈尔滨饮食文化和哈埠菜的传播与推广贡献力量。

关键词：哈尔滨 城市文化 哈埠菜 老厨家

地方美食与地方文化两者之间有着不可分割的紧密联系，它们相互影响，相互发展。地方美食是在地方文化的滋养下产生并发展的，地方文化也要通过地方美食加以呈现，而且往往这种呈现的形式更为直接，更为显性。“哈埠菜”的形成与发展，有着哈尔滨城市文化的内在基因，有着多元文化带来的不同元素，在渐进的发展过程中，逐渐形成自己特有的风格，在哈尔滨餐饮市场中占有重要的一席之地。作为承载哈尔滨城市文化的显性载体，它向世人们展示着哈尔滨这座城市多彩的风貌，讲述着哈尔滨这座城市的过去，陪伴着人们与哈尔滨这座城市一起走在当下。

一、哈尔滨城市文化与“哈埠菜”

1898年中东铁路的修建，诞生了一座美丽的城市哈尔滨，它以开放、包容、多元的文化特色，成为东北亚地区的名城。哈尔滨的城市文化既有东方的血脉，又有西方的风采，这些元素使哈尔滨有别于其他城市，这些元素也成为哈尔滨每个区的特色文化资源。在市民眼中，道里的“洋气范”、道外的“市井情”、南岗的“学院气”、香坊的“工业结”等都是哈尔滨的城市特色和气质。随着城市建设步伐的

作者简介：

朱桂凤（1964— ）女，黑龙江大学历史文化旅游学院教授，硕士生导师，世界中餐业联合会饮食文化专家委员会委员，从事文化产业、文化遗产、饮食文化研究。

郑树国（1969— ）男，黑龙江省和哈尔滨市非物质文化遗产代表性传承人，世界中餐业联合会饮食文化专家委员会委员，老厨家掌门人，从事传统中餐经营及饮食文化研究。

加快，这些文化特征逐渐淡出人们的视线，同质化的趋势让一座座城区失去原有的气质和个性。所幸我们在经济快速发展的过程中，能够觉醒到留住文化根基的必要性，并通过各种方式充分展示和推广城市文化，而“哈埠菜”就是最为直观的载体。

1. 哈尔滨的主要食材资源

哈尔滨位于我国东北部地区黑龙江省南部，东北平原之上，东南临张广才岭支脉丘陵，北部为小兴安岭山区，中部有松花江通过，山势不高，河流纵横，平原辽阔。温带季风气候使其拥有着分明的四季，但高纬度的地理位置使哈尔滨冬季漫长、春夏秋短促。地处北纬44度，东经125度，东北平原之上由松花江冲击形成的哈尔滨，与其他同纬度地区相比拥有着更多种的土壤类型，黑土、草甸土、沙土等不同的土壤类型孕育着不同的生命。丰富的土壤类型、河流冲击带来的营养物，加之作为全球抬升最早的陆地而沉淀的丰厚的成土母质，都使得这片土地生长出更为繁茂丰盛的动植物。河网密布的松花江水系也使得哈尔滨的鱼类资源众多。物种繁多的生物资源为哈埠菜提供了丰富的食材资源。

2. 哈尔滨城市文化及地域资源特色

哈尔滨城市文化是中华文化和西方文化相互碰撞的结果，是传统文化和现代文化不断融合的产物。尽管哈尔滨仅有一百多年的发展历史，但由于中原文化、金元文化、京旗文化、俄侨文化和犹太文化等多种文化相互叠加、镶嵌、交汇、渗透，她从开埠通商之日起，就具有开放气度和包容襟怀。

自1898年中东铁路开建后，俄罗斯、日本、朝鲜、波兰、英国、法国、德国等20余个国家的侨民以及2万多犹太人因各种原因陆续来到哈尔滨，他们的到来很大程度上成就了哈尔滨城市文化的繁荣，在客观上促进了中外各国人民的交往和沟通，给哈尔滨留下了深刻的文化烙印，风情万种的建筑艺术、独具特色的餐饮美食、独领风骚的音乐传承……

哈尔滨在历史上是一座华洋杂居的国际化大都市，东西文化在此交融，深刻影响着哈尔滨的政治、经济、建筑、饮食等诸多方面。

3.“哈埠菜”的界定

哈尔滨自修建中东铁路开埠，至今一百余年的历史，先后容纳了俄罗斯、满、京津、鲁及本土土著等诸多民族、地方、国家的文化，由于其特殊的地理位置和独有的政治、经济、文化环境，使得哈埠菜能够博采各地的肴馔之精华，兼收各民族佳肴之风味，挖掘、继承清廷、外域菜肴之技艺，集俄、满、京、津、鲁、地方菜色为一家，因而以菜式品种繁多、风味各异、包容中西而著称。哈埠菜作为中国新型菜系之一，虽然如今名声不太响，但里面包含了许许多多的历史和文化。

二、哈尔滨城市文化与“哈埠菜”互动的意义

1. 哈尔滨城市文化推动“哈埠菜”的发展

地域文化是地方美食的根植土壤，地方美食是特定地域范围的产物。不同地区的地理环境、气候、生活方式等的差异造就了地方美食[1]。哈尔滨在自身地域环境中发展出本土食材资源，利用其独有的兼容并包的文化特色以及融汇中西的文化传统，加之市民习惯并且喜爱的中式做法、西式口味，造就了具

[1] 张雅菲、张萍、张婷：陕西省地域文化与地方美食之互动发展探讨. 城市旅游规划. 2017年4月下半月刊.

有自身特色的“哈埠菜”。可以说，是哈尔滨海纳百川的城市文化推动了“哈埠菜”的发展。

2. 哈尔滨城市文化促进美食旅游的发展及美食节的举办

美食旅游的发展及美食节的举办依赖具有地方特色的饮食文化。哈尔滨特有的中西结合的城市传统与饮食文化，使其具备了发展美食旅游及美食节的条件。其融汇四方而自成一家的饮食特色，也使得其在具有自身特色的同时适应不同地域旅游者的口味，以吸引更多人参与美食旅游及美食节之中。哈尔滨融汇中西的城市文化促进了哈尔滨美食旅游的发展及美食节的举办。

3. “哈埠菜”烙上了哈尔滨城市文化的特色

哈尔滨城市建成至今仅百余年，而正在这百余年间历史又几经变革，地域文化在更新中不断消亡。承载着哈尔滨不同时期的历史价值、文化价值的“哈埠菜”深深地烙上了哈尔滨独到的地域文化特色。随着“哈埠菜”的发展传播，人们在品尝这些具有哈尔滨特色的美食之时，同样是一次对哈尔滨饮食文化的一种感受。

4. “哈埠菜”的发展及美食节的举办，传播哈尔滨城市文化

将哈尔滨文化与美食相结合，在一定程度上就是采取了最为便捷、低成本且有效的方式来宣传哈尔滨文化特色。人们可以从不同地域的美食中感知到不同的地域文化。每年的夏季，哈尔滨都会举行不同层次的美食节以供市民及游客参观品阅，如2018年6月30日在哈尔滨举办的中国国际西餐文化节暨哈尔滨西餐美食节已经是第五届了，再如哈尔滨全球美食狂欢节、哈尔滨古风美食节等均为哈尔滨城市文化的传播及“哈埠菜”的发展提供场所。

三、哈尔滨城市文化与“哈埠菜”互动的形式

1. 哈尔滨商务局、老厨家与哈尔滨城市文化的互动

地方政府是地域文化对外宣传的有力推动者和倡导者，地方政府肩负着传播地域文化的使命，在地方政府的引领下，借助各种政府网络宣传平台，扩展地域文化。地方政府与企业之间的合作互动进一步加强企业的传播效率，提升行业参与度与竞争力。老厨家作为“哈埠菜”传承型企业，积极参与与地方政府互动活动，为哈尔滨城市文化贡献属于老厨家自身的力量。

2017年10月28日，老厨家参与由黑龙江省委宣传部、哈尔滨市委宣传部主办的2017黑龙江东北亚时尚文化博览交易会；2018年1月初，黑龙江省旅游局拍摄“黑龙江旅游宣传片”专门到老厨家取景，老厨家创制的东北名菜锅包肉作为“哈尔滨菜”的代表；2018年4月20日，老厨家参与2018东亚文化之都哈尔滨非物质文化遗产代表性项目展示展演活动，以省级非遗《老厨家·滨江官膳》传统厨艺参展。2017年和2018年，老厨家四次参加由哈尔滨市政府、哈尔滨市商务局在深圳、郑州举办的推广黑龙江优质食材的宣传活动，一直为完善和宣传“哈埠菜”做着不懈的努力。

2. 哈尔滨市饭店烹饪协会、老厨家与“哈埠菜”的互动

2014年7月初，由哈尔滨市旅游局、商务局、烹饪协会共同举办了首届“哈埠菜”评选认定展示活动。这次“哈埠菜人气榜”由网友和食客投票评选活动结果7月15日在松花江凯莱酒店揭晓，老厨家荣获“哈埠菜特色饭店”称号，锅包肉、马上封侯、天龙赐福等名菜入选“哈埠特色菜”。锅包肉作为当

下在国内最具知名度和影响力的哈埠菜荣登榜首。[1] 2016年4月26日，哈尔滨市饭店烹饪协会第一届四次常务理事会授予老厨家“2015年度厨菜餐饮人”的荣誉。2017年3月10日，黑龙江省餐饮烹饪行业协会年会授予老厨家“黑龙江省餐饮业最具影响力企业”“诚信经营店”“最具影响力企业家”“最具影响力厨师长”“最具影响力名厨”“最具影响力职业经理人”等六项荣誉。2018年6月15日，老厨家被哈尔滨市饭店烹饪协会选为“中国·哈埠菜研发基地”。

这是哈尔滨市政府和哈尔滨饭店协会对老厨家的认可，也是老厨家为哈尔滨饮食文化和哈埠菜传播做出的贡献。“哈埠菜”背后所展示的哈尔滨地域饮食文化，正在为全社会所认可和接受，不断出现在政府部门、地方协会的网站、微信公众平台中，可见其作为展示哈尔滨城市文化的新型旅游产业地位日渐抬升。

四、哈尔滨城市文化与“哈埠菜”互动的措施

哈尔滨特有的地域文化，形成了具有哈尔滨自身特色的“哈埠菜”，为进一步加强哈尔滨城市文化与地方美食之间建立更好的发展模式，需要找准二者之间的契合点，使之能够互动式发展。根据哈尔滨城市文化与地方美食互动模式，结合自身的实际情况，提出以下互动措施。

1. 以“锅包肉”为亮点，展示“哈埠菜”

哈尔滨地处温带季风气候的东北平原地区，原本食材与周边并无太大差异，也造成了同质化的现象。但由于其自身地域文化特殊，应结合其特有的文化内涵，发扬更具特色的“哈埠菜”。

“锅包肉”是哈尔滨的代表菜，它与哈尔滨这座城市一起走过百年的兴衰，拥有这座城市所具有的“中西文化交融”的人文环境的因素。“锅包肉”的传承蕴含着以哈尔滨为中心的东北地区百年以来的食文化的发展脉络，承载着东北地域食文化的历史价值、文化价值和学术价值，亦承载着饮食类非物质文化遗产传承和发展的使命。作为外地游客品尝哈尔滨风味、他乡游子在外一解乡愁的特殊象征物，“锅包肉”当之无愧为“哈埠菜”推广至全国的“领军人物”。以“锅包肉”为亮点展示“哈埠菜”，不仅可以推动“哈埠菜”在国内已有菜系中地位的提升，同时用其本就源于西式口味的特色打造与国际接轨的桥梁。

2. 办好“哈尔滨美食节”

全国范围内一年中举办大大小小的美食节数不胜数，美食节不但能增添市民生活乐趣，更是向游客展示自身城市文化与城市特色的良好契机。举办好能够体现哈尔滨地域特色的美食节不但能够振兴“哈埠菜”，同时促进哈尔滨餐饮文化的发展繁荣。

哈尔滨现有美食节众多，如哈埠菜美食节、古风美食节等，其中连续举办五届最具自身特色且声名远播的“哈尔滨国际西餐美食文化节”是哈尔滨美食节中的佼佼者。其发展的重大作用为发挥“中国西餐之都”城市品牌、保护传承哈尔滨西餐饮食文化、全力打造西餐城市品牌、促进西餐产业发展，从而进一步提升哈尔滨城市知名度和影响力、打造城市名片、促进地方经济发展。

在发扬西餐文化的同时，亦要举办好其他形式各异的哈尔滨的美食节，以形成美食旅游的重要板

[1] 生活报．2014年7月15日．

块，做到“遍地开花”，来吸引更多游客前往。

3. 举办“哈埠菜”文化论坛

以“哈埠菜”研究为主题，由行业协会组织，借助政府的力量组织的“哈埠菜”文化论坛；市内很多高校目前都有饮食文化方面的课程，可以在高校设立专门的“哈埠菜”文化研究机构，定期举办各种论坛，邀请兄弟高校或者行业、企业专门人员参加。

4. 加大宣传力度

哈尔滨作为近百年来最为开放包容的城市，容纳了大量俄罗斯、波兰、犹太、格鲁吉亚、日本等移民的涌入，多元的、包容的、开放的，既有中华的血脉，又有西方的风采的城市人文环境在哈尔滨形成。旅游企业做宣传时，可以把“哈埠菜”与参观的文化景区联合起来，共同宣传，吸引更多的人前来品尝参观；可以在全省或者全国范围内，推出寻找“哈埠菜”美食背后的文化，深度挖掘还没被人们发现的饮食文化内容；可以利用这两年较流行的微信工具，建立“哈埠菜”公众号，或者与旅游景区合作，利用景区的微信平台，大力宣传介绍“哈埠菜”及其背后的饮食文化。在地方政府的带领下，多参加国家级的美食节及美食文化论坛，使“哈埠菜”走出哈尔滨，成为中华饮食文化不可或缺的一部分。

综上所述，当下无论是历史寻根，文化溯源还是市场需求等方面，都需要我们在总结哈尔滨的地域文化与“哈埠菜”互动发展模式的基础上，结合哈尔滨餐饮业发展的实际情况，提出哈尔滨城市文化与“哈埠菜”互动发展的措施，服务于哈尔滨地方经济和文化的发展。

腊八饮食

罗　涛

（广东创新科技职业学院，广东　东莞　523960）

摘　要：岁时节令，是指岁时、岁事、时节、时令等事，是人们在社会生活中约定俗成的一种集体性习俗活动。各种岁时风俗活动的产生，显示了我们祖先对自然运动规律的认识与把握，探究其根源，即是人们祈望五谷丰登、人畜两旺、岁岁平安。中国的节日多数都体现有季候特点，同四季变换紧密相关。如立春、立夏、夏至、冬至，清明、中秋、伏日、腊日，便都是以季候设节。与各种节日相关的有丰富多彩的饮食活动。大约从汉代开始，中国就形成了比较完备的节日体系。汉末以后已出现一些记叙节令和节令食品的著作。这里就浅谈一下中国岁时节令腊八节饮食习俗。

关键词：腊八节　饮食　文化

引言

腊八节，俗称“腊八”，是指农历腊月（十二月）初八这一天。腊八节是用来祭祀祖先和神灵，祈求丰收和吉祥的节日，因相传这一天是佛教创始人释迦牟尼在佛陀耶菩提下成道并创立佛教的日子即农历十二月初八，故又被称为“佛成道节”。在中国，有腊八节喝腊八粥、泡腊八蒜的习俗。河南等地，腊八粥又称“大家饭”，是纪念民族英雄岳飞的一种节日食俗。

一、腊八节的文化

每个传统节日都有其内涵、都有其由来、都有其故事，《说文》记载：“冬至后三戊日腊祭百神。”可见，冬至后第三个戊日曾是腊日。从先秦起，腊八节都是用来祭祀祖先和神灵，祈求丰收和吉祥。腊八节除祭祖敬神的活动外，人们还要逐疫。这项活动来源于古代的傩（古代驱鬼避疫的仪式）。史前时代的医疗方法之一即驱鬼治疾。作为巫术活动的腊月击鼓驱疫之俗，今在湖南新化等地区仍有留存。何故岁终之月称“腊”的含义有三：一曰“腊者，接也”，寓有新旧交替的意思（《隋书·礼仪腊八粥志》记载）；二曰“腊者同猎”，指田猎获取禽兽好祭祖祭神，“腊”从“肉”旁，就是用肉“冬祭”；三曰“腊者，逐疫迎春”，腊八节又谓之“佛成道节”，亦名“成道会”，实际上可以说是十二月初八为腊日之由来。

传说一：腊八朱元璋节是农历腊月（十二月）初八，起源于元末明初，据说当年朱元璋落难在监牢里受苦时，当时正值寒天，又冷又饿的朱元璋竟然从监牢的老鼠洞刨找出一些红豆、大米、红枣等七八种五谷杂粮。朱元璋便把这些东西熬成了粥，因那天正是腊月初八，朱元璋便美其名曰这锅杂粮粥为腊

作者简介：

罗涛（1991—　），男，教师，广东创新科技职业学院烹饪教师。主要从事烹饪餐饮教学、食文化研究推广工作。

八粥。后来朱元璋平定天下，坐北朝南做了皇帝，为了纪念在监牢中那个特殊的日子，他于是把这一天定为腊八节，把自己那天吃的杂粮粥正式命名为腊八粥。

传说二：腊八节来自“赤豆打鬼”的风俗。传说上古五帝之一的颛顼氏，三个儿子死后变成恶鬼，专门出来惊吓孩子。古代人们普遍相信迷信，害怕鬼神，认为大人小孩中风得病、身体不好都是由于疫鬼作祟。这些恶鬼天不怕地不怕，单怕赤（红）豆，故有“赤豆打鬼”的说法。所以，在腊月初八这一天以红小豆、赤小豆熬粥，以祛疫迎祥。

传说三：腊八节出于人们对忠臣岳飞的怀念。当年，岳飞率部抗金于朱仙镇，正值数九严冬，岳家军衣食不济、挨饿受冻，众百姓相继送粥，岳家军饱餐了一顿百姓送的“千家粥”，结果大胜而归。这天正是十二月初八。岳飞死后，人们为了纪念他，每到腊月初八，便以杂粮豆果煮粥，终于成俗。

传说四：秦始皇修建长城，天下民工奉命而来，长年不能回家，吃粮靠家里人送。有些民工，家隔千山万水，粮食送不到，致使不少民工饿死于长城工地。有一年腊月初八，无粮吃的民工们合伙积了几把五谷杂粮，放在锅里熬成稀粥，每人喝了一碗，最后还是饿死在长城下。为了悼念饿死在长城工地的民工，人们每年腊月初八吃“腊八粥”，以示纪念。

传说五：相传老两口过日子，吃苦耐劳，持家节俭，省下一笔大家业，可是宝贝儿子却不争气，娶个媳妇也不贤惠，很快就败了家业，到了腊月初八这一天，小两口冻饿交加，幸好有村人、邻居接济，煮了一锅大米、面块、豆子、蔬菜等混在一起的“杂合粥”。意思是：“吃顿杂合粥，教训记心头。”这顿粥让小两口改掉了恶习，走上正道，靠勤恳的劳动持家，日子一天天也好起来。民间流行腊八吃粥的风俗，就是人们为了以此教训警告后人而相沿的。

二、腊八节的饮食

一进入腊月，中国传统佳节春节就近在眼前了，而为了迎接春节，整个腊月都会显得十分忙碌，各种各样的民俗讲究自然是不能落下。打头的习俗就是腊八节煮腊八粥，古人在每年的腊月初八用干物祭祀八谷星神，以求丰收，称为腊八祝，因为祝与粥同音，于是把蔬果干物煮熟成粥，敬献农神，而这就是腊八粥的由来。腊八节在我国有着非常悠久的传统和历史，它的饮食文化更是源远流长，异彩纷呈。虽然腊八粥是节日主角，但是我国各地还是延伸出各色的佳肴美食，有些也是我们百姓所熟悉的。

腊八粥：这一天有喝腊八粥的习俗，腊八粥又称“七宝五味粥”。我国喝腊八粥的历史已有一千多年。最早开始于宋代。每逢腊八这一天，不论是朝廷、官府、寺院还是黎民百姓家都要做腊八粥。到了清朝，喝腊八粥的风俗更是盛行。在宫廷，皇帝、皇后、皇子等都要向文武大臣、侍从宫女赐腊八粥，并向各个寺院发放米、果等供僧侣食用。腊八粥熬好之后，要先敬神祭祖。之后要赠送亲友，一定要在中午之前送出去。最后才是全家人食用。吃剩的腊八粥，保存着吃了几天还有剩下来的，却是好兆头，取其“年年有余”的意义。如果把粥送给穷苦的人吃，那更是为自己积德。腊八粥在民间还有巫术的作用。假如院子里种着花卉和果树，也要在枝干上涂抹一些腊八粥，相信来年多结果实。从前人们家里穷，每到年终岁末，大人们便把一些红枣、核桃、红豆、小米等在腊月初八这天熬成粥，谓之为腊八粥。那么，为什么腊八粥会和佛教徒联系起来了呢？中国人过腊八是怎么回事呢？传说，腊月初八是佛教的创始人释迦牟尼得道成佛的日子。在他得道成佛之前，为了苦求人生真谛他曾走遍名川大山。有一天，他走到一个荒无人烟的地方，因长途跋涉，饥饿难忍的他昏倒在地。这时，一位牧羊女赶来，把自己带的杂粮干果剩饭用泉水煮成粥，一口一口地喂他，最后把他救活了。后来，释迦牟尼在菩提树下静坐沉思，于腊月初八得道成佛。为了纪念这个特殊的日子，佛门弟子每逢这天按照牧羊女熬粥投料的比例、程序如法炮制，熬成粥施舍给人们，最后由佛门善事扩展为民家习俗。

腊八蒜：华北大部分地区在腊月初八这天有用醋泡蒜的习俗，叫“腊八蒜”。泡腊八蒜是华北地区的一个习俗。腊八十几天后，正值春节，由于醋的浸泡，蒜整体呈碧绿色，非常好看，而醋也具有了蒜的辣味。大年三十，春节前后，就着腊八蒜和醋吃饺子、拌凉菜，味道很好。腊八蒜的蒜字，和“算”字同音，这是各家商号要在这天算账，把这一年的收支算出来，可以看出盈亏，其中包括外欠和外债，都要在这天算清楚，“腊八算”就是这么回事。腊八这天要债的债主子，要到欠他钱的人家送信儿，该准备还钱。北京城有句民谚：“腊八粥、腊八蒜，放账的送信儿；欠债的还钱。”后来有欠人家钱的，用蒜代替“算”字，以示忌讳，回避这个算账的“算”字，其实欠人家的，终究是要还的。泡腊八蒜用紫皮蒜和米醋，将蒜瓣去老皮，浸入米醋中，装入小坛封严，至除夕启封，蒜瓣湛青翠绿，蒜辣醋酸香溶在一起，扑鼻而来，是吃饺子的最佳佐料，拌凉菜也可以用，味道独特。

腊八豆腐：“腊八豆腐”是安徽黟县民间风味特产，在春节前夕的腊八，即农历十二月初八前后，黟县家家户户都要晒制豆腐，民间将这种自然晒制的豆腐称作“腊八豆腐”。

腊八面：中国北方一些不产或少产大米的地方，人们不吃腊八粥，而是吃腊八面。隔天用各种果、蔬做成臊子，把面条擀好，到腊月初八早晨全家吃腊八面。

吃冰：腊八前一天，人们一般用钢盆舀水结冰，等到了腊八节就脱盆冰并把冰敲成碎块。传说这天的冰很神奇，吃了它在以后一年不会肚子疼。

腊八菜：是将胡萝卜、白萝卜、白菜帮子切成又薄又匀的菱形、长条、方片等图形，手巧的还可把它切成周边带齿的各种几何图形。然后加入大葱、蒜苗、豆腐、粉条、茴香等调料烩在一起，别有一番风味。

腊八糕：虽说是糕但并不似年糕，也不是像窝窝头一般，而是有些像米饭甜点式的东西。不过这枣儿、黏米之类的东西倒是一样不少。吃起来，和着米香、枣香，那种清醇馥郁、韵淡而甘的味道，不仅扑鼻，也沁脾胃，当是难得的美味。

中国上下五千年，其文化博大精深、源远流长。君以民为天，民以食为天。由此可见，饮食文化的深远。我们是继承者，同时我们也是传承者。

参考文献

[1] 林宪生. 饮食文化的内涵及其特征[M]. 吉林: 人民出版社, 2007.

[2] 蔡兰荣. 谈中国宗教的饮食禁忌[J]. 潍坊学院学报. 2002, (2): 106-109.

[3] 孟勇. 中国传统节日饮食习俗[M]. 北京: 中国物资出版社, 2009.

《齐民要术》对中国鲁菜大系发展的文化影响

金洪霞　田憬若　赵建民

（山东旅游职业学院，山东　济南　250200）

摘　要：《齐民要术》作为中国历史上具有重大影响意义的农书，在全面系统总结记录了中国黄河流域公元6世纪中国发达的农业技术的基础上，又从饮食"治国安民"的角度，详尽地记述了与民生密切相关的调味品生产工艺、食品酿造技术，以及众多的食馔制作工艺，记录和分析了众多的烹调方法和技术要领，并首先把菜肴的烹饪加工过程分成"原料准备、切配加工、烹调工艺及成品特点"四个部分的表述方法，开中国菜谱写作之先河。至今大多数菜谱的编写仍未摆脱《齐民要术》的表述方法。毋庸置疑，《齐民要术》对中国烹调工艺的建树及对黄河流域饮食文化的影响、特别是对中国鲁菜后世的发展与影响具有不可估量的历史意义与价值。

关键词：齐民要术　中国鲁菜　烹饪工艺　饮食文化

一、《齐民要术》对鲁菜在宏观上的影响

《齐民要术》是迄今为止被公认的世界农业科学文化史上第一部保存完整的，而且是比较系统地总结与论述了农业科学术技的专业著作书。[1]42《齐民要术》的作者贾思勰也因此被后人推崇为中国历史上、乃至世界历史上最伟大的农学家。贾思勰大约于公元533—544年撰写完成了《齐民要术》这一旷世农业巨著。美国南加州大学东亚研究中心研究员杨文骐先生在所著的《中国饮食文化和食品工业发展简史》一书中认为："《齐民要术》不但是每一个农业工作者，也是每一个食品工作者必读的书"，而且认为"它（指《齐民要术》）是我国古代以迄北魏时期在饮食文化成就方面的总结，反映北魏时期所已经达到的水平，给后世的发展和演进情况提供了线索和依据"。毫无疑问，杨先生所说的"食品工作者"自然是包括烹饪工作者与烹饪文化研究者的。因为，《齐民要术》"还谈到当时肉、鱼、蛋的加工，果蔬的储藏和干制，盐和饴糖的制作方法，各种菜点的烹饪技艺等"。[1]43在中国，这些事情都属于烹饪工作者的作业内容。

《齐民要术》的作者贾思勰，系山东益都人，曾任北魏高阳太守，具有广博的农事知识和一定的饮食烹饪技术。他为了写这部书，曾走访了黄河中下游的广大北方地区，他"采据经传、爰及歌谣。询之

作者简介：

金洪霞（1970—　），女，山东旅游职业学院副教授，从事烹饪理论、烹饪营养学、饮食文化教学研究；

田憬若（1988—　），女，山东旅游职业学院讲师，食品学硕士，从事烹饪理论、饮食文化等教学研究；

赵建民（1957—　），男，山东旅游职业学院中国鲁菜文化博物馆原馆长、教授，从事烹饪理论、烹饪营养学、饮食文化、饮食民俗学教学研究。

说明：本文所引用《齐民要术》文，均以中国农业出版社，1982年出版、由缪启愉校释的《齐民要术校释》一书，引文除了较大段文字进行标注，其余所引用均不另作标注与说明。

老成、验之行事”。并参考了南北朝以前几乎所有的农书、食经及其他书目。从内容上看，该书篇幅之大，涉猎面之广，为前代诸书所不及。仅其烹调的菜点而言，除了记述以山东地区为主的黄河中下游流域众多食谱和烹饪方法，而且还包括了秦陇、燕赵、荆楚等地的部分肴馔品种，乃至外域传进中原的异味名品。

从较为严格的学术意义上讲，《齐民要术》是迄今为止中国历史上、乃至世界历史最为古老的农书专著，是一部真正意义上的记载古代中国黄河流域农业生产的专门著作。然而，农业生产仅仅是一种手段，是一种获取人类所需要的食物资料的过程。农业生产的最终目的是为了把生产的结果转化成为人们赖以生存的食品。所以，《齐民要术》的作者贾思勰便从田间的农业生产到食物的加工制作（饮食）进行了全面的总结与纪录，是站在人们从自然界获取食物并最终加工成为可食用的食品的“大农业循环圈”的背景下撰写此书的。

从饮食文化学术价值上看，《齐民要术》还是一部历史悠久的饮食烹饪古籍书目。它既详尽地记述了众多调味品的生产工艺，对古代食品酿造技术进行了初步的总结，同时又收录了众多的食谱，记录和分析了众多的烹调方法和技术要领，并首先把菜肴的烹饪加工过程分成“原料准备、切配加工、烹调工艺及成品特点”四个部分的表述方法，开中国菜谱写作之先河。至今大多数菜谱的编写仍未摆脱《齐民要术》的表述方法。《齐民要术》对中国烹调工艺的建树及对黄河流域饮食文化的影响、特别是对中国鲁菜后世的发展与影响具有不可估量的历史意义与价值。

二、《齐民要术》对鲁菜背景的食材与齐鲁特产记录

《齐民要术》从第64篇到89篇，共计26篇，都是直接与饮食、烹饪有关的内容。其中仅记录的菜肴制作多达200余种，其中主要的制作风格和技术特征是以今天中国山东地区饮食为主要内容的，其中尤以山东古齐国域内菜肴烹饪为重点。作者本人是今山东寿光人，距离古齐国都城临淄较近。他长期生活在山东本土，而当时齐鲁大地的烹饪技术又是当时最发达的地区之一。所以，作者自然就把记录的内容放到自己熟悉的中国鲁菜制作为主的地位上。因此，毋庸置疑，《齐民要术》的饮食烹饪记录与后世包括齐鲁饮食文化与中国鲁菜的烹饪技术的发展关系最为密切。通过对《齐民要术》的研究，我们可以看到1600多年前中国鲁菜烹饪技艺的风貌。

饮食烹饪是以食物为对象的手工操作艺术，因而食物的充足与否便成为烹饪的先决条件。只有在食物来源广泛、品类齐备、质量优等的条件下，才有可能创造出高层次的烹饪文化。北朝时期的山东地区，以农业为主，林、牧、副、渔业也比较发达，形成了综合性很强的生产能力，为烹饪加工提供了可靠而富足的原料产品。北朝时，山东西部为平原旷野，农田茂盛，五谷常生；西南部为大泽林薮，鱼螺充溢，牛羊成群；东南部为丛山密林，椒蕈可采，瓜果丰硕；而东部半岛则三面环海，又生产着各种鱼虾海产，水族俱全。同时，以小农家庭为主的副业十分兴旺发达，各类蔬菜的培植、家禽的饲养以及野味的采集都达到了历史上的较高水平。总之，富饶昌盛的齐鲁大地为烹饪提供了取之不尽、用之不竭的各类食材来源。

《齐民要术》记载了以山东为主要产地丰富的食物构成，这些食物既是人们饮食生活的必需品，又是烹饪的基本用料。通过这些食物，能够加工烹调出各种各样的美馔佳肴。依据《齐民要术》中的食物

原料种类，按照现代的食物分类法，当时山东地区的基本食物由以下诸类构成。

1. 粮食类

中国古代提到粮食，常用“五谷”为代名词。“五谷”说法不一，大体为稷、黍、麦、稻、菽。《齐民要术》记载的粮食作物种类已远远超过五种，有谷（又名稷、粟，即小米）、黍（又名大黄米）、粱（谷的良种或高粱）、麦（包括小麦、大麦、瞿麦）、稻（包括水稻、旱稻）、麻（大麻子）、豆（包括大豆、小豆、绿豆、黑豆、青豆、豌豆、豇豆、高丽豆等）。

2. 蔬菜类

北朝时，山东地区的蔬菜品种已经有很多，除农业培植外还包括自然植物的采集，有些品种如今已不再作为蔬菜食用。计有茄子、匏（又名葫芦）、芋、葵、薤（又名藠头）、葱、韭、芥菜、芸薹（油菜的一种）、胡荽（又名香菜、芫荽）、荏、蓼、芜菁、蘧（莴苣）、苜蓿、芹（水芹）、菘（白菜）、蕈等。另外作为蔬菜用的瓜类有冬瓜、越瓜、胡瓜（黄瓜）等。

3. 水果类

北朝时的水果来源，包括种植和自然采集，许多属于野生瓜果。计有枣、桃、樱桃、葡萄、李、梅、杏、梨、栗子、柰（苹果的一种）、林檎（又名沙果、花红）、柿、石榴、木瓜、甜瓜、榛等。

4. 肉类

北朝时期的家庭日常食用肉类有很大一部分来自狩猎，故烹调食用原料须分为家产肉和野味肉，如家猪肉和野猪肉、家鸡和野雉，烹调手法稍有不同。当时的畜兽肉主要有牛肉、羊肉、猪肉、鹿肉、兔肉等；而禽肉有鸡、鸭、鹅、雁、雉（野鸡）、凫（野鸭）、鹌鹑等。

5. 调料类

这类食品原料主要是作为调味剂和芳香剂使用的，是菜肴烹饪的必备作料。常见的有姜、蒜、花椒、芥子、山桂皮、野茴香等。

除此之外，还有各种鱼、虾、蟹、鳖、贝、螺及紫菜等水产食材。丰富、全面的食物构成为中国鲁菜的烹饪提供了赖以选择的广阔园地。

三、《齐民要术》对中国鲁菜烹饪技艺的总结

1. 调味艺术与调味料的应用

中国鲁菜的调味技术历来是被世人所看重的，这也正是鲁菜烹饪的精华所在。对于中国鲁菜而言，菜肴具有美好的味道是最重要的。如果一款菜肴失去了美好的味道之美，就是味同嚼蜡。对于烹饪调“味”，贾思勰在《齐民要术》中有极其全面的反映，揭示出了早在1600多年前中国鲁菜对于调味技术的重视程度。《齐民要术》中对于菜肴口味的把握，要求烹调者一定要亲口尝试，即书中的所谓“口调”其味。如在《羹臛法》中说：“粳米三合，盐一合，豉汁一升，苦酒五合，——口调其味。”[2]463所谓“口调”，就是要求制作人亲口尝试其味道如何，直至把味道调整到恰到好处为止。其他如“作鸭臛法”“作鳖臛法”“作猪蹄酸羹一斛法”“作兔臛法”“作酸羹法”“作胡羹法”“作瓠叶羹法”等菜肴中，皆强调“口调其味”或“口调之”，足见作者对“味”的念念不忘和重视。而这一实践经验一直被后世的中国厨师奉为调味至高无上的真理被传承不息。

调“味”的终极标准是什么？是适口，这是由烹饪的目的决定的。如果烹饪的菜肴不能适口，自然就是败劣之作。所以贾思勰主张菜品“适口”的理论观点。如在《作菹藏生菜法》中说：“取白米一斗，铄中熬之，以作糜。下盐，使咸淡适口，调寒热”。[2]533这就是中国古人所谓“适口者珍”的道理所在。

人们还在习惯上把菜肴的香归为菜肴味之中。对于菜肴“香”，贾思勰也是刻意追求的。为了取得“香”的最佳效果，他在书中不惜精力，着重记述了采用多种香来烹饪菜肴的北方菜技艺。如《作鱼鲊》中说：“炊杭米饭为糁，并茱萸、橘皮，好酒，于盆中合和之。”并指出，“茱萸全用，橘皮细切，并取香，不求多也。”这是说，茱萸要用整的，橘皮则要切细，都是为了利用其香气，不必求多。在《素食》中谈到“熬茄子法”指出：“汤炸去腥气。细切葱白，熬油令香。……”这与我们今天鲁菜爆锅出香的技术是一脉相承的，也就是齐鲁民间的所谓“炝锅”，这是为了增添菜肴香气的一种方法。

除此之外，对于“香”味的进一步考究，则在合理的加工原料时也非常重要。如《作鱼鲊》中说：“食时，手擘，刀切则腥。”我们今天制作菜肴，有的须用砂锅而不用铁器，有的须用砂锅或铁锅而不用铝器，有的原料在切割时要求使用竹刀等，都是为了避免影响到菜肴的香气或因食材氧化而使营养素遭到破坏等。由此可以看出，鲁菜中的许多调味技艺其源流皆出自《齐民要术》时代先辈的经验和传统。

鲁菜历来有调料众多和味型浓重的特点。众所周知，调味品有去腥膻、变色泽、增芳香、改味道以及防腐保鲜的多种功能，调味品的使用则是烹饪过程中不可忽视的一个重要环节。在北朝时期，齐鲁地区已经种植和引进了大量的调味香料，为饮食烹饪准备了充足的资源，这在《齐民要术》一书中有充分的反映。如《齐民要术》卷四《种椒》中就记载：“按今青州有蜀椒种，本商人居椒为业，见椒中黑实，乃遂生意种之。凡种数千枚，止有一根生。数岁之后，便结子，实芳芬，香、形、色与蜀椒不殊，气势微弱耳。遂分布栽移，略遍州境也。”[2]225北魏以前，山东地区的花椒种植还十分稀少，在引进外地优良品种之后，迅速普及于齐鲁各地，一跃成为全国花椒的出产地。至于烹饪中常用的姜、蒜、葱等，历来都是山东地区的特产。当时类似食盐、花椒、芥子、葱、姜、蒜、桂皮、陈皮之类，都是天然的调味品，而另外许多种调味品则必须经过一定工序的烹饪或加工才能形成，诸如酒、醋、豉、糖、齑等，这些食材既是鲁菜烹饪中的调味品，而本身也可作为单独的食品食用。《齐民要术》卷七至卷八中用了不少的篇幅记述了这些调味品的配方和制作工艺，此处不作赘述。

2．食物原料的保藏技术为菜肴增色

受时代科学程度的制约，古时的冷藏技术还十分落后，人们通常只能按节令享用季节性的食物，尤其对易腐食物尤其如此。如鱼、肉、虾之类，更应趁新鲜而食，否则色味将转日即变，久而久之可能还会腐败变质而失去食用价值。然而，齐鲁古人以其惊人的才智发明了腌藏、酱藏、糟藏、酸藏、油藏、风藏、冷藏、发酵、烧变等多种食品加工保藏方法，使许多易腐食品能够得以长久存放，这也是中国饮食文化的重要内容之一。

在《齐民要术》的卷八、卷九中就记载了许多食品的保藏加工方法，充分体现了古代人民的聪明智慧，也展示了北朝时期鲁菜烹饪文化所能达到的辉煌成就。当时人们普遍采用的保藏加工法主要是将食物做成酱、鲊、腊、脯、奥、糟、苞、菹等易藏食品。

“酱”是包括齐鲁地区在内中国北方地区的传统食品，“酱菜”往往与“牛酒”相对称。也就是说，酒、肉、酱、菜是当时人民生活的主要副食。作酱的特点是将食物剁碎，利用微生物水解蛋白质的作用，产生氨基酸，因而发出可口的香味，同时易于长久封藏。北朝以前，酱大多用肉、鱼之类做成，后来才创造出利用植物蛋白质生产的豆酱。《齐民要术》卷八记载了多种酱的做法。酱所需要的调味香料很多，有酒、盐、麻油、葱白、橘皮、生姜、糁（用米饭作为酿制鱼肉的配料叫“糁”）等。另外，《齐民要术》卷八还记载了从豆酱中滤出的清汁，名为“豆酱清”，这是最原始的酱油，已开始作为鱼肉酱的调料，并应用于菜肴的烹调中。

“鲊”也是一种腌酿制品。凡用盐米之类酿鱼肉，都称之为鲊。腌酿用料以盐、米为主，配以酒、姜、茱萸、橘皮、蒜等。如《齐民要术》卷八所载：“作夏月鱼鲊法：脔（切碎的肉为脔）一斗，盐一升八合，精米三升，抑著器中。多少以此为率。”就是一种风格独特而又典型的“鲊”配制方法。

“脯”和“腊”有相似之处，习惯上都称为干肉，但细分则稍有区别。《周礼·天官》有“腊人”之职，郑玄注云：“簿析曰脯，捶之而施姜桂曰锻脩。腊，小物全干。”[5]42同是干肉，大动物分成片条者叫“脯”，小动物整体而做者叫“腊”，加香料并轻槌而使之干者叫“锻脩”。南北朝时齐鲁一带盛行五味脯和五味腊，也就是俗称的“五香腊肉”。据《齐民要术》所载，当时的五味是葱白、花椒、生姜、橘皮和豉汁。用这五味制成的腊或脯既保藏长久，又口味宜人。脯、腊的制成，为古人长期食肉带来了方便，而更成为现代烹饪中最具有特色的加工类烹饪原料。

“菹”有两种含义，一指腌泡菜，一指加酸味的肉类肴馔，亦分称菜菹和肉菹。肉菹是指直接烹饪而食的菜肴，不属于保藏食物，而菜菹则是一种利用乳酸发酵加工而成的咸菜或酸泡菜，二者本不相同。作为菜菹来讲，有咸菹和淡菹。咸菹保存期较长，淡菹保存期较短。菜菹在齐鲁大地极为风行，凡葵、菘、芜菁、蒲、瓜、笋、胡芹、小蒜、藠、蕨、木耳、紫菜等均可加工成为风格各异的菜菹。这些都反映了当时人民在长期的生活实践中积累起来的丰富的烹饪文化知识和经验。

3. 食馔的加工技艺丰富多彩

中国早在2000多年前就有了主、副食的区别，谷物历来是中国人民维持生存的主食。到北朝时期，人们就已经能够把单调的谷物烹饪加工成丰富多彩的食品，花色品种趋于多样化。从《齐民要术》卷九的记载中可以看到当时齐鲁地区居民的主食有饼、饐、糉、米饭等，尤以饼的式样最为众多。

“饼”是北方粉食居民的主食。古代的饼是指面糊、粥品以外的各种面类成型食品，与现代“饼”的含义大不相同。如馒头称之为蒸饼、笼饼，面条则称之为索饼、水引饼等。《齐民要术》卷九记载了许多饼的制作方法，均泛指各样的面食和米粉食品。当时主要有白饼、烧饼、髓饼、膏环、鸡鸭子饼、细环饼、截饼、赔腧、水引、餺飥、粹餲、粉饼、豚皮饼等。白饼是不加作料的白面饼，即现代的白面烙饼。烧饼是加肉馅的饼，类似现代的肉火烧。髓饼则是糖馅火烧。膏环是用稻米面和糖而加工成的面团，放入油锅内炸成，等等。

米饭也是当时常用的主要食品之一，有粟米饭和稻米饭两种，统称飧饭，但当时山东以粟米（即今天的小米）饭为主。所以，《齐民要术》记录山东当时用黍米制作的粽子，当时的名称叫“角黍”，使用小米制作的粽子。这个时期米饭的特点是多在饭内加枣、瓜之类的甜食，使米饭具有可口的香甜味。

饭食之外，在鲁菜烹饪文化中，成就最为辉煌的还要算是菜肴的烹调了。几千年历史饮食经验积累，形成了中国鲁菜丰富的谱系和众多的技巧。从《齐民要术》中可以发现，北朝时期的山东已经达到名肴荟萃、百馔争香的较高水准。多样化的烹调技法，创造出了丰富多彩的美馔佳肴。当时主要的烹调技法就有煮、蒸、缹、腊、敖、煎、消、炮、炙等几十种。但本文限于篇幅，在此仅简要介绍蒸、炮、炙。

“蒸”是鲁菜常用的烹调手段，特点是利用蒸汽将食物做熟，尤以清蒸为多。《齐民要术》卷八记载了多种清蒸菜肴，如蒸熊肉、蒸羊肉、蒸肫、蒸鹅、蒸鸭、蒸鸡、蒸猪头、裹蒸生鱼、毛蒸鱼菜等十几种菜肴的制作，都是只加少许作料的清蒸。现今鲁菜中的“清蒸加吉鱼”“荷叶粉蒸肉”等技法皆源于古人的“蒸”法。

“炮”亦写作“炰”，是将肉类用物包裹，然后放在火上烤炙。《齐民要术》记载的“鳢鱼脯”就是“草裹泥封，置于塘灰中熝之。”用草、泥之类裹肉而烤，是最常见的炮法。另外还有用羊肚裹肉而炮者。后世孔府菜的“烤花揽鳜鱼”等就是典型的“炮”法。

“炙”是直接将肉放在火上烧烤的方法，有时也放在火铲上烤。通常有腩炙、擣炙、衔炙、饼炙等多种技法。今天的烤羊肉串就是古代的一种衔炙法，而鲁菜中“捶烩大虾”一类等菜肴则是“擣炙”的传承。此外，传统鲁菜中还有炙蚶、炙蛎、炙鱼等著名菜肴，都是放在火铲或特制器皿上炙烤的，这些炙法，如今在鲁菜中仍有传承。

《齐民要术》卷九中还专用一节记述了素食的烹调，这是传统中国菜的又一独特风味。素食以蔬菜、瓜果、松蕈和豆制品为主，不掺动物肉类，具有少腻多鲜、淡雅清爽的特点，为很多人所青睐。《齐民要术》中详细记载了各种素食的制作，有瓠羹、膏煎紫菜、蜜姜、熬冬瓜、熬茄子、熬蘑菇等。这些素食，在当时不具有宗教色彩，但与后来佛家的素斋有着异曲同工之妙。

四、结语

综上所述，可以清楚地看出，作为中世纪一本享誉世界的中国农业专著，除了它在农业史与古代农业技术方面的学术价值外，更与当时的中华民族、特别是北方山东地区民众的饮食生活息息相关。而农业产品最终只有转化成为可供人们熟食的面点、菜肴等食品后才能够显示“以农立国”“民以食为天”的治国之道。而《齐民要术》一书在这方面所产生的历史影响是有目共睹的。《齐民要术》所记载的食材生产与食物烹饪加工技艺，即是对黄河中下游流域以山东地区为主，魏晋南北朝及其以前饮食历史经验的概况与总结，更为后来人们的农业生产、食材加工、烹饪技艺提供了可靠的足资借鉴的生活经验。因此，中国北朝时期的烹饪文化在中国饮食文化的发展史上具有重大的承前启后的历史意义。而《齐民要术》一书所记录的关于农业生产与饮食文化的内容，不仅昭示了中国古代“民以食为天”博大精深的思想内涵，而且对于中世纪以后整个中国饮食文化的发展，特别是中国鲁菜食馔、菜肴、调味品等制作工艺，乃至对于中国北方各风味流派的形成都产生了深远的影响，具有不可估量的巨大意义与促进作用。

参考文献

[1] 杨文骐. 中国饮食文化和食品工业发展简史[M]. 北京: 中国发展出版社, 1982.

[2] [北魏] 贾思勰著, 缪启愉校释. 齐民要术校释[M]. 北京: 农业出版社, 1982.

[3] [北魏] 贾思勰撰, 石声汉今译. 齐民要术・饮食部分[M]. 北京: 中国商业出版社, 1984.

[4] [梁] 陶弘景集, 尚志钧集校. 名医别录[M]. 北京: 人民卫生出版社, 1986.

[5] [汉] 郑玄注, 唐贾公彦疏. 周礼注疏(唐宋注疏十三经)[M]. 北京: 中华书局, 1998.

食文化与教育

中国传统文化与中国传统节日饮食文化

杨铭铎[1]　王　昱[2]

（1. 哈尔滨商业大学中式快餐研究发展中心博士后科研基地，黑龙江　哈尔滨　150076

2. 哈尔滨商业大学旅游烹饪学院，黑龙江　哈尔滨　150076）

摘　要：中国传统文化与中国传统节日饮食文化既存在包含关系，也相辅相成，互相成全。文章以中国传统文化为出发点，阐述了中国传统节日文化的形成与特征，并从中国传统文化和传统节日饮食文化两个维度进行深入分析，探讨出了中国传统文化在中国传统饮食文化中具体表现为以人为本的发展观、儒家伦理的道德观、天人合一的自然观、阴阳五行的哲学观、和而不同的价值观以及和谐共处的社会观的结论。

关键词：中国传统文化　中国传统节日饮食文化　内涵与联系

1 中国传统节日

1.1 中国传统节日的形成

中国古时候的节日，大半和天文、数学、历法以及后期划分的节气相关。到了战国时期以后，二十四节气已经逐渐齐全，其后的节日大部分与这些节气紧密相关。节气是节日形成的重要前提，我国大多数的节日早在先秦时期就已经初具规模，但早期的节日习俗内容并不丰富，只是和原始崇拜、迷信禁忌相关。带有浪漫色彩的神话传奇故事、带有神秘色彩的宗教信仰以及带有英雄主义的历史人物都被融合凝聚在节日的内容里，使得中国的节日有了深沉的历史感。时至汉代，中国核心传统节日大部分均已成型，所以通常说这些节日始于汉朝。汉代是统一后的第一个发展较为迅速的时期。汉代时期的政治环境、经济环境相对稳定，科学技术水平也有了空前的进步，这些都为节日的定型提供了优良的前提条件[1]。到了唐代时期，节日内容里的原始崇拜、迷信禁忌已逐渐淡化，转变成为了娱乐礼仪型。自此以后，节日内容多种多样，增加了较多与体育、娱乐有关的活动内容，节日氛围也更加喜庆吉祥。这样的习俗一直延续发展至今，成为了真正的佳节良辰。

中国传统节日主要有腊八节、重阳节、中秋节、七夕节、端午节、清明节、元宵节、春节以及各种少数民族的传统节日。中国传统节日的演变记录了数千年来丰富多彩的社会生活文化内容，是中华各民族各种意识观念和思想文化的具体体现。大多体现了人们对生活的体验，对美好生活的祈祷，对英雄人物及其所表现的精神的缅怀，对人与自然和谐相处的心愿。具体可将其分成三部分内容，即物质文化、

作者简介：

杨铭铎（1956—　），男，教育部餐饮行业教学指导委员会副主任，哈尔滨商业大学快餐研发中心博士后科研基地主任，教授、博士生导师，主要从事餐饮教育与餐饮科学、饮食文化与饮食美学研究。

王昱（1991—　），女，哈尔滨商业大学硕士研究生，从事餐饮管理研究。

精神文化和介于二者之间的行为制度文化[2]。物质文化包括饮食、服饰文化等；精神文化包括节日传说和节日信仰等；行为制度文化包括祭祀行为文化、庆典仪式文化、节日娱乐活动文化、人际情感交流行为文化等。

1.2 中国传统节日文化的特征

中华民族具有上千年的历史，随着时间的更迭，到了一定的时间，中华民族会用相同的或不同的方式庆祝自己的节日。所以，中国传统节日文化具有周期性；受地理位置、自然资源、社会发展、宗教信仰等因素的影响，中国传统节日文化具有一定的地域性。如南北方小年时间存在差异；端午南北方食甜粽有差异等；中国传统节日文化从远古先民时期发展而来，历经朝代的更迭、时代的转换、多元文化的融合一直流传至今，足见其具有传承性。但随着时代的发展，在政治、社会、现实生活等各种因素的综合作用下，中国传统节日文化的内容以及形式在流传的过程中发生了一系列变化，或被淘汰，或被更新，充分表现出变异性。传承是动态的变革过程，传承始终存在于变异的过程中[3]；中国传统节日文化具有开放性，无论何种中国传统节日，任何种族群众都可以参与其中感受独特的中国特色文化；除此之外，其还具有包容性，中国的传统节日主要以汉族节日为主，包括了各少数民族的特色节日文化，内容和形式丰富多彩；其还具有民族性。首先，传统节日文化是在中国本土孕育出的传统文化，是中华全民族共同的生活方式、思维方式、心理模式的集中反映，是民族的文化标志和连接中华儿女情感的精神纽带；其次，由于各民族区位、历史、文化等的差异，各民族都有属于自己的传统节日，因而其表现出鲜明的民族性。如回族的“开斋节”，彝族的“火把节”等。

2 中国传统节日中的传统文化与饮食文化

2.1 中国传统文化

中国传统文化是由中华民族在中国土地上创造的一种能够反映本民族特质和风貌的文化。它是在相应时期的政治、地理、经济等环境的综合作用下，逐渐形成、积累，被大部分人认可而传承的民族文化，其不仅体现在民族风俗习惯、宗教信仰、饮食建筑、生产生活内容上，甚至在各种经典、文献、制度当中也有所体现。它包含了中华民族的思维方式、思想观念、价值取向、道德情操、礼仪制度等各个方面的丰富内容[4]，是中医、饮食、宗教等文化形成的前提基础。中国传统文化可分为物质文化、精神文化和行为制度文化，三者之间即相互独立又相互联系。物质文化即包括饮食、服饰等在内的满足人类生存和发展的物质形态物品及其所呈现出的文化。行为制度文化即包括祭祀、庆典、娱乐、社会活动等在内的促进人类社会发展的经验及创造性活动以及包括以“礼”为行为准则制度在内的规范体系。精神文化的主要内容是以儒家伦理道德观念为主体的儒释道法等多元文化融通和谐包容的思想文化体系，具体表现为自强不息、厚德载物的修身之道；以德立人、以诚待人、讲信修睦的处世之道；以人为本、为政以德、天下为公的治世之道；清廉从政、勤勉奉公、力戒奢华的为官之道；与时俱进、革故鼎新的创新理论；天人合一、阴阳五行的自然哲学；求同存异、和而不同、和谐相处的贵和思想等[5]。

2.2 中国传统节日中的传统文化

中国传统文化在中国节日文化中主要表现在物质、精神、行为制度文化上。

在物质文化上表现在服饰、饮食、挂饰等物质形态上。如春节穿红色的衣服，少数民族穿民族服装、吃团圆饭，端午节戴五彩绳等。在行为制度文化上具体表现在祭祀、庆典、娱乐活动及“礼”文化上，如每逢春节，人们祭祀天地，祭拜祖先，舞龙舞狮。傣族泼水节泼水，彝族火把节转山。节日习俗长幼有序，互敬互爱。在精神文化上具体表现在以儒家伦理道德观念主的思想文化，从“以人为本”为出发点，包括尊老爱幼的传统美德，自强不息、厚德载物的品格养成，以诚待人、讲信修睦的仁义之礼，居安思危的爱国情怀，道法自然、天人合一、阴阳五行的自然哲学，和而不同、和谐共处的贵和思想等。

2.3 中国传统节日饮食文化

中国传统节日饮食文化是以物质文化为载体，在精神、行为制度文化上有所表现的文化形态。在物质文化上具体表现为每个传统节日都有固定象征性的美食，如除夕的饺子、清明节的青团，乞巧节的七巧果等。在行为制度文化上，具体表现在餐桌礼仪、人际交往及节日祭祀、娱乐活动等，如北方小年为腊月二十三，人们制作炒米糖和芝麻糖等祭祀灶王爷，以期望灶神上天为百姓说好话；餐桌礼仪要求座次有序，即长幼有序。食者有序，即尊者动筷以后，后辈才可吃饭。说话有节，即说话要注意，添饭不可说“要”字，吃饱后不要说“撑死了”，碗碟打碎后要说“岁岁平安”等。饮食有礼，即筷子不能插在米饭中，禁止用筷子敲碗盆，吃饭不能说话，不可发出不雅的声音，夹菜不能挑来挑去等。在精神文化上，节日饮食同样以人为本，满足人的生理和心理需求。主要表现为通过饮食寄托情感，大致可分为三类，分别是寄托美好的愿望、纪念先人、社会道德情感。首先，在寄托美好愿望上，如饺子作为北方春节特定的食物寄托了人们三种情感。其一，饺子形如元宝，有招财进宝之意；其二，饺子馅是吉祥幸福的寄托。人们会在除夕夜包饺子的时候放硬币来预示新一年的好运；其三，“饺子”寓意“更岁交子”，表达人们对新一年的美好祝愿。除此之外，春节的菜肴也寄托了人们的情感，菜肴数量成双，寓意“好事成双”“十全十美”等。节令美食汤圆和月饼等寄托了人们渴望“团圆”的美好期望。农历二月二南方食撑腰糕，北方食龙须面以祈求五谷丰登、风调雨顺，表达了人与自然和谐共处的愿望[6]。重阳节人们饮菊花酒、端午节饮雄黄酒以祈求远离灾祸、疾病、邪祟，身体健康的愿望。在纪念先人上，如人们端午节食粽子、鸡蛋以怀念屈原。在社会道德情感上，人们端午食粽子，腊八食腊八粥在纪念先人的同时更是寄托了人们的爱国主义民族精神。

3 中国传统文化与中国传统节日饮食文化的内涵与联系

3.1 以人为本的发展观

中国传统文化自古以来就含有深厚的以人为本思想。早在西周时期，人们就意识到人本身的力量，形成了人本思想。《黄帝内经》有云：“天覆地载，万物悉备，莫贵于人。”强调了人在社会发展中的重要性。节日饮食文化以人的物质需求和精神需求为出发点，形成了一系列的饮食民俗活动，体现了人们对物质和精神生活的追求。首先，节日饮食满足人们的口腹之欲。其次，节日饮食作为媒介承载了人们美好的愿望，表达了人们对社会生产生活顺利、身体健康、家人团聚等的向往。如农历二月二南方食撑腰糕，北方食龙须面以表达对五谷丰登、风调雨顺的愿望。重阳节人们饮菊花酒、端午节饮雄黄酒已达到祛病防疫，身体健康的效果。二者均是以人为本位，从人本身出发，衍生出了物质文化、精神文化以及行为文化和制度文化，促进社会的进步发展。

3.2 儒家伦理的道德观

中国传统文化自古以来就以人为本位，重视伦理道德的教育，并将其贯穿于中国传统文化整体的发展过程[7]。从《论语》到《三字经》《弟子规》，无不体现着中国传统文化的伦理道德要求，而这正是其精华之所在。中国传统文化主要以儒家文化为核心，突出“礼”的重要性。中国传统节日文化和中国传统节日饮食文化是突出“礼”的最佳表达之一，它在传播道德规范、塑造人的品格方面，具有潜移默化的养成作用。一是，在中国传统节日饮食文化中渗透着浓郁的孝亲敬老的伦理道德意识[8]。这在节日饮食文化当中表现为节日宴席的座次长者为先，吃饭时的次序长者为先，重阳节食重阳糕以突出孝亲敬老的传统美德。二是，在传统节日饮食文化中突出敬祖祭神的祭礼文化。如春节期间人们会做各色的美食祭神敬祖，除祈求祖先神灵庇佑外，还表达了人们对祖先的礼敬感恩之情。三是，其包含着仁义、重礼的传统美德。如在年节中亲朋好友以节令美食作为礼品进行馈赠以表达仁义之礼，互祝安好。除此之外，其还含有浓重的社会道德情感意识。如端午节食粽子怀念屈原，反映出强烈的爱国道德理念；七夕节食巧果表达对牛郎、织女的爱情故事的赞美，反映了对爱情忠贞的伦理道德观念。

3.3 天人合一的自然观

在中国传统文化中，人与天是同处于自然界的，两者之间是和谐相处的，人应该遵循自然规律办事，尊崇于自然法则，才能成就人事。天人合一关注人与自然的和谐相处。传统节日文化根植于农耕文化之中，自然气候的好坏决定了丰收的多少，为乞求风调雨顺，远离自然灾害，从古至今人们都有祭拜天地的习俗[9]。因此大部分节日文化都与祭神、礼拜相关，以表达对自然的崇敬及对人与自然的和谐发展的追求。就人本身来说，人的生命的进行即是人体与自然界不断物质交换的过程。天人合一即指人在获取自然界的食物原料来维持自身所需物质的同时适应自然，保持阴阳平衡。中国传统节日饮食文化首先顺应天时，根据季节的不同以及自身对食物的需要选择不同的食物原料进行制作，如重阳节，九月九菊花始熟，饮用效果最佳。其次中国传统节日饮食因地而异，由于我国不同地区气候物产各异，风土人情不同，因此，节日饮食顺应自然的变化，在口味、种类等方面存在差异。如北方地区春节食饺子，南方地区食汤圆；北方端午喜食甜粽，南方喜食咸粽，并且包粽子的叶子也随着区域的不同而变化。由此可见中国传统节日饮食文化追求天人合一的自然观，追求人和自然的协调相处。

3.4 阴阳五行的哲学观

阴阳包括五行，五行含有阴阳。世间万物皆具有阴阳的双重性，即阴中带阳，阳中带阴。五行之间相生相克，生克是世间万物的普遍规律，二者密不可分，即阴和阳的两个方面。在生克的矛盾中，生克均不可过分，否则会打破相对平衡，导致事物偏向发展。这种思想在节日饮食文化上即表现为“医食同源”和“五味调和”两个方面。首先，医食同源、饮食有节。节日美食大多为顺应天时的节令食品，对于人体阴阳平衡的调节有一定的作用。如端午节的节令美食。粽子的食材主要是江米，江米有补中益气、健脾养胃、解毒的功效，但食用过多则会引起消化不良。雄黄是中药药材的一中，有解毒之功效，但过量饮用则会中毒。其次，五味调和。节日饮食的五味调和与日常饮食五味的摄入一样，都是调节阴阳平衡，调和人体五脏之器的阴阳平衡。

3.5 和而不同的价值观

中国传统文化素来有“贵和”的思想，但在追求“和”的同时强调“和而不同”的价值观。中华民族由56个民族构成，各民族都有自己的生活习俗，在追求大同世界的同时中华民族承认个体以及群体间的不同，因此表现出求同存异，和而不同。这在中国传统节日饮食文化中也有所流露，如，同样追求团圆，但南北方食物有差异，北方过年食饺子，南方是汤圆、年糕；北方地区端午食甜味粽，南方地区食咸味粽。少数民族在特定节日里有自己的饮食习俗等。由此可见，中国传统节日饮食文化具有强大的内聚力和广泛的包容性，这充分体现了中国传统文化中求同存异、和而不同的价值观。

3.6 和谐共处的社会观

中国传统文化崇尚“和”，秉承“天地和而万物生，阴阳接而变化起”的思想，将自然万物看成一个和谐发展的整体，力争在人与人、人与自身及人与自然的各方面寻求和谐统一。“和”在节日饮食文化中大多表达着人们对亲人、朋友以及家庭的思念和维系，注重人与人之间的和谐相处。人们以传统节日为平台，邀亲人挚友相聚，沟通交流情感，增强家庭伦理意识，使人际关系、家庭和社会进一步趋于和谐发展。在节日饮食文化中具体表现在两方面，首先，其着重突出家庭和谐，即“团圆”“美满”。如除夕的饺子、正月十五的汤圆、八月十五的月饼均是家人团聚的象征，代表了人们对“家和”的追求。其次，其还突出民族和谐。节日饮食文化因地域等多种因素的不同存在差异，但中华民族有共同的节日饮食，如端午的粽子，中秋的月饼。这些节令美食将中华各民族紧紧联系在一起，代表了人们对民族间团结和谐的追求。

4 结语

中国传统文化是中华民族繁荣发展的不竭动力，是滋养华夏文明的肥沃土壤，是国家最深厚的文化软实力。源远流长的中国传统文化是中国传统节日饮食文化形成的重要前提条件，没有前者的深厚底蕴就没有后者的稳定发展。中国传统节日饮食文化作为极具代表性的文化象征符号，凝结了中国人的食养艺术、文化习俗、思想精华、民族精神和民族情感，是中国传统文化的具体表现。中国传统节日饮食文化的进一步发扬光大有利于让中华民族几千年生生不息的思想文化精华融入中国人的灵魂和精神品质当中，增强民族自信心，增强中华民族凝聚力，建设社会主义文化强国，维系国家统一和社会和谐。

参考文献

[1] 李莹. 浅析中国传统节日文化的主要内涵及其功能. [J]. 才智, 2016, (08): 182-183.

[2] 于春华, 张继财, 高占伟. 中国传统节日文化的价值与传承[J]. 黑龙江生态工程职业学院学报, 2014, (05): 123-124.

[3] 罗泽荣. 唯物史观视域下中国传统节日文化研究[D]. 长沙: 湖南大学, 马克思主义文化哲学, 2009.

[4] 匡雅楠. 中国传统节日文化的价值及其弘扬 [D]. 宁波: 宁波大学, 马克思主义基本原理, 2012.

[5] 人民网. 着眼民族复兴伟业 推进文化发展繁荣[EB/OL]. http: //opinion. people. com. cn/n1/2016/0919/c1003-28722347. html .

[6] 任银梅. 浅析中国传统节日中的饮食符号象征及潜在的异化危机[J]. 湖北函授大学学报, 2013, (06): 163-164.

[7] 朱雪. 中国传统文化的当代价值研究[D]. 四川: 西华大学, 马克思主义中国化研究, 2013.

[8] 李慧. 饮食礼俗的文化价值及传播——从《舌尖上的中国》谈起[J]. 新闻爱好者, 2013, (10): 25-27.

[9] 李大明. 弘扬中国传统节日的优秀精神文化[J]. 传承, 2011, (03): 60-61.

多元趋势　多维发酵
——试论新媒体环境下的饮食文化传播

邓向东

（重庆蝉骏企业营销策划有限公司，重庆　404100）

摘　要：新媒体是“利用数字技术、网络技术、移动技术，通过互联网以及计算机、手机等移动终端向用户提供信息、资讯的传播形态和媒体形态”[1]，是“信息孤岛之间互动的连接器”[2]，我们认为当今时代是新媒体传播时代，所有的信息传播都离不开新媒体，饮食文化也不例外。饮食文化作为一种记忆信息深存于大众心中，而媒体则具有信息再现功能，能够通过具体的形式将大众心中的记忆信息再次呈现在其表层感官前，从而引起强烈的心灵共鸣与行为触动。新媒体环境下，饮食文化传播呈“多元趋势、多维发酵”的发展态势，自媒体大V、公众号等新媒体形态逐渐代替传统媒体而成为了饮食文化传播的主体；综艺节目、短视频等逐渐取代了传统美食节目，成为饮食文化传播的主流形式和网络时代的新宠。本文试图通过对“新媒体环境下饮食文化传播”具体实践的阐述和案例分析，找到其传播的新特点、方法、途径、平台和规律，提出我们对饮食文化传播研究的理论观点和发展思考。

关键词：新媒体　饮食文化　信息传播

引言

联合国教科文组织对“新媒体”的定义是，“以数字技术为基础，以网络为载体进行信息传播的媒介”。新媒体依托的载体是互联网，而根据中国互联网络信息中心CNNIC发布的第41次《中国互联网络发展状况统计报告》显示，中国网民已达7.72亿，互联网普及率55.8%[3]，而且网民规模呈平稳增长的趋势，因此，新媒体有着极其优质的生长空间和巨大的发展潜力。随着网络的普及和媒介技术的变革，各种新媒体也不断涌现，成为了“促成人与人之间直接连接、加快彼此之间信息发射和接收过程的载体”[4]，是当今社会经济环境下最为普遍的信息传播方式。新媒体正颠覆着社会信息的传播模式。

新媒体是网络大时代、数字信息大时代的必然产物，但对于新媒体的概念定义、特点类型等基础问题，专家学者众说纷纭，相关学术领域也还没有形成一个相对公认的理论体系。新媒体领域是一

作者简介：

邓向东（1963—　），男，汉族，硕士，重庆人，中国策划研究院督导长、“味国争光”平台运营官、中国TOP100金牌策划管理师、企业文化师、餐饮品牌策划大师、资深品牌操盘手、品牌连锁专家，骐骏品牌策划机构（重庆蝉骏企业营销策划有限公司、重庆骐骏装饰工程有限公司）创始人。

个全新的并还在不断发展着的领域，充满了初升太阳般的强大活力；饮食文化作为一种特殊的精神符号信息，其在新媒体环境下的传播正体现出符合时代潮流的新变化和新特点，比如传播主体、传播内容、传播手段、传播形式的多元趋势、多维发酵，这些特征，是我们研究与运用新媒体重要的“推动器”。

一、新媒体时代来临

互联网像一张巨大而无形的网，笼罩了以传统媒体为主导的旧信息时代，并在其中“孕育”和“蝶变”出了新的媒体形态，随着科技的发展与繁荣以及人们主体意识的深刻觉醒，一个新的信息传播时代悄然来临。

（一）新媒体与传统媒体

新媒体是相对于传统媒体而言的一个概念，“是利用数字技术、网络技术、移动技术，通过互联网以及计算机、手机等移动终端向用户提供信息、资讯的传播形态和媒体形态”[5]3，主要类型如表1和表2：

表1　主要新媒体一览表

应用场景	新媒体平台	连接类型及方式
知识问答	知乎、百科、百度知道、爱问知识人、值乎	问者和答者之间的直接连接
通信交流	陌陌、无秘、钉钉、QQ、探探、派派、YY、有信	人与人、人与团体、团体与团体、人与平台、团体与平台之间的直接连接
新闻资讯	新浪、今日头条、UC头条、百度新闻、环球网、网易新闻、凤凰网、腾讯新闻	以新闻事件为中心，实现人与信息、人与人之间的快捷、直接连接
音频视频	斗鱼、喜马拉雅、一直播、映客、抖音、快手、火山小视频、荔枝FM、B站、微视、爱奇艺、腾讯视频、优酷、乐视、蜻蜓、一说	播主与观众通过视觉和听觉进行直接互动、共享、交流
综合服务	天猫、京东、携程、聚美优品、瓜子二手车、闲鱼、一号店、当当、58同城、贝壳网、赶集网、高德	集多种服务类型为一体，让服务“零距离”贴近身边，实现人与人、人与商家、人与平台等之间的直接交流
自媒体	博客、微博、微信、头条号、UC号、大鱼号、企鹅号	自媒体（We Media），又称“公民媒体”“个人媒体”，是以信息化、网络化的手段向不特定的人群传递不特定信息的新媒体的总称，具有私人化、自主化、平民化、普泛化的特点。通常由个人或者小团队开通媒体号，通过各种“号”进行信息传播，旨在打造有黏度的个人或团队品牌形象。自媒体信息基本由运营者自己提供，通过软文、广告产生利润。须知，自媒体以很多形式出现，它有时候“隐身”或“潜伏”在其他新媒体平台中，是新媒体中非常活跃的一股力量

表2　主要美食新媒体一览表

应用场景	新媒体平台	连接类型及方式
饮食（餐饮）平台	大众点评、美团、饿了么、百度外卖、加班狗、东方美食、餐饮视界、美食台、餐饮界、红餐、日食记、吃货研究所、重庆吃货王、成都美食、重庆嘿好吃、湖南食文化、舌尖记忆、味国争光、火锅圈、餐饮微世界、厨吃圈、餐饮老板内参、大渝好吃狗、红厨网、京味一品、广州美食网、食品科技网、第一食品网、中国绿色食品网	以饮食产品消费信息和饮食文化信息宣传为核心，实现人与食、人与环境、人与美食文化的和谐与共享，让“民以食为天”成为我们生活中的“一道菜”“一张剪影”“一束阳光”“一种乡愁”“一枚商机”“一爿天地”……饮食（餐饮）平台链接着中国菜、中国味道、中国梦

传统媒体则是从事信息生产和传播的专业化媒介组织，主要有广播、电视、电影、报纸、杂志等很有限的形态，其面向不定量的多数受众进行大面积传播；传统媒体有着强大的资本力量作支撑，其传播人员更加专业，传播设备更加先进，拥有不可比拟的社会影响力和强大的权威性。这里可以对新媒体和传统媒体的具体特点做一个简单的比较（表3）：

表3　传统媒体和新媒体特点对比

特性＼媒体形态	传统媒体	新媒体
资本力量	较强	较弱
权威程度	较强	较弱
反馈速度	较慢	较快
传播范围	较广	很广
组织形态	复杂	简单
准入门槛	较高	较低
营销成本	较高	很低
大众参与度	一般	非常强
传播接受度	一般	较强
互动性诉求点	一般	较高

从上表可以看出，传统媒体的具体特点主要在于“高”“大”“深”的层面，比如准入门槛之“高”，资本力量之“大”，权威程度之“深”等。这些因素促成了传统媒体传播的固定化、模式化等。

而新媒体的具体特点主要在于“低”“小”“广”的层面，比如营销成本之“低”，组织结构之“小”，传播范围之“广”等。这些因素促成了新媒体传播的灵活性、多元化等。

（二）新媒体的特性

“新媒体”，顾名思义，是“新的媒体”，因此在谈新媒体之前，我们应当对“媒体”有个基本的了解。“媒体”是一个外来词汇，对应的英文是“media”，“是一种以传播信息为目的，不同事物间产生联系为效果，借助种种技术手段、实现方法，并具有一定的复杂内部结构的机构具体的表现形式”[6]，这个定义里面有两个关键词：技术手段和内部结构。笔者以为，新媒体的“新”，便在于“技术手段”和“内部结构”，它们应该成为新媒体区别于传统媒体的两个主要方面。具体来讲就是，新媒体作为网络化、数字化的产物，其“新”的地方，就在于数字科技、网络科技的深入运用，以及对传统媒体组织形式的突破，它们分别形成了新媒体的两个重要特性：科技化和个性化。

1. 科技化（网络化、数字化、视觉化）

新媒体本就随着高度发达的科学技术而诞生，也必然依靠高度发达的科学技术而存在、发展，科技化是新媒体最主要的特点，主要体现为对网络技术和数字信息技术的深度运用。传统媒体最大的弱点就是信息传播的单向性，使得传播主体和传播受众之间出现较大的信息交互脱节，而新媒体则是利用各种网络技术和信息技术克服了这一弱点，比如微博博主，就可以在微博上直接与粉丝受众进行对话交流，无限拉近了传播主体和传播受众的反馈距离，可以想象，几乎每天都有大量的博主（传播主体）与成千上万的粉丝（传播受众）进行各种各样充满活力的分享、沟通、交流，而需要明白的是，在网络上的“沟通、分享、交流”是博主（自媒体大V）存在的根本动力。而这一切都依赖于网络技术和信息技术，可以说，网络化、数字化、视觉化构成了“科技化”的核心标志。科技化赋予了新媒体的生存权。

2. 个性化（草根性、独特性、时尚性）

个性化是新媒体最突出的一个特征，主要表现在其对于传统媒体组织形式的突破。我们知道，传统媒体，比如电视、杂志报纸等都具有非常复杂的人员组织结构，拿杂志来讲，其人员组织就包括主编、副主编、记者等复杂构成，各自负责各自的工作。而新媒体则不同，新媒体，比如微博自媒体、微信公众号（服务号、订阅号）的组织团队就相对简化很多，甚至许多公众号是个人经营的，媒体构成简单，媒体精力就相对集中，媒体内容就往往专注于某一个方面，从而体现出了强烈的个性。至于其他新媒体，比如抖音、快手APP等视频主播等，无不带有鲜明的个性色彩。传统媒体往往利用强大的资本力量对信息进行多方面的传播，而大多数新媒体则往往侧重信息的某个方面进行传播，也正是因为科技支持下的新媒体不需要复杂的组织构成，人们才会纷纷加入新媒体领域，以凸显自己个性的方式传递信息，增强了信息传播的活力，从而非常明显地扩大了信息传播的范围。可以说，草根性、独特性、时尚性是“个性化”的核心标志。个性化赋予了新媒体的话语权。

网络技术和数字技术的发展与繁荣，直接催生出“新媒体”这一新的媒体形态，而个体自然人或团体则成为这种新的媒体形态的直接发起者、发布者和传播者，随着互联网络的不断普及，新媒体“毫不留情”地对传统媒体发起了强烈冲击，从而逐渐形成一个新的具有互联网大数据时代特色的信息传播网络。

我们认为新媒体诞生在大数据、互联网、人工智能、虚拟现实、区块链广泛运用的时代，它从胚胎那一刻开始就烙印着这个时代最前沿思想与科技的能量，它从萌芽那一天开始就与国际接轨，成为全球信息爆炸时代传播媒体中最具活力与人气的力量，中国新媒体在融入世界大家庭的同时，也将中国风、中国味道、中国梦镌刻在浩瀚的自媒体空间里……新媒体市场准入门槛较低，形式多样，叠加性和蝶变性异常强大，其巨大的包容度、兼容度、灵活度及科技化（网络化、数字化、视觉化）、个性化（草根性、独特性、时尚性）的体征，在与传统媒体的碰撞、较量与融合中“独步江湖”“无处不在”，成为社会生产与生活中不可或缺的一部分。

二、饮食文化传播的时代特点

新媒体时代的来临颠覆了饮食文化的传播方式及形式，赋予了饮食文化传播新的时代特点，同时也给饮食文化传播带来了巨大的机遇与挑战。

（一）饮食文化的传播需求

饮食文化是文化的子系统，是人类在历史发展进程中沉淀和积累下来的关于历史典籍、饮食哲学、自然生态、风土人情、地域流派、食肆活动、技术秘籍、工艺传承、原料甄选、饮食产业、食品科技等方面在长期的社会生活实践中，形成的物质与精神层面的总和。饮食文化又是文化的“多面体”，它集历史、文学、古籍、诗词、楹联、美术、灯光、音乐、设计、视觉、装潢、烹饪、养生、雕刻、物理、化学、生物（动植物、微生物等）、地理、农业、食品营养、食品加工、食品安全、食疗、药膳、成本价格、人力资源管理、市场营销、商标、广告推广、法律、伦理道德等各种文化因素之大成。

1. 饮食文化“原始”的传播方式

饮食文化“原始”的传播方式是自带“IP”的，它的信息遗传系统很大一部分是通过人类的“言传身教”和“耳濡目染”这种“原始”的、“传统”的“薪火相传”的传播方式流传下来的……饮食文化是人类在历史进程中积累起来的智慧结晶，在人类繁衍的同时，饮食文化也在不断交融创新。食品的庖制需要经过无数次的原辅材料选择、主辅配伍、工艺技术、陶鼎定置、火候观察、味型定位、器皿装盘、推陈出新等多环节的过程，盖有“治大国如烹小鲜”之说……这即是我们现在人所说的“非物质文化遗产”。饮食文化这种“原始”的、“传统”的传承方式，影响着一代又一代人。其实人的生活过程就是饮食文化逐步积累的过程，最早由父母长辈手把手教辨认食物，使用餐具，到后面自己独立烹饪、就餐。对饮食的启蒙在每个人的孩提时代就开始了，爷爷手编的簸箕，奶奶穿过的围裙，爸爸用过的菜刀，妈妈秘制的酱料，还有堂屋里的八仙桌，通过以“食”为中心的“原始”记忆，通过对话、模仿、观察、实践，我们一步步地积累，一步步地成长，即便我们长大成人后，这种启蒙教育也会一直镌刻在我们心里，我们会用同样的方法去启蒙我们的孩子。

2. 饮食文化的“文字”传播

中国的饮食文化博大精深，其在宏大的历史进程中形成了许多不同的传播方式，比如前面所说的以家庭或家族为单位的“言传身教”的“原始”方式，又比如近现代社会以来形成的以传统媒体为主导的传播方式，等等，而贯穿于所有传播方式的，必然是“语言和文字”，唯有通过语言和文字，一切的传播方式才能够得以实现。中华饮食文化凭借丰富的内涵对中国的语言文字产生了深刻的影响，使得语言文字中出现了许多与“饮食”，与“吃”相关的成语、词组、典故、诗句，这是形成饮食文化的“文字”传播的基础。

（1）与“饮食”“吃”相关的成语

卑宫菲食：宫室简陋，饮食菲薄。古时用来称颂朝廷自奉节俭的功德。

炊金馔玉：烧金做饭，吃的是玉。比喻饮食珍贵，生活极其奢华。

粗茶淡饭：指饭菜简单。形容生活简朴。

囫囵吞枣：原指把枣儿整个吞下去，后比喻对于某事笼统接受，理解不透。

争风吃醋：因男女关系而妒忌、争吵。

此外还有吃里扒外、坐吃山空、软硬不吃、胡吃海喝、脍炙人口等。

（2）与“饮食”“吃”相关的词组

与“饮食”“吃”有关的词组可以说是数不胜数了，比如吃老本意为靠积蓄过日子、吃得开意为混得好、吃独食意为不顾他人、吃香意为受人欢迎、吃哑巴亏意为有苦难言、吃透精神意为理解深刻、吃不了兜着走意为出了问题要承担一切后果、吃闷棍意为被人暗中算计、吃干饭意为没能力、吃软饭意为靠女人吃饭、鸡蛋里挑骨头意为没事找事、啃老意为靠父母、啃硬骨头意为做很难做的事、炒鱿鱼意为解雇等。

（3）与“饮食”“吃”有关的诗词

白酒新熟山中归，黄鸡啄黍秋正肥。——李白《南陵别儿童入京》

金樽清酒斗十千，玉盘珍馐值万钱。——李白《行路难·其一》

琴里知闻唯渌水，茶中故旧是蒙山。——白居易《琴茶》

叹息老来交旧尽，睡来谁共午瓯茶。——陆游《幽居初夏》

红酥手，黄縢酒，满城春色宫墙柳。——陆游《钗头凤·红酥手》

明月几时有？把酒问青天。——苏轼《水调歌头·丙辰中秋》

……

（4）与“饮食”“吃”相关的典故

张公吃酒李公醉：比喻由于误会而代人受过。唐·张鷟《朝野佥载》卷一：“天后时，谣言曰：‘张公吃酒李公醉。’张公者，斥易之兄弟也；李公者，言李氏大盛也。”

食指大动：原指有美味可吃的预兆，后也形容看到有好吃的东西而贪婪的样子。《左传·宣公四年》：“楚人献鼋于郑灵公，公子宋与子家将见，子公之食指动。”

食不二味：吃饭不用两道菜肴，谓饮食节俭。《左传·哀公元年》：“昔阖庐食不二味，居不重席，室不崇坛，器不彤镂，宫室不观，舟车不饰，衣服财用，择不取费。”《韩非子·外储说左下》：“食不二味，坐不重席。”

……

博大精深的中华饮食文化对中国的语言文字及其使用习惯产生了非常深远的影响，成语之犀利警策，词组之通俗形象，诗词之优美生动，典故之深沉厚重，等等，从各个不同角度借由“饮食”“吃”

来描述一种生活和生存观念、行为以及状态，这就是饮食文化的“文字”传播。以“文字”为中心的文化记忆，或者说各种文字组合形态（成语、词组、诗词、典故等）当中自然也蕴含着丰富的饮食文化内容。

作为文化的“多面体”，饮食文化内蕴丰富，形式多样，因此其内在传播需求是：全面、深入、灵活等。

而“言传身教”“耳濡目染”以及所谓的“文字传播”这些方式形式在当代网络化、信息化社会中都存在很大的局限性，同时以传统媒体为主导的信息传播媒介又具有固定化、模式化的负性特点，这些显然无法完全满足饮食文化的传播需求。饮食文化呼唤着一种新的信息传播媒介和信息传播环境的诞生，新媒体和新媒体环境应运而生。

新媒体时代的来临使得饮食文化传播进入了网络化、数据化的新环境中，传统媒体、新媒体利用各自的优势进行形式多样的饮食文化传播，颇有“百花齐放、百家争鸣”的姿态，使得丰富的饮食文化内容得到了比以往任何时候都要广泛而深刻的传播，显示出了新时代信息传播的巨大活力。

（二）传统媒体：坚守与创新中前进

传统媒体有着强大的资本力量做支撑，对于饮食文化的传播更加专业、更有说服力，是相对于新媒体来讲更为权威的媒体形态，这里以电视和杂志为例。

1. 电视

电视是最主要、最权威的传统媒体形态。电视在中国出现和普及，从根本上改变了人们接收信息的方式，以往更加久远的书信之类的方式也逐渐变少甚至有消失的迹象，而电视往往都由官方力量执行，天然具备威信力。哪怕网络影响日益加深的当今，电视依旧有着不可替代的权威作用，“上电视”比“上网络”有影响得多。也正是因此，电视节目对于饮食文化传播的作用依旧是巨大的。

《舌尖上的中国》是一部美食类纪录片，电视台利用自己雄厚的资本优势，从内容策划、视频拍摄到后期制作等，几乎“尽善尽美”。比如它的第一季第一集——《自然的馈赠》。就内容制作而言，这一集以中国境内不同的地理环境（如海洋、草原、山林、盆地、湖泊）为背景，以生活在其中的个人、家庭、群落为主角，展现大自然是以怎样不同的方式赋予中国人食物，人们又是如何与自然和谐相处，通过各种不同的途径获取“特殊”食物，最终形成各自不同的饮食习俗。这一集所讲述的内容涉及了饮食文化的重要问题之一——“饮食”的“食”根源于何处，《舌尖上的中国》给出的答案是“自然”。这种饮食文化节目制作的立意和传递出的饮食文化内涵是深刻的。

就视频拍摄和后期制作而言，其以小景深和特写镜头为主来拍摄食材，辅以磁性旁白解说和唯美的音乐，充分还原了中国人的日常饮食生活，将平淡如水的生活栩栩如生地展现在大众眼前，给人以前所未有的视听享受和强烈的代入感。毋庸置疑，这些“高明而出彩”的内容策划、视频拍摄及后期制作，都离不开电视台强大资本背景下的文化支持和技术支持。

总的来说，传统美食节目不仅仅是展现美食本身，还花很大的“功夫”去讲述美食背后的故事，去传达积极的饮食文化观念。

2. 杂志

杂志与电视不同，它是一种相对静态的传统媒体形态，没有声音，也没有空间的转换，几乎只有静态的文字与图片。美食杂志也往往采取的是图文结合的方式来呈现、传播美食信息，但也给人以别具一格的饮食文化审美体验。

《天下美食》是一本主张由美食进入高品质生活的生活类杂志。其主张“知味者更懂生活”，图文并茂，编辑新颖，专注于美食文化传播，以开放的姿态，甄选高品质内容，为普通大众营造精致的美食生活。

《美食堂》是某外国传媒集团在中国创办的原创本土美食杂志。该杂志主要针对烹饪爱好者和初学者，为他们呈现极其详细的菜谱和步骤图。而且杂志推荐的多是家常小菜，同时也介绍如何让餐桌充满新意，甚至还在里面讲述厨房内外的美食故事，是一本集专业美食知识和浓厚人文气息于一体的美食杂志，使阅读者们感受到美食的魅力，从而达到传播饮食文化的效果。

新媒体时代来临之前，传统媒体长期作为饮食文化传播的主流媒体，其传播特点如下表（表4）：

表4　传统媒体的传播特点

传播优势	传播劣势
资本底蕴雄厚	信息交互性差
传播渠道稳定	传播方式单一
信息权威性强	传播范围有限
……	……

在新媒体环境下，传统的美食传播形态不断吸收新媒体因素，比如电视节目有了官方或非官方的网络直播或播放平台，使美食节目所蕴含的美食信息得到更大范围和更大影响的传播；又比如《天下美食》杂志，其在2013年全面转型为新媒体平台，增添电子刊、网站、微信公众号等多种新媒体形式形态，从而使杂志以及承载的饮食文化产生了更广更深的影响。

传统媒体的根本优势在于资本，劣势则在于单向性，而在高度发达且日渐发达的互联网支持下的新媒体环境中，传统媒体应该取新媒体之长以补己之短，主动吸收新媒体的积极因素和积极方面，同时继续发挥自己的资本优势，顺应移动化信息浪潮，与时俱进，从而成为内容深刻、形式新颖的“新的传统媒体”，在坚守和创新中不断前进，最终“夺回”饮食文化传播主流媒体的地位。在某种意义上，传统媒体是国家威信的一种象征形式，因此于饮食文化传播这一方面传统媒体也理应占据主流，这需要传统媒体具体执行者们的共同努力。

（三）新媒体：饮食文化传播的强力“助推器”

当今的时代是个网络的时代，是个数字化的时代，而网络化数字化的时代则催生出了新的媒体宠儿——新媒体。在饮食文化传播领域，新媒体也体现出了区别于传统媒体的作用和巨大的发展潜力，以及远超传统媒体的传播活力。新媒体为饮食文化传播创造了新起点、新气象。

饮食文化传播领域的新媒体形态，主要包含美食APP（网站）、美食自媒体大V（以微博为主）以及美食公众号（微信）等。

1. 美食APP（网站）

国内比较流行的以分享、交流、宣传为主的美食APP有美食天下、美食杰、豆果美食等，以消费信息提供为主的美食APP有大众点评、美团、饿了么，这些APP都以美食为核心主题，但各自有所侧重与不同。

美食天下是全球最大的中文美食网络，以汇集天下美食为己任，为美食家们提供一个交流、展示的舞台。该网站定位是“网络信息服务平台”，力求用美食连接世界，给世界提供鲜活的美食资讯。对于资深美食者，美食天下可以作为一个美食分享的平台，让更多的同道中人见识到自己的美食技巧；对于美食新手者，美食天下可以作为一个美食学习的平台，和诸多美食家们一起讨论美食制作以及其他各种想要表达的和美食有关的内容。

美食杰成立于2007年1月，是集菜谱、健康饮食知识、烹饪技巧、各地特色小吃、电子商务以及轻社交元素为一体的网络美食信息服务平台。其在华为应用市场的标签定位是“家常菜谱养生食谱大全”，由此可见美食杰是一个注重分享和日常生活有关的美食信息的网站，贴近人们的生活现实，也因此受到人们的极大追捧。

大众点评（网）是中国领先的本地生活信息及交易平台，主要为用户提供商户信息、消费点评及消费优惠等信息服务，以及提供团购、餐厅预订、外卖及电子会员卡等交易服务，是一款深受人们喜爱的美食健康类APP。通过提供各种消费信息，刺激人们的美食消费欲望，促使消费者完成由抽象的美食信息阅读到具体的美食享用这一过程；同时可以作为一个消费者之间相互交流分享消费经验心得的平台，也可以作为一个消费者评论商家的平台，通过消费者之间、消费者与商家之间的互动来传播美食信息。

美团（网）是一个团购网站，号称“吃喝玩乐全都有”，而以吃喝的美食方面为主要特色。同大众点评一样，美团也是以刺激消费为主、集信息服务和交易服务于一体的新媒体平台，同时还提供旅行、娱乐休闲等多种信息。大众点评和美团在诸多方面的相似之处促成了2015年二者的战略合作。

与大众点评、美团相似的美食新媒体还有“饿了么”，这些以刺激美食消费为目标的新媒体平台促进了人们与美食的直接碰撞，可以说是达到了美食传播的最终目的之一——让人们享受美食。不论是以宣传交流为主的美食APP还是以刺激美食消费为主的APP，都是美食新媒体领域中重要的一部分：通过前者了解到美食信息，通过后者直接享受美食，这样的饮食文化传播才算最完整的。

2. 美食自媒体大V（以微博为主）

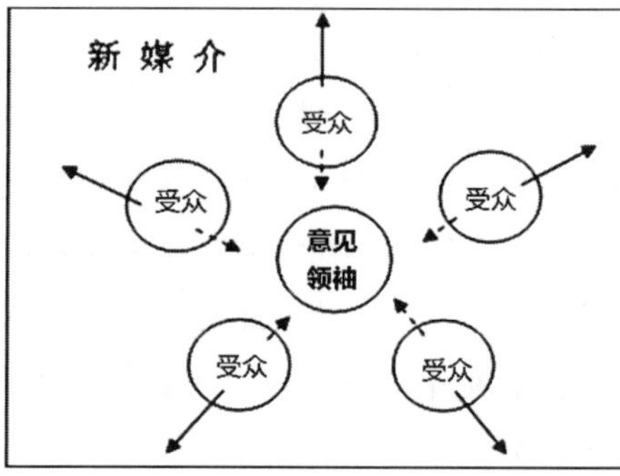

如果说意见领袖是专业者和分享者的交汇，是在某一领域内具有专业知识底蕴和优秀传达能力的“有内涵的传播者”，那么自媒体大V就是网络化数字化时代新兴的意见领袖。自媒体平台的开放性、自主性、即时性让各类型自媒体纷纷加入，充分利用自身文化资本进行内容创作，然后通过网络社交媒体将内容分享给大众，同时凭借个性魅力和互动

能力，吸引受众，在互联网平台上获得较多粉丝的支持，从而联结成一个小型的社交群体，甚至将粉丝转化为经济资本。

如李子柒，微博知名美食视频博主，微博签约自媒体。其专注古风美食视频制作，在她之前，还没有其他团队或个人尝试过。从内容策划、视频拍摄到后期制作都是她自己一人包办。其内容主要围绕中国传统文化，向人们介绍传统的美食、器物的制作方法，包括玫瑰酱、桂花酒、老月饼、千层布鞋等，古色古香，意境悠长，同时拍摄手法也颇为独特。

她试图还原古老的制作工序，用最原始的炊具、最简单天然的食材，创造出散发着浓浓乡土田园风情的美食作品，再配以唯美的古风画面，这些丰厚的视频内容吸引了大量网络粉丝。数据显示，在李子柒视频发布仅3个月时间，她的单个视频全网播放量达到1300万次以上，微博话题阅读量数亿，活跃程度直逼甚至超过2016年第一网红papi酱，让很多专业团队望尘莫及[7]。

日食记的创始人姜轩带领他的团队通过独特的拍摄手法，比如精美的镜头、高超的剪辑、悠扬的音乐等，制作了一系列美食短视频，让他们一下跃升至美食博主首位；数据显示，短视频《圣诞节的姜饼人》一发出就在新浪微博的话题讨论中获得了73.1亿的阅读量。

密子君是美食达人，美食视频自媒体，而且作为网络主播，密子君可以通过多个新媒体平台比如斗鱼、B站等来进行直播表演，而不局限于微博这一个平台，这无疑体现出了新媒体的灵活性和巨大活力。

在当代快速的生活节奏和新媒体环境下，大众的信息接受习惯较之以前有了很大的改变：快速而丰富。基于此，美食短视频应运而生，其信息表达的时长更短，内容又比较精确而丰富，又具有直接作用于视觉听觉等表层感官的冲击力，能够很好地适应现代人碎片化接收信息的习惯，正因为如此，短视频成为了美食自媒体大V最常用、粉丝受众最喜欢的美食传播形式。

3. 美食公众号（微信）

如果说微博是弱关系的传播平台，志趣相同或相似的大众能够在微博上找到感兴趣的话题内容，并自发地进行点赞、转发和评论，从而扩大信息的传播范围和知名度，那么微信就是强关系平台，好友大多是生活在同一圈子的人，通过微信能够起到口碑传播的良性作用。一定意义上，美食微博往往侧重提高饮食文化传播的广度，美食微信（公众号）则侧重提高饮食文化传播的质量与深度。

外婆的灶台，是一个主打小众美食的公众号。微信推送往往在深夜发出，看新鲜食材烹饪成美味佳肴是非常享受的过程，再配上一些小段子，清新又幽默。其在推文的题目上标新立异，引起受众关注，整洁利落的排版，精致的配图，温和的色调，使得推荐的食物呈现出了最合适的样子；运用感性营销，文字优美感人，注重内容创作，用图片和文字将食谱分解，一步一步解构食谱，食材甚至精确到克。这一公众号主要

是利用受众对食物的记忆，还原出受众记忆深处的味道，需要明白的是，单独的食物是不能调动受众情感的，只有蕴含着感情的食物，在情感容易喷发的夜晚出现，才能更轻易引起受众的共鸣。

美食台是一个粉丝受众较多的美食公众号。与诸多美食公众号不一样，美食台的美食推送中首先会有一个5分钟以内的短视频，介绍某道美食的原材料和制作步骤，之后以图片形式介绍其他美食，并将图片作为视频链接点，可以让阅读者跳跃到另一个美食世界中，图文并茂，加以视频的有趣解说，可以说极富美食韵味。值得一提的是，美食台并不单单只介绍各种美食的制作，还别出心裁地推送比如皮肤护理、家居生活等各种各样的信息，这无疑使得公众号更具吸引力。

味国争光是一个全新的美食文化公众号。味国争光旨在以美食典故、传奇故事、食肆活动、匠艺匠心、名家点评、东方食空、食品产业、餐饮经营、菜品开发、国际交流、美食美学、市场推广等板块为“着眼点”和“着力点”，力图用独特的审美视觉和人文情怀，通过全新的表现形式，经过精心的策划、孵化、历炼和默默的“精耕细作”，逐步成为大众喜爱的美食天地，成为新媒体的翘楚，成为传播中华食文化的“平台”，成为悦见美食的“橱窗”。

普通的美食公众号大多止步于美食的基本信息传递，比如美食制作步骤、美食寻访信息等比较浅层的信息，而对于美食背后所蕴含的精神文化信息却很少有涉及。“味国争光”公众号在进行美食基本信息传递的同时，更倾力阐释和传播美食文化精神（人文、哲学、禅学等）。即是说，“味国争光”摆脱了当下美食公众号的固有模式束缚，集美食信息科普和美食精神传播于一体，由浅入深地将美食推荐给受众，并从根本的“心灵”“精神”的层面牢牢吸引粉丝受众，从而大大提升了饮食文化传播的深度和力度。

关于美食的微信公众号还有很多，比如吃货研究所、重庆嘿好吃、东方美食烹饪艺术家、餐饮视界等，难以尽例，有个人经营的，有团体甚至是公司经营的，但一般来讲个人经营的美食公众号较少，且发展前景较差，而团体经营、公司经营的美食公众号，因为有着较好的资本力量而显得更有活力和持久力。

与微博自媒体多以视频为主要表现形式不一样，美食公众号往往以图文结合为主要表现形式——图文的“图”，给人以最直接的视觉刺激，图文的“文”，给人以较深层次的意义思考触动。

在此意义上，图文形式对于饮食文化传播有着极其关键的作用：由浅层的视觉感应到深层的文字思索，它让人一步一步地走进其所布置的美食世界，去逐步体会图文共同表达出的美食韵味，并且图文与短视频不同，它的相对静态（没有声音）给人以无限的遐想空间，想象这图文的制作过程，想象这图文所可以蕴含的美食故事，等等，当然，优秀的美食图文离不开三样东西：图片摄影、文字写作、图文排版，缺一不可。只有图片和文字以某种“状态”完美地结合在一起，其所蕴含的饮食文化信息才有可能最准确地被传播出去。

毋庸置疑，新媒体已经成为了饮食文化传播的主要形态，除了前面阐述的专业美食新媒体之外，还有许多新媒体平台，比如抖音、快手、火山小视频等，它们大都以短视频为主要的信息传播形式，其中散落着大量的“非系统”的饮食文化信息，是整个饮食文化传播中不可忽略的部分。

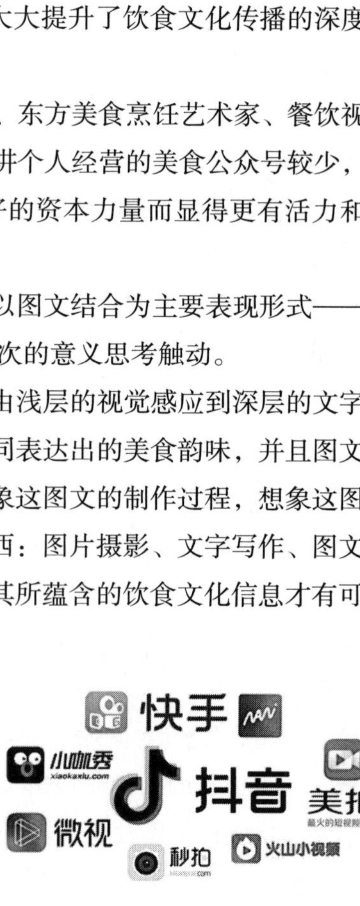

美食新媒体是“互联网+”时代的“新宠”，是饮食文化传播的强力“助推器”，它让“民以食为天”深入每个人的生命与生活中，它让“治大国如烹小鲜”成为意见领袖的永恒话题，它让美食典故、食肆活动、中国菜、中国味道成为大众的话题，它让行业领袖、学者、美食专家、高校学生、食品生产商、酒店餐饮的掌门人在其影响下自觉或不自觉地成为传播主体和传播受众。新媒体环境下，人人都可以成为新媒体执行者，人人都可以通过自己的平台、根据自己的专长和兴趣去传播饮食文化信息，从而最大限度地扩大了信息传播范围，这是传统媒体难以企及的，美食新媒体是推动饮食文化传播的“核动力”。

（四）餐饮品牌策划中的新媒体运用

饮食文化传播固然属于文化活动范畴，但基于经济与文化的辩证关系，以及和平与发展的时代主题，经济和科技对于饮食文化传播的促进作用是巨大的。市场化、商业化性质的餐饮品牌策划作为一项经济性活动，其在饮食文化传播领域有着特殊的地位与作用。

餐饮品牌策划对新媒体的运用，主要在于品牌宣传视频的参与制作，以及品牌新媒体营销的设计、制作和实施。

第一，餐饮品牌宣传视频的参与制作。视频特别是短视频是新媒体最常用的信息传播形式，通过“短视频”来展现餐饮品牌最具地方特色的饮食文化。

第二，品牌新媒体营销的设计、制作和实施。餐饮品牌策划中的新媒体营销，这里以品牌开业易企秀的设计、制作为例。易企秀属于APP（网站）形态的新媒体平台，或者说是一款针对移动互联网营销的手机幻灯片、H5场景应用制作工具，其将各类营销方案转移到更为便携的手机上，用户随时随地根据自己的需要在PC端、手机端进行制作和展示，随时随地通过互联网进行网络营销和新媒体营销。比如阿大美蛙鱼头、明珍手工肥肠粉、牧兰沁、潮鱼捞等餐饮品牌的开业易企秀设计、制作和发布，方便而快捷地向社会传递餐饮品牌特色信息和开业营销信息，取得了很好的餐饮文化传播效果（限于纸质文本的局限性，易企秀的动态案例无法展示，请海涵）。

餐饮新媒体传播是我们在进行品牌策划的过程中，一个重要的工作流程，它要求我们既要站在品牌战略的高度去展示品牌的内核，又要站在品牌经营的角度将最贴近客户、最贴近消费者的看点、卖点找出来，“有的放矢”地去点燃它、引爆它……多年的餐饮策划实践告诉我们，有效的传播可能就是那一句“杀心子”的话，可能就是那一张秀主题的“图腾”，可能就是那一碗让你垂涎欲滴的菜肴，可能就是那一个正在拍摄的“她”。

（五）新媒体环境下饮食文化传播的时代特点

整体来看，新媒体环境下的饮食文化传播，呈现出一种相互取鉴、相互交融的新要求、新趋势，传统媒体和新媒体之间的碰撞、各种传播形式的组合、传播主体和传播受众角色的转换等方面也发生了不同于以往的变化，从而慢慢形成一个区别于传统的充满活力和潜力的新的饮食文化传播网络，表现出了“多元趋势，多维发酵”的总的时代特点。

1. 传统媒体与新媒体之间：碰撞与交融

新媒体的“侵略性”与“核动力”“逼得”传统媒体不得不对其“投怀送抱”甚至“华丽蝶变”，比如前文所提到的电视节目的网络化以及美食杂志的新媒体化。也因此，传统媒体和新媒体的界限变得模糊了。值得思考的是，传统媒体在进行新媒体化之后是仍旧作为传统媒体而存在，还是作为一种新的新媒体形态而存在，是新媒体改变了传统媒体，还是传统媒体改变了新媒体，这些问题有待商榷。

2. 各种传播形式的组合：多元化

饮食文化的传播形式主要有文字、图片、视频等。文字、图片、视频在以前很难出现在同一个传播平台（媒介、即传播主体），而在数字技术网络技术以及其他技术支持的新媒体环境下，这三者完全能够成为一个有机的饮食信息整体，从而使饮食文化信息的传播变得更有感染力；文字和图片可以组合，文字和视频也可以组合，图片与视频也可以组合，根据传播媒体的不同性质与特点选择不同的组合形式和传播方式。各种传播形式都有自己的优势和特点，这里不予赘述。

3. 传播主体和传播受众的角色变化：界限模糊

新媒体环境下，人人都是新媒体。人人都是传播主体，人人也都是传播受众；人人都是信息发出者，人人也都是信息接收者。在数字化、信息化的“互联网+”时代，凭借着“新媒体”这一新的信息传播形态，人与人之间的信息交互频率加快，信息交互量增多，最终对传统的比较严格的信息传播角色关系产生了最深刻的冲击：信息传播主体与信息传播受众的界限“被深深地模糊化”了，进入了一种“你中有我，我中有你”的密不可分的信息传播关系状态。

新媒体环境下的饮食文化传播，传统媒体和新媒体各自扮演着不同的角色，使得传播平台多元化、多样化，各种传播形式也充分体现出了各自的特点和优势，比如文字之精确、图片之传神等，相互组合和融合，饮食信息则在此多元化传播过程中不断深化并进行多维发酵，从而更富有吸引力、感染力，最终提高了整个饮食文化传播的广度与深度。

新媒体的传播从某种意义上来说是一种“病毒式”的传播，这使得饮食文化传播网络变得丰富起来而表现出新活力和新特点，而通过对新媒体环境下各种传播实践的阐释分析，我们可以提出对新媒体环境下饮食文化传播的新思考。

三、新媒体传播的思考

（一）新媒体传播的效果思考

当今的新媒体如过江之鲫，难以计数，有全国性的，行业性的，地方性的，企业的，民间的……这些新媒体可谓是“各显神通”，力图在美食传播领域占据一席之地，但它们的传播效果却参差不齐。有的新媒体上线三五个月就“夭折”了；有的新媒体缺乏原创精神，其内容枯燥无味，只是个“摆设”，发到朋友圈也无人问津；有的新媒体发一些东拼西凑的文章图片，试图取悦于大众，结果事与愿违；有的新媒体文章内容精致，但缺乏有效的传播平台和方式等，最终空留遗憾；有的新媒体不按时更新内容，让忠实的粉丝取消关注……须知，能够“过得了江”的“鲫”，终究是少数。

1. 影响新媒体传播效果的因素

笔者认为，粉丝量、阅读量、评论量、流量是影响饮食新媒体传播效果的主要因素。其中，粉丝量是新媒体产生传播效果的基础，没有粉丝量，饮食新媒体就如同“无根之木”“无源之水”，阅读量、评论量、流量就更无从谈起；阅读量、评论量、流量是新媒体产生传播效果的具体数据展现，也是新媒体生存、发展的直接动力，更是新媒体立足于新媒体领域甚至整个媒体领域的无形资本——有了阅读量、评论量、流量，新媒体才有可能聚焦社会目光甚至获得相关话语权。

具体到饮食文化传播领域来讲，良好新媒体传播效果的获得，关键在于“走心”的创意，“杀心子”的标题和语言，“爆棚”的“颜值”（图文），恰当的传播方式、平台、“节点”、“燃点”，等等。美食新媒体应当充分利用日新月异的网络技术和数字信息技术，准确把握传播受众的饮食生活需求和文化审美需求，结合上述关键点，才能让美食新媒体在“大江”中“乘风破浪”，成为那条“过得了江”的“鲫”。

2. 新媒体传播效果的误区

在“互联网+”时代，粉丝群、部落群成为新的社交圈和信息圈。饮食新媒体平台不断出现，让社群圈拥有了自己的“传播阵地”，他们凭借其“姿色”与“COOL”吸引着具有共同情趣的粉丝，信息传播也呈“病毒式”的喷发。

笔者认为，新媒体让现代人的朋友圈变得丰富多彩，信息交往更加快捷畅通，从某种意义上来讲，我们每个人都自觉或不自觉地成为新媒体的传播主体与传播受众，试想，我们离开了新媒体，或者离开了微信，离开了抖音，离开了微视频……我们的工作与生活一定很淡然无味。

但是，在新媒体传播领域中，目前却出现了“热过头”与“泛滥”的趋势，造成受众的抵触和反感情绪。一些新媒体平台被虚假信息、低劣信息闹得“乌烟瘴气”，一些有正能量的新媒体在一定的环境下，难以“独善其身”，一些新媒体主创方缺乏对新媒体传播方式、质量、维护上的正确理解，以为建立了公众号就可以实现他们的有效价值。据相关调查，60%的公众号都是“僵尸”，20%的公众号生命周期不到一年，10%的公众号三个月不到就“停止呼吸”了，只有10%的公众号其关注量、粉丝量、阅读量比较可观。基于此，我们认为新媒体向高标准的规范化方向发展，是时代的要求，是市场的呼唤，也是新媒体健康发展的必然趋势。

（二）新媒体传播的法律思考

新媒体的准入门槛过低，任何人都可以通过微信、微博、抖音等平台传达自己的主张。俗话说，“林子大了什么鸟都有”，这种现象也导致一些新媒体平台“鱼目混珠”，导致新媒体质量“良莠不齐”，新媒体健康有序的发展，也给其自身提出了标准化、法律化等方面的要求。

1. 提高准入标准

文章第一部分便说过，新媒体最突出的特征是“个性化”，是其对于传统媒体复杂组织结构的简单化，这使得全民成为新媒体执行者成为可能，进而使得各个新媒体平台不断涌现。这既体现出了新媒体的活力，也蕴藏了不容忽视的“危机”——许多劣质新媒体平台趁虚而入，“非专业”“不负责”地散播虚假信息、负面信息甚至是有巨大潜在危害的信息，从而对信息接收者以及整个社会产生不良影响。

基于此，笔者认为，目前已经到了对饮食新媒体进行规范的时候了，首先要从法律层面上提高新媒体的准入标准，对新媒体的信息内容、信息形式、组织形式等方面进行严格的准入检测和评估，这可以从源头上避免许多危害信息的传播，让真正蕴含正能量的信息平台进入新媒体领域，而将那些有着潜在危害的拒之于新媒体领域大门之外。

2. 加大惩罚力度

新媒体领域出现一些问题并不可怕，关键是我们要形成一套有效的诊治措施与方法。比如快手APP内容入口曾经存在大量的“未成年妈妈”视频，一时间掀起一股“未成年妈妈”浪潮，最终被相关部门要求下架整改，彰显了执法的威力。笔者认为，解决新媒体存在的一些弊端，是一个既治“标”又治“本”的过程，是一项长期而艰巨的工程，处罚的前提是“正本清源”，让“常见病”“多发病”得到有效的预防与根治。

3. 健全监管制度

新媒体既象征着信息传播的活力，也蕴藏着巨大的信息诱惑，因此各种组织形式的入口和平台很容易“变质”。除了对已经“变质”的平台进行法律性质的严格惩处之外，对那些尚未“变质”的入口和平台也应该进行法律性质的系统化制度化监管，避免其“变质”。监管的对象，包括前面论述的“市场准入”和“奖惩实施”，当然还有对其他方面的监管，其贯穿于新媒体及其平台产生、发展的全部过程以及整体环境。

（三）新媒体传播的其他思考

饮食新媒体已经“纷至沓来”地“挤”进我们的学习、生活和工作中，目前，我们对饮食新媒体的认识与研究尚处在空白阶段，这块“一亩三分地”还没有引起很多人足够的认识与关注，当新媒体环境下的饮食文化传播“悄然而至”的时候，迫切需要我们的专家学者和有识之士站在更高的层面，更专业的角度去“开疆拓土”，从行业战略、危机对策、科学技术、学术文化、饮食哲学、美学传播、国际交流等领域进行更深入的调查、分析、研究与思考。笔者限于所掌握的资料与学力水平，本篇论文只是“蜻蜓点水”“抛砖引玉”。

四、结语

饮食新媒体凭借“新语境、新场景、新姿态”的呈现方式，凭借“多元趋势、多维发酵”的传播特点，为饮食文化传播注入了不同凡响的生命气场，它释放出来的“网络能量”，投影出来的艺术高度和审美情趣，丰富多彩，雅俗共赏，它将饮食习俗，食肆活动，产品颜值，人文景观，美食哲学，或碎片化、或时尚化、或复古化、或平民化等方式凸显出来，让新媒体“美食空间”“如鱼得水”般地游弋，它把“庙堂之高”与“江湖之远”定格在饮食文化的传播中，它扛鼎着现代人特别是90后、00后对中华美食的固有情怀与梦想。

从一定意义上来讲，新媒体正在将饮食文化传播推向前所未有的广度和深度。

参考文献

[1] 朱家安. 文案觉醒: 激活新媒体人内容创作的本能[M]. 北京: 机械工业出版社, 2016.

[2] 朱家安. 文案觉醒: 激活新媒体人内容创作的本能[M]. 北京: 机械工业出版社, 2016.

[3] 中国互联网络信息中心CNNIC第41次《中国互联网络发展状况统计报告》.

[4] 朱家安. 文案觉醒: 激活新媒体人内容创作的本能[M]. 北京: 机械工业出版社, 2016.

[5] 朱家安. 文案觉醒: 激活新媒体人内容创作的本能[M]. 北京: 机械工业出版社, 2016.

[6] 林刚. 新媒体概论[M]. 北京: 中国传媒大学出版社, 2014.

[7] 李子柒的个人资料曝光2017最火网红就是她了. 秀目网http: //www. xiumu. cn/yule/2017/1203/0244901. html.

[8] 万建中. 第二届中国食文化研究论文集[C]. 北京: 中国轻工业出版社, 2017.

[9] 过常宝主编, 周海鸥著. 食文化[M]. 北京: 中国经济出版社, 2011.5.

[10]王仁湘. 往古的滋味: 中国饮食的历史与文化[M]. 济南: 山东画报出版社, 2006.

茶与生活·茶与四季

张丽娟

（北京联合大学，北京　100101）

摘　要：茶承载着中华民族的传统优秀文化，对社会及文化的影响广泛而深刻。在中国传统文化和艺术宝库中，茶文化无疑是一颗闪耀着人类智慧光芒的明珠。茶兼具自然属性与社会属性，是人们生活中常见和必备的健康饮品，以茶怡情，以茶交友，茶与国人的社会生活密切相关。茶承载着众多的社会礼俗现象，茶文化与现代文明和谐共生，影响至今；中国茶文化也影响着世界，还将绵延其更深远的影响。茶亦雅亦俗，充满温馨与美好，四季品茶，老少皆宜。

关键词：茶　茶文化　四季品茶

一、茶与生活，说茶悟道

“南方有嘉木”，中国是茶的故乡。茶圣陆羽所撰《茶经》问世千余年，《茶经》记载，“茶之为饮，发乎神农氏。”茶，或归于瑶草，或归于嘉木；茶，嫩芽，香叶。茶不仅具自然属性和物质功能，还具精神价值与审美价值，具有社会属性。

千年前，陆羽在《茶经》中已将制茶、烹茶、品茶视为一种富有美感、意境和哲理的艺术活动。“闲来无事看彩云，花开花落自品茗”。茶，可独品，可对饮，可众品。“一勺茶，一壶水”，经过冲泡就完成了中国最具传统意义的饮品。一本书，一杯茶，品茗、悟道。“一饮涤昏寐，再饮清我神，三饮便得道”。于清静之中，欢喜自生。

茶为国饮，兴于唐而盛于宋。人类最早的种茶、制茶、烹茶、饮茶、品茶的生活方式诞生于中国，茶是中国老百姓日常必需的，不可或缺之健康饮品。梁实秋曾在其《忆故知》中说“不喝茶还能成为中国人吗?”

茶不仅为文人墨客称道，众所周知，茶与国人的社会生活息息相关。美学家刘刚纪先生曾说“在人类历史发展过程中，饮食越来越成为一种文化现象，特别是它同人与人之间的社会感情交流，同庆典、聚会、祭祀等结合在一起的时候，饮食文化更有超出生理情感的审美意义了。”我国民间在待客、婚嫁、祭丧等场合，形成了流传已久的以茶为礼的社会习俗。茶承载着与之相关的众多的社会民俗现象，以其精神内涵和文化象征成为了中华传统文化的重要组成部分，并与现代文明和谐共融。

二、茶与诗，茶与文化

饮茶是祖先和现代人的生活所必需的社交文化；也是人们追求内心平和、宁静的精神文化象征和生

作者简介：

张丽娟（1969—　），女，北京人，北京联合大学旅游学院餐饮管理系教师，硕士、副教授；研究方向：餐饮服务心理、消费心理、饮食文化。

活情趣。“柴米油盐酱醋茶”“琴棋书画，诗酒花茶”。茶于国人，亦俗亦雅。流动于雅俗之间的茶，创造并生成着人与自然、精神、文化、社会关系的图示。

人行草木间，茶中有乾坤，茶中有礼仪，茶中有诗情。茶可待客，茶可会友，茶可怡情。“晚来天欲雪，能饮一杯无”，说得虽然是酒，茶亦醉人何必酒？“闲云野鹤伴清风，慢敲棋子品香茗”，朋友小聚，品茗引思。“客来正月九，烹茶香胜酒。”客来敬茶，茶来茶往，成为传承至今的社会交往礼俗。一杯茶中体现着中国人的款客之情、待客之道，凝聚着中国传统文化的精神意蕴。

“二月山家清谷天，半坡芳茗露华鲜”。“明前”“雨前”，人们伴着时间的印记，沉浸于茶香之中，感受苦涩与清新。“半壁山房待明月，一壶清茗酬知音”。秋高气爽，皓月当空，品茶赏月，画意诗情。悠悠天地间，人与茶共生。茶中有真味，茶是灵魂之饮，可通心达境；氤氲于茶香之中，日复一日年复一年。茶生情致美，是生活美学，是生活的艺术。

茶起源于中国。中国悠久的制茶历史和饮茶传统形成了异彩纷呈的茶文化。茶文化，即凝结于茶物质之中又游离于物质之外的，被传承下来的茶历史、茶地理、茶社会习俗、茶生活方式、茶文学艺术、茶行为规范以及茶价值观念等，它是人们之间进行交流的被普遍认可的一种能够传承的茶物质财富与茶精神财富的集成。

茶承载着中华民族的传统优秀文化，对中国社会及文化的影响深刻而广泛。以茶表敬意，以茶礼仁，以茶修心养性，以茶协调人际关系。我国茶文化具有自然、达观、包容的精神，多方体现出儒家中庸之“温、良、恭、俭、让”的精神，是儒家思想鲜明、充分、客观的表达。中国的茶文化吸收了儒家、佛家、道家的思想之精华，蕴含儒家的“和谐、中庸、中正”思想、佛家的“宁静淡泊”思想，以及道家的“天人合一”思想，“儒释道”相融共生。

茶很早走出国门，走向了世界。一个世纪以前，中国红茶被英格兰人赋予了优雅的形象，在缥缈的水雾与甘苦难辨的滋味之中，人们感受到茶带来的精神愉悦，并逐渐形成繁复华美的红茶品饮方式，发展成为西方文化观下追求奢华的物质文化的表象之一。让世界爱上中国茶，“了解中国文化，先从学会喝一杯中国茶开始”。中国茶文化影响着世界，中国茶文化足以影响世界，还将绵延其更深远的影响。

三、四季之品茶

从种茶，采茶，制茶，到泡茶，煮茶，饮茶，茶给人们的生活带来了情趣与乐趣。每日一茶，茶成为日常生活的一部分。夏饮透心，冬饮暖心。“日高人渴漫思茶”，茶饮生津、提神、爽气。北方人爱花茶，茶香花美，花助茶香；“烧好水，泡好茶”，茶香四溢。

《黄帝内经》云“春三月此谓发陈，天地俱生，万物以荣”。春饮花茶，健脾行气，散发寒邪；夏饮绿茶，清热止渴，解毒；秋饮青茶，润喉益肺；冬饮红茶，驱寒暖胃，健体。茶作为饮品，其普适性之广，无其他软饮能比及，春夏秋冬，四季皆宜。传统的茶饮、茶馔与今天更多的由茶衍生的创新时尚茶品，不断丰富和美化着人们的生活；饮茶、品茶、吃茶，悠悠千载，影响至今。

“春耕、夏耘、秋收、冬藏”。西湖龙井的独有滋味与色形，祁红的高香与明艳，福鼎银针的灵动与飘逸，还有那带着萌萌绒毛的柔嫩的碧螺春，台湾的东方美人、冻顶乌龙，人生沉浮，品茶无数，说不尽，道不完。茶之种类繁多，非专业茶人所能完全掌握和辨识。对于日常饮茶、品茶而言，既可随时令变换选择茶品，顺应天时，实现人与自然的和谐；又可情有独钟，率性随意，根据喜好选择茶品。新茶清新、鲜醇，老茶劲道、醇厚。数九寒天，隆冬时节，泡上一杯海南早春新绿茶，在北国倚窗赏雪，品南方春意；或煮上一壶老茶，“未曾入口先有情”，临窗把盏，茶香袅袅，暖意融融；似水流年，体味时间陈化，滋味甘香，韵味悠长，茶中有时光，茶中有回忆。

茶滋养着我们，一壶热气腾腾的香茶，茶美、水美、器美，三者相得益彰。“水为茶之母，器为茶之父”，闻香品茗，欣赏茶器之美，享受茶香之趣。茶香究竟是一种怎样的香，沁人心脾，使人悦目、赏心、怡情。茶之香，似花、似果、似蜜；兰花香、桂花香、杏仁香、菌香、松烟香、粽叶香、焦糖香、牛奶香、岩骨花香，三杯两杯，口齿留香，芳香中有苦涩，苦涩中蕴回甘，那是生命之香，难以言尽。

茶器之美又该如何表达，方可达意传情。中国茶器种类繁多，茶壶、茶杯、茶碗、茶船，造型优美，兼具实用功能与艺术价值，其中传递着匠人之心和文人意境与审美表达。“一壶得真趣”，是生命之趣。“物有悦人之心，人有惜物之情”。大自然的造化贻赠给人类和敬清雅的茶，天地之精华汇聚其中，茶里有雨露，有阳光；壶中有日月，壶中有天地。

作为中国传统文化的重要组成部分的茶文化，不仅包含着自然之韵味，还包容着浓浓的生活味儿与人情味儿。宋人苏汉臣所绘《百子图》中的孩童，在春夏秋冬四时，或赏花，或调琴，或嬉戏，或手拿小茶杯自在地喝茶，自然灵性，平安喜乐，跃然画上。一家人围桌而坐，午后喝茶，静享家之温馨。茶的温度就是家的温度，也是生活的温度。儿时的记忆中，喝着姥姥的“高末”长大，浅浅半杯，小儿足矣。每每忆起，仿佛又回到姥姥的身边儿，回到姥姥家的热炕头和夏日清凉的小庭院的生活，顿生幸福与满足，世代延续，留在身上的精神印记变得鲜活起来，唤起心底温暖而柔软的回忆。

一杯茶可以容我们暂时停歇。约上三五知己、好友，相聚品茗，“有情饮水饱”，有滋有味有意趣；是“放下”的身心愉悦，是得来“浮生半日”的清闲。一边品茶，一边静听夜雨，细品时间味道；一边品茶，一边雪霁赏梅，慢享生活节奏。一边品茶，一边山顶观霞，效仿东坡居士与友人瘦西湖畔，蜀冈之上，在“山色有无之中”，感受“衔远山，吞长江”之势；体味先人笔下“江山本无主，闲者是主人”的简单与豪迈，无牵无挂，悠哉、闲适。亦雅亦俗之间，茶给我们带来曼妙与至美，闲情雅致，无上乐事，妙不可言，美不胜收。

一茶一叶总关情，沉浮之间皆人生。有茶相伴的日子充满了温馨与美好，有茶的地方就有生活，有茶的日子，就是好日子。

参考文献

[1] 尧水根. 论茶的自然性与社会性[J]. 农业考古. 2017, (2):205-208.

食文化的历史与发展

“三德六味”：汉传佛教饮食礼仪初探

关　明

（云南民族食文化研究所，云南　昆明　650051）

摘　要：我国的寺院常可听见“法轮未转，食轮先转”“身安则道隆”的说法。佛教认为“食”是生死症结的根本所在，若调食不当则不能与道相应。

1. 汉传佛教的饮食习俗是中国社会环境的产物。

2. “二时过堂，食存五观”，以及“段食”“触食”“思食”“识食”，是佛教饮食的精髓。

3. “三德六味”，是丛林饮食的规矩。禅悦为食，法喜充满。

4. 香积厨中出祖师是修行的结果。

素食成为汉传佛教的一种优良传统与特色，影响我国民间食素人群。佛教饮食藏智慧，有大道。佛教徒盛行放生、护生、养生，令人称道，韵味无穷。

关键词：　佛教　饮食　礼仪

一、佛教综述

佛教是世界性宗教之一，创始人是释迦牟尼，创立于公元前6世纪的古印度。目前我国佛教有三个主要的派别，分别是上座部佛教（又称南传佛教、声闻乘、小乘佛教）、大乘佛教（又称北传佛教、汉传佛教），以及密乘佛教（又称金刚乘、藏传佛教）。这三个大的派别之下，又分成众多的各种宗派。

1. 佛教的主要信仰内容

佛教，广义上说，包括它的经典、仪式、习惯、教团的组织等。狭义上说，佛教就是佛陀所说的教言，用佛教的术语来说，称为佛法，包括四圣谛、缘起法、四法印、四摄六度、八正道等教义，解释人生和世界的问题。

佛教教义的基本内容简单来说，就是世间的苦（苦谛）和苦的原因（因谛或称集谛）以及苦的消灭（灭谛）和灭苦的方法（道谛）。谛是真理的意思。佛教经典非常多，其实都没有超出这四圣谛，而四圣谛所依据的根本原理是缘起法，佛教的所有教义都从缘起法而来。

2. 佛教在中国的流传和发展

佛教传入中国的时间说法有八种之多。比较流行的说法是东汉明帝永平十年（67年）的白马驮经说。近年来，中国佛教协会确定将西汉哀帝元寿元年（公元前2年）伊存授经的传说视为佛教传入中国

作者简介：

关明（1951—　），男，中国餐饮业国家级一级评委，劳动和社会保障部国家级裁判员，云南省星级美食名店评委会委员，云南省非物质文化遗产保护专家委员会委员，从事民族饮食文化研究。

中原地区的标志，至今已有2000多年的历史。中国佛教由于传入时间、路线、民族等因素不同，形成上座部佛教、汉传佛教、藏传佛教几个传承系统。

二、汉传佛教的饮食禁忌

佛教传入中国汉地以后，与中国儒家的社会伦理道德有明显不同，因此佛教徒在生活方式、社会交往、人生禁忌和信仰活动等方面，都与世俗百姓有着显著的区别，这些独特的风俗习惯构成了中国佛教文化的一个重要内容。中国佛教禁忌风俗一方面来自佛教本身的戒律仪规；另一方面也受到中国本土传统民间风俗的影响。它是随着佛教在中国文化圈里的传播而逐渐形成的。这些禁忌一经形成之后，反过来又推动了佛教向民间的广泛传播。

原始佛教时的僧人以乞食为生，在律藏中关于“食”的规定非常多，都是佛陀依着当时的情境而加以制定的。佛教传入中国后，为适应民情风俗，中国僧人食物的来源、形式与内容，就产生了另一番新的风貌。

1．农禅生活，自耕自食

佛初时，比丘们身披袈裟，手持着钵，四处乞食游化，只有在雨季里，才回到精舍或固定的一处结夏安居，此时不再出外托钵。对僧人而言，“乞食”蕴涵着深远的意义。一方面是降伏骄慢，不贪美味，毫无选择，专心修道；另一方面则是藉乞食因缘与居士接触，给予布施种福田、说法的机会。所以，乞食是僧人的正命，垦土掘地、种植蔬果以致伤害生命，这是原始佛教所不许的。

佛教初传中国沙门仍然坚守着佛陀的遗教，后来僧人逐渐放弃托钵乞食的方式，最早可见的记录是东晋安帝义熙元年（405年）道恒的《释驳论》中指出当时沙门“或垦殖田圃，与农夫齐流”，可知当时僧人已开始耕种了。

中国僧人无法再过乞食的生活，这与中国的民情及僧团在中国的发展有关。首先，在中国的文化里，“乞讨”是卑贱的行为，在普遍重视劳动的社会，僧人乞食，被视为“不事劳作，不事生产”，难以获得社会大众的认同与尊敬；其次僧团人数不断增加扩大，寺院又位处偏远，端赖托钵乞食有实质的困难。在此情况下，自南北朝以降，皇室贵族以赐田与舍田的方式供养僧人，不再直接布施饮食，僧团也必须自行组织生产的方式，以便自给自足。到唐朝时，马祖大师创建丛林，百丈禅师立下清规，正式开启中国僧侣生活新常态，僧人开始过着“昼而农、夜而禅”自耕自食的农禅生活，百丈禅师“一日不作，一日不食”身体力行的高风亮节，成为后代僧人效法的榜样，在作务中修行也成为僧人奉行不渝的信念。

2．菜根香，佛门慈悲长

比之原始佛教的饮食，中国佛教最突显的是“素食”。在佛世时，僧人既是乞食，居士供养什么，比丘就接受什么，因此佛陀并未禁止僧人食肉，除了象肉、马肉、龙肉、人肉不得吃，其余肉类，只要不见杀、不闻杀、不为我杀（三净肉），皆可接受（见四分律）。

而大乘佛教是严禁肉食的，《梵网经菩萨戒本》即指出“不得食一切众生肉，食肉得无量罪”；《涅槃经》中也说“食肉者，断大慈种”。以慈心戒杀素食，正是悲悯众生、长养大乘慈悲的表现。而中国僧人素食也和笃信大乘佛教的梁武帝有莫大的关系。公元511年梁武帝召集诸沙门立誓永断酒肉，并以法令公告，违者严惩。由于帝王的推动，加上中国寺院自耕自食，广大的庄园提供素食来源，这项教团改革，收到极大的成效，直至今日中国佛教僧团仍坚行禅修、农耕、素食。

3. 二时过堂，食存五观

“过堂”，也是中国丛林中特有的仪制，它在僧伽生活中占有重要的地位，早、午斋的过堂，是出家人五堂功课中的两堂。

当云板响起，大众搭衣鱼贯进入五观堂，依序就坐，向上问讯后维那起腔，大众齐唱“供养偈”，供养十方三世一切诸佛，面对充饥养身的食物时，僧人再度提醒自己，不忘上求佛道、下化众生，要追随先圣先贤。早斋唱“粥有十利，饶益行人，果报无边，究竟常乐。”午斋则唱“三德六味，供佛及僧……若饭食时，当愿众生，禅悦为食，法喜充满。”

丛林过堂多使用碗盘，少数寺院使用钵，碗盘皆有一定位置，不得恣意摆放，添汤加菜由行堂服务，也不得出声、恣动。在饭食中须心存五观：（1）计功多少，量彼来处；（2）忖己德行，全缺应供；（3）防心离过，贪等为宗；（4）正事良药，为疗形枯；（5）为成道业，方受此食。并摄心用功，或持佛名号或参“吃饭的是谁”。末了，大众唱结斋偈，感念信施护持，回向众生皆得圆满。

整个过堂是一个安静的用食过程，住持和尚如有事便会在此时向大众宣布，称为“表堂”。每月初一、十五或特殊节日便加菜劳众，或有居士斋僧布施也加菜。

中国佛寺通常在大殿外右侧会设个小小的施食台，体恤饥困的众生。它是根据佛经中“旷野鬼神众”及“罗刹鬼子母”的典故而来，大众过堂时，都由一僧人负责出食，将七粒米或指甲许的面条，透过观想及大众的加持，施食给众生，愿他们同得饱满并去除悭贪。简朴的丛林用斋，象征的是高远的智慧与宽广的情怀。

4. 持午不易，提供药石

南怀瑾先生曾风趣地说，“世间惟有读书好，天下无如吃饭难。”佛教认为，早晨为天人食时，中午为法食时，下午为畜生食时，夜晚为鬼神食时。因而规定日过正午即不许进食，仅可饮水或浆，称之为持午或吃斋。禁断五辛，如葱、蒜、韭、薤、兴渠。禁食各种动物之肉。

佛制僧人日中一食、过午不食，中唐以前中国僧人皆严格持午，渐渐地，也如同乞食一般，经过时空的演变、适应而被放弃了。因为中国地理的南北幅员广阔，加上僧人的自耕自食，劳动量大，僧人终于放弃传统的佛制，寺院正式提供晚餐，称“药石”，药石皆吃粥，也称“晚粥”。而禅堂佛事期间，整日皆有活动，打坐、跑香交替用功，体力耗损甚巨，所以一日用餐达四五次，除早粥、午饭外，下午吃午粥（点心粥），晚上八点还吃一餐，也是吃粥或馒头，称为“放参”。

另外，还有出外求法的行脚僧，在前不着村，后不着店的因缘下，吃饭时间和食物没有保障，不受过午不食的限制，可以说什么时候得到食物，就什么时候吃，不过，当他们到禅堂挂单时，就必须随众。百丈清规附过堂规中，就针对云水僧这么规定：“一近午到，午饭随众；近晚到，晚粥随众；时过始到，补吃；晚到一宿，次日午饭即行。”

所以，僧人既不能严持过午不食戒，须用药石心态。明朝莲池大师所著的《沙弥律仪要略》提到“必也知违佛制，生大惭愧，念饿鬼苦，常行悲济，不多食、不美食、不安意食”，说明了僧人用药石时须心存警惕，具足惭愧和慈悲。

5. 香积厨中出祖师

中国僧人必须自行炊煮，负责僧众饮食的执事人便因应出现了，在百丈清规中记载了以下的执事：典座：职掌大众斋粥一切供养。饭头：负责煮粥饭。行头：于斋堂中执劳役。火头：负责烧饭锅。水头：负责大寮茶房及各堂缸水，常令盈满清洁。菜头：负责煮菜。桶头：负责洗净斋堂菜桶、饭桶。磨头：负责磨米麦、做豆腐。其他尚有炭头、茶头、锅头不等，各寺院因时因地而设，并不统一。

中国寺院丛林并有严格的厨房规约、库房规约，注明各执事的职掌及应具备的知见，如“寸薪粒米当知来处之艰难……更当思调和夫众口，酸咸适味、香软得宜，慎重烹饪，勿生轻忽，以供养为怀……粥饭三时，不得一朝失误……”作为僧人领执的指南，在执事中培养奉献喜舍的精神，更要反观自己的用心处。因此古来许多伟大的祖师皆出自大寮（厨房），如雪峰禅师当过饭头，沩仰禅师当过典座……“莫谓执事之外，更无所营，须知运水搬柴，无非佛事；舂米作饭，正好参求。”虽然中国僧人不再出外乞食，却在执事，尤其大寮执事中，互相护持，滋养色身、慧命，开辟了另一个成就道业的最佳修行。

三、汉传佛教的饮食主张

佛教认为，“一切众生皆依食住”。住有生存、安住之义，也就是说，一切众生必须依“食”而得以生存、安定。

1. 佛教从生理和心理的角度将食分为四种

（1）段食，指人体由对食物营养及色香味的生理需求而进行的摄取行为，由于饮食有粗细、餐次的不同，因而称为段食。

（2）触食，众生以眼、耳、鼻、舌、身、意六种官能（六根）去接触、摄取色、声、香、味、触、法六种境界（六尘），产生欲乐、适意的感觉，即为触食。

（3）思食，人的意识摄取各种名词术语、表象的活动。

（4）识食，与爱欲相应，执着身心为我的潜意识活动。

佛教通过这种划分，将“食”的概念扩展到精神领域，认为一切能满足人的物质需要和精神需求的东西都可称为食，它直接增益着众生的现前生命，同时关系着未来生命的再创。佛教在饮食问题上同样奉行中道哲学，既不自苦，也不纵食无度。皈依佛教的人，无论在家、出家，为了发慈悲心，增长功德，都要持佛教的戒律，最基本的是“五戒十善”，“五戒”是杀生戒、偷盗戒、邪淫戒、妄语戒、饮酒戒；“十善”是不杀生、不偷盗、不邪淫、不妄语、不两舌、不恶口、不绮语、不贪欲、不嗔愤、不邪见。

2. 素食成为汉传佛教区别于其他佛教宗派和其他宗教的重要标志之一

（1）素食的概念包括不吃“荤”和“腥”。“荤”是指有恶臭和异味的蔬菜，如大蒜、大葱、韭菜等，《楞严经》说：荤菜生食生嗔，熟食助淫。所以佛教要求禁食；所谓“腥”是指肉食，即各种动物的肉，甚至蛋，出家人都不能吃。所以大乘佛教经典《楞严经》等，都强调素食，严禁肉食，体现了佛教的慈悲观。不过素食的范围也比较广，例如：辣椒、生姜、胡椒、五香、八角、香椿、茴香、桂皮、芫荽、芹菜、香菇类等都可食用。豆制品、牛奶和乳制品，如奶酪、生酥、醍醐等不在禁止之列。

（2）不饮酒：酒能麻醉神经、能乱性，所以要绝对禁酒。不饮酒也包括不饮一切能麻醉人的饮料，包括米酒、果酒、大麦酒、啤酒等。能够麻醉神经与分泌系统的各种“毒品”，更在禁止之列。

（3）不吸烟：吸烟虽然不是五戒范围的内容，但是吸烟是一种精神依赖的不良习惯和嗜好，体现了一种精神的追求和贪欲，同佛教要求清净无我的境界不相符，因此也在佛教的禁忌之内。

（4）不吃零食：这是佛教对僧人的要求，既是僧人威仪的需要，也是僧人修行的需要。所以，同出家人共处时，不宜向僧人敬烟；同桌就餐时，不宜将素菜荤叫，不宜对僧人敬酒，劝酒，或者劝吃肉，也不宜提议同僧人干杯。

（5）吃食之法，不得将口就食，不得将食就口，取钵放钵，并匙箸不得有声。不得咳嗽，不得搐鼻喷嚏，若自喷嚏，当以衣袖掩鼻。不得抓头，恐风屑落邻单钵中。不得以手挑牙，不得嚼饭啜羹作声。不得钵中央挑饭，不得大抟食，不得张口待食，不得遗落饭食，不得手把散饭，等等。

四、“三德六味”

从佛教诸经典中，我们可以看出，佛陀是赞同佛弟子食六味调和之食，只不过是反对佛弟子一味地贪求美味而已。

紫柏真可禅师（1543—1603年）是明末四大高僧之一，他精于唯识与禅学，一生著述颇丰，有《紫柏老人集》和《紫柏老人别集》。紫柏禅师在《示厨文》论述了寺中厨师应明之理和应行之事，首先，紫柏禅师警示为厨者当明“三德六味”之理。

1. 何谓三德六味

何谓三德：即是清净、柔软、如法；何谓六味：即淡、咸、辛、酸、甘、苦六种味道。紫柏认为，寺院供佛僧之食，若不清洁，荤秽不拣，便失清净德；若不精细甘和，稍有粗涩，便失柔软德；若不随时措办，制选得宜，忽略纵情，兼未供流涎，便失如法德。因此，要求厨师所办饮食必须干净清洁，而且还应按时置办，合乎大众口味，不得制作不合三德标准的饮食。继之，紫柏禅师认为三德与六味相互调和，才是完全“三德六味”之理。对于六味，禅师也作了全面论述，他认为“盖淡味为诸味之体；咸味其性润，能滋于肌肤，故味之调者，必以盐为首；辛味其性热，能暖脏腑之寒，故味之辣者为辛；酸味其性凉，能解诸味之毒，故味之酢者为酸；甘味其性和，能和脾胃，故味甜者为甘；苦味其性冷，能解腑脏之热，故味啬者为苦。”

紫柏禅师详细地阐释了六味的具体含义，意在使厨师明白，作为一位合格的寺中厨师，并不是一件容易的事，他们只有明白“三德六味”的内涵，才能从观念上重视自己工作的神圣，从而认真备办六味俱佳的饮食。

其次，紫柏禅师论述了厨师具足“三德六味”的殊胜功德。他在《示厨文》中云：“三德无阙，六味无失，此等饮食，若触佛鼻，若入僧口，如嗅旃檀，如饮甘露，五内调和，百毛畅悦，身适心安，显资色力，冥资心力。色力得资，则身康健；心力得资，则神无扰，身康健则进道有资，神无扰，则观智易成。”如果饮食不如法，就会身多病，心多扰。紫柏禅师目的在于使修行人饮食能够六味调和，从而身心健康，精进开悟。

紫柏大师还认为，厨师若三德辨、六味精，更以无我、无人、无众生、无寿者之心，率领六根四肢，如法办造饮食，奉佛供僧者，可以称为“大慈悲菩萨”。佛经上也有言：三千诸佛皆出在厨中。这即是一位明辨“三德”，精于“六味”的厨师所获得的功德。不仅如此，禅师还认为，如能遵照三德六味之理行事，则“愚痴必破，般若必开，从罪必消，万福毕集，现在身心安稳，当来得无上道，登菩萨位，出苦有分在。”

再次，紫柏禅师还论述了违反三德六味之理的过恶。按照三德六味的要求备办饮食，厨者自会得到清净、柔软、如法三德。若不明三德之理，所做饮食不合六味要求，则会有无量过恶和苦报。禅师在《示厨文》中云：“修行人之性命，实系于厨中人之手，故厨中人三德不辨，六味不清，谓之牛头阿旁，杀人无外。”在此，禅师指出了厨人掌握着修行人的性命，如果他们不按三德六味要求备办饮食，就会和杀人没什么两样。由此可见厨人责任之重大。

紫柏禅师对于厨师所应具备的基本素质和基本技能作了全面的论述，他的这番论述不仅是对当时寺院厨师的要求，就是对现在的寺院厨师也能起到很好的警示作用。对于普通的修行者而言，禅师的《示厨文》不仅使我们明白了佛教的饮食观，而且也给我们正确维护法身慧命指明了方向。

2. 监斋菩萨

在农历正月新年前，扫去家中的一切尘土，意味去除过往一切不好，辞旧迎新。佛教在印度时就有在厨房绘制监斋菩萨的传统，在佛说经典和义净三藏的记载中都有所记载。在中国佛教里，监斋菩萨有一段富有传奇性的故事。据《河南府志》说，元代至正（1341—1368年）初年，少林寺有位行者，蓬头裸背跣足，手中常提着一根烧火棍，在厨房做杂务，尽职尽责，十分勤劳。由于地位平平，寺中竟然没有人知道他的姓名和法号。至正十年（1350年），刘福通等领导的红巾军突然围攻少林寺，由于事发突然，寺中僧众皆不知所措，在这危急关头，这位干烧火杂务的行者手提烧火棍，冲出山门，身体忽然长高数十丈，站立山峰之上，大叫“吾乃紧那罗王”，红巾军见此情状惊恐万分，到处逃蹿，少林寺因此免遭大难，但这位行者也在随后圆寂。至此，少林寺僧众才知道这位行者就是紧那罗王的化身。为了纪念这位行者的护寺之功，少林寺僧众在寺院中为他塑了像，建立了紧那罗殿，称他为护法伽蓝菩萨，并有像供于厨上，供奉为“监斋使者”，以圆满寺院饮食之事。塑像的菩萨头顶塑有发表上升的青烟，烟雾上有赤脚而立的观音像，形象则袒胸赤脚，手握烧火棍，完完全全一副武林人物模样。以此形成了佛寺在这天纪念监斋菩萨的传统。

3. 香积厨

在《维摩诘经·香积佛品》里提到，香积佛国的香气为十方三界第一，他们会用香饭供养诸佛菩萨，因此佛门的大寮又被称为香积厨（寮）。厨房服役是苦差事。别人禅堂修行时，他们在奔波买菜做饭；别人吃饭时，他们在一旁饿着肚子供应着，待大众吃完，才吃些残羹剩饭，厨房虽然是苦行地但却是成佛作祖之地。

丛林里，许多大德都亲自服役于厨房，修行人之性命，实系于厨中人之手，如法办造饮食，奉佛供僧者，谓之大慈悲菩萨。近代四大高僧之首的印光大师在北京龙泉寺的大寮出任典座师，现龙泉寺西跨院影壁上的题词“南无阿弥陀佛”，就是印光大师的手迹。还有六祖惠能大师在五祖弘忍的门下，在磨坊里推磨、舂米，所谓“腰石舂米”，但时间一长，石头磨破了腰背，伤口化脓后长出了蛆虫，虫子掉到了地上，惠能还把它拾起放回腰背，继续让它吃自己的肉。他说，虫子也有生命，在地上会被人踩死的。大师即使脚受伤了，一样随众作务，无论怎样卑屈的工作，他也任劳任怨，甘之若饴。大圆满祖师传中有个厨房开悟者故事。由此可见，佛陀通过亲身经历说明减饮食，食恶食于修道无益。真正的修道是由心而悟，而不是通过食粗劣饮食才能达到目的。因此我们现代寺院，在力所能及的情况下，应为僧众备办“三德俱足，六味调和”的饮食，使大众身心安适，道心增长。

五、素食养生

饮食对于一切生命来说，都是最基本、最重要的。佛教作为一种宗教的哲学体系，对饮食与人的健康、修行、传教的关系有着许多独到的研究和规定。

1. 素食养生

我国汉族地区僧人从梁武帝时代开始，即全面实行素食，以米、豆、杂粮为主食，佐以蔬菜、瓜果，不沾荤腥。据医学研究证明：人起源于灵长类动物，无论是牙齿还是肠胃结构，都宜以素食为主。现代文明病如高血压、冠心病、糖尿病、肿瘤或过度发胖等均与饮食高脂、高糖、高盐食品有关，而素食清淡、鲜美，营养丰富，不易伤脾胃，的确是一类有益健康、长寿的理想食品。许多僧人神清气爽，健康、长寿，少有上述现代文明病，即与他们长期吃素、不嗜烟酒有关。

2. 节食益寿

佛教为了有利于修行，特别要求僧人要节制饮食，并制定有过午不食戒。科学研究表明，限食有助延长寿命。世界四大长寿地区每天人均热量的摄取仅1200大卡，只有发达国家的一半。动物实验证明：限食的小白鼠要比随意进食的同类延长寿命三分之一。粗茶淡饭，吃七八分饱，有助清洁谷道、净化血液、减毒减肥、轻身健体。所以古人有“若要长生，肠中常清”的经验之谈；唐代百丈禅师作《丛林二十要则》也强调：“疾病以减食为良药”；古人据此还研究出一套“辟谷”术，即在一段时间内通过断食来祛病益智的方法。据医学测定表明，肉食者血液酸化，骨质疏松症和肾功能减退者发生率极高，在僧侣中上述疾患者较少发生，这与他们吃素和节食有关。过度饮食会加重肾脏负担，最终导致身体慢性中毒和衰老。

3. 戒断烟酒　倡导喝茶

烟酒都有使人上瘾的特性。吸烟对人的健康几乎可说是有百害而无一利，不仅有损个人的容貌形象，而且还污染环境，影响他人；若吸食鸦片等毒品，更是耗财夺命，为世界各国法律所严禁。饮酒过量，危害更多，不仅会造成酒精中毒，引发各种疾病，而且能使人乱性丧智，行为失控，从而给自己和社会造成严重危害。佛经中列举酒的危害多达36种，因此它被列为佛教徒应当遵守的五大戒之一。当然若为治病，佛教也允许少量饮用。至于烟和鸦片等毒品，在佛教创立之时尚未出现，因而未被纳入戒律之中，但根据佛教酒戒之精神，绝大多数佛教徒都能远离烟和鸦片等毒品。多数佛教徒不仅没有吸烟饮酒等不良嗜好，而且还有喝茶的好传统。茶有生津止渴、解酒去腻、提神益思解乏的作用，还能预防和治疗许多疾病，基本上可说是有百利而无一害。它虽然早在我国的周朝即已出现，但真正被作为饮料开始大量饮用，还是在魏晋以后，由于僧人的提倡而风行起来。许多禅寺“农禅并重”，种植、培育、制作了一些茶叶精品，在民众中享有盛誉。茶早已成为我国老百姓家中的必备饮料，目前也是世界公认的健康饮料。所以我们奉劝世人不吸烟，少饮酒，多喝茶。

4. 讲究卫生　实行分餐

佛教早在2500年前即规定：僧人饮水要过滤，避免食入不洁之微生物；饭前要念诵经咒，心怀感恩之情；集体吃饭实行分餐制，并须遵守必要的规矩，如不许浪费、喧哗、打逗等；饭后除了为施主祈福以外，须咀嚼柳枝用以洁牙，还要散步经行。其中不乏科学、合理的养生之道，值得我们借鉴。

六、茶禅一味

佛家讲究饮茶，有禅茶一味之说。茶早在我国的周代已出现，在晋代以前多用作药品或煮茶粥。魏晋以后，一些佛教禅师发现茶有提神益思解乏的作用，正好解决因午后不食及夜晚参禅出现的精力不够、又乏又困的问题，因而多方搜求或四处种植，大量饮用，推动了社会上饮茶风气的形成。在唐代禅宗创立之后，许多禅寺奉行农禅并重，种植、培育、制作了一些茶叶精品，久而久之成为了名茶。由于佛教戒酒，因此茶就成为了佛寺最重要的饮料。佛寺对茶的提倡、种植和需求，自然也影响到广大在家信众及各界人士，在长期的品茗、交流过程中，人们发现茶还能预防或治疗许多疾病，能生津止渴，解酒去腻，利多弊少，老少咸宜，于是争相饮用，创造出丰富多彩的茶文化，使茶成为了老百姓家中的必备饮料。

禅茶是指寺院僧人种植、采制、饮用的茶。主要用于供佛、待客、自饮、结缘赠送等。禅是一种境界。讲求的“禅茶一味”，“禅”是心悟，“茶”是物质的灵芽，“一味”就是心与茶、心与心的相通。中国禅茶文化精神概括为“正、清、和、雅”。禅茶文化，是中国传统文化史上的一种独特现象，也是中国对世界文明的一大贡献。茶与禅本是两种文化，在其各自漫长的历史发展中发生接触并逐渐相互渗入、相互影响，最终融合成一种新的文化形式，即禅茶文化。“茶禅一味”或曰“禅茶一味”。

“茶道”与“佛理”有共同之处。《本草纲目》中载：“茶苦而寒，阴中之阴，最能降火，火为百病，火清则上清矣”。从茶的苦后回甘，苦中有甘的特性，佛家可以产生多种联想，帮助修习佛法的人在品茗时，品味人生，参破苦谛。

茶道讲究“和静怡真”，把“静”作为达到心斋座忘，涤除玄鉴、澄怀味道的必由之路。佛教也主静。佛教坐禅时的五调（调心、调身、调食、调息、调睡眠）以及佛学中的“戒、定、慧”三学也都是以静为基础。佛教禅宗便是从“静”中创出来的。

可以说，静坐静虑是历代禅师们参悟佛理的重要课程。

唐人陆羽被世人尊称为茶圣，寺院出身，三岁时就被禅师收养，从小练得一手采制、煮茶的高超技艺。他撰写的《茶经》记述了茶的历史、种植、加工以及茶具、品茶习俗等。宋代著名禅师圆悟克勤，在湖南夹山著就禅宗第一书《碧岩录》并悟出禅茶一味之道。曾手书“茶禅一味”四字，将其馈赠参学的日本弟子荣西。至今圆悟手书原迹仍被收藏在日本奈良大德寺，日本茶道因此也有“茶禅一味”的说法。唐宋禅寺中专门设有“茶寮”，以供僧人吃茶。司煎点茶的设有专门的职位，称为“茶头”。丛林规则要求每日在佛前、祖前、灵前供茶；新住持晋山，也有点茶、点汤仪式；甚至还有专门以茶汤开筵的，美其名曰“茶汤会”。

佛家禅茶文化的功能“感恩、包容、分享、结缘”。将正气溶入感恩中，将清气溶入包容中，将和气溶入分享中，将雅气溶入结缘中，发挥禅茶文化凝集人心、化解矛盾、优化自身素质、和谐自他关系的潜移默化的作用，这是弘扬禅茶文化的价值所在。

结论：早在佛陀初出家修道之时，曾误认为修道即是修苦行，他“日食一麻一米，乃至七日食一麻米，如是六年，极苦行已，形体羸瘠，有若枯木。”在经过六年苦行之后，佛陀才终于“悟知苦行非菩提因，亦非知苦断集证灭修道。”佛陀于是从座起至尼连禅河澡浴，并接受牧女乳糜供养，随之身体光悦，气力充足，从此安心修道，终证无上菩提。

佛教不是把饮食当作目的，而是当作一种手段，所谓借假以修真。佛教在饮食问题上奉行中道哲学，既不自苦也不纵欲。与儒家和道家的饮食观相比，为“食为行道，不为益身”的精神理念。佛教饮食遵循的“戒杀”“素食”“饮茶”以及“分餐”而食所体现的饮食精神和蕴涵的科学养生观，影响着中国人的饮食。

从日本传统节令饮食的情况分析“继承”问题

杉本雅子

（日本帝冢山学院大学，日本　大阪）

摘　要：如今世界上有不少传统节日文化面临消失之危机，对发达国家而言，如何维护继承传统节日文化是亟待解决的一个重要问题。中国和日本很早就有各方面的交流，如文字、都城营建、法律等日本古代国家的基础，几乎都是从中国传过来的。所以，日本传统节令饮食文化的继承问题，对中国的节日饮食文化的深入研究，促进两国节日文化的交流也能提供一些有价值的参考。

关键词：日本传统节日　日本传统节令饮食　继承传统节日问题

一、日本的传统节日

日本是世界上历史悠久的国家之一，传统节日当然也很多。说起日本历史，我们不能不考虑中国的影响。到了9世纪平安时代，日本历史上才出现“国风”文化之词。需要说明的是“国风文化”诞生之前，日本还没有自己系统化的文化，或是制度或是思想哪一个都不能离开中国。就连文化基础的文字也不是属于自己的，更何况文化呢？传统节日也是，有代表性的都有中国背景，如节日的月日符合阴阳学说，皆并阳，没有破例。

关于如何分类日本传统节日，目前没有确定的分类定义。为何没有确定的分类，第一，因为同样二十四节气也不能一概而论，有的关系到佛教，有的关系到人生的过程，有的属于风俗。第二，因为日本从1873年开始采用了新历，节日按照新历过，但按旧历过的也有。虽说是旧历，日本的旧历也不是农历，只是比新历晚一个月过而已。第三，因为日本传统节的起源不是单一而成的，是综合多种因素才成立的。

我在此按照现实活动来试分类。第一是正月的节日。第二是五大节日：一月七日人日节、三月三日上巳节、五月五日端午节、七月七日七夕、九月九日重阳节。第三是民俗节日：按二十四节气立春前一天的节分，八月十五日中秋节、十二月三十一日除夕。第四是佛教节日：二十四节气之春分节、二十四节气之秋分节、八月十五日盂兰盆会。第五是人生节日：一月十五日成人节、十一月十五日七五三节。第六是民间活动日：七月土用丑日、冬至。节日都离不开饮食，在此按照所上述的分类介绍日本传统节日文化以及节令饮食。

（一）正月：吃“御节料理”“杂煮”

新历一月一日是日本的新年，对日本人来说是所有的庆典活动中最重要的节日。是人们感谢掌管收获的诸神，迎请庇护家族的祖先魂归故里的时节。门口两侧摆放“门松”（由松枝和竹子等做成的装饰

作者简介：

杉本雅子（1956—　），女，日本籍，日本帝冢山学院大学副校长、教授，硕士研究生学历。主要从事大学汉语教学和中日传统文化教学。

物），正面挂着“注连饰”（草绳装饰物），以迎请这些神灵。人们向年神和先灵表达感激之情，祈求新的一年五谷丰登、平安无事。

新年初一到初三本来要保持安静，不打扰神灵，不能打扫不能做菜，也不能洗衣服、洗澡。因此，事先要做好以后三天的菜，好好保存。为了保存，御节料理多使用糖和盐或酱油。如今超市初一也不关门，保存饭菜已不是很重要了。

御节料理都以“吉利”为主，与中国一样用谐音寓意吉祥的很多，比如，“喜”字念yorokobu，而海带的日语发音是konbu，两者后半部的发音很相似，因此有喜事几乎都有海带。鲷鱼更是。鲷鱼的日语发音是 tai，“可庆”日语说 medetai ，后面的发音与鲷谐音。有喜事必定有一条从头到尾完整的烤鲷鱼。

此外还要吃叫作“杂煮”的年糕汤。

（二）五大节日

1. 人日节：吃“七草粥”

一月七人日节是日本早有的五大节之一，此日因吃“七草粥”，所以也叫七草节。七草粥用七种早春最早发芽的野草，芹菜、荠菜、鼠曲草、繁缕、莱菔、蔓菁、宝盖草（按时代和地域有些不同）熬粥。吃七草粥，能使新年期间因吃过多丰盛佳肴而消化负担过重的胃肠得以歇息，祈求一年的健康。

2. 上巳节（桃花节·女孩节）：喝白酒，吃散寿司

三月三上巳节也是日本五大节之一，今日成为“女孩节”庆祝女孩子的健康成长。此日因摆设一套仿日本皇家婚礼的人偶，还称“人偶节”。有未婚女子的家庭向人偶献“白酒”（米酒）和“菱饼”（年糕）祈愿女儿的安全无事。另外，三月三日相传是西王母诞辰，她招待神仙在天庭设盛大蟠桃宴，因而此日也称“桃花节”，家里会准备里面多放吉祥食物的“散寿司”，如象征长寿的虾、视野宽广的莲藕、健康勤劳工作的豆子，还会准备“蛤蜊汤”（贝类因为成双成对，以此祈求女孩长大了能嫁给门当户对的好人家）。

3. 端午节（儿童节·男孩节）：吃粽子、柏饼，泡菖蒲浴

五月五自古以来就有沐浴菖蒲汤驱邪的习惯，称为“菖蒲节”，江户时代，因在日语中“菖蒲”与“尚武”是谐音，很适合表扬武士，而成为祈愿男孩健康成长之节。二战后日本政府把此节定为儿童节，即庆祝所有儿童之幸福的公众节日。但仍保留着男孩节的习俗，有男孩的家庭根据“鲤跃龙门”的故事在外面挂起鲤鱼旗，屋内挂钟馗图，摆设盔甲、武士人偶等，以祈求“望子成龙”。其实鲤鱼旗内涵包括父母姐妹，不只象征男孩，还象征家庭圆满。

日本端午节与中国同样吃粽子，但材料、形状和味道都不同。日本以磨碎的米粉制圆锥形，稍微有点甜。此外端午节还要吃“柏叶饼[1]”（豆沙馅）。“柏叶”不是柏树叶，是槲栎叶，在日本拜神社时必须要拍手，称呼“柏手”，柏叶自然为贵，而槲栎要在新芽长出之后，老叶才会脱落，有多子多福、不断绝子孙的寓意。因此与粽子比起，吃柏叶饼越来越多。

4. 七夕节：吃素面

一听七月七，日本人就会想起“牛郎”和“织女”的传说故事。当天人们在“短册”上写下自己的

---

[1] 日文的饼与中文的饼不同。柏叶饼（mochi）基本上是用糯米或糯米粉制成的里边有馅的点心。

愿望，挂竹枝上，竹枝上还挂着各种各样纸质装饰品。许愿便是最普及的七夕节活动。此日牛郎织女见面要过天河，有些地方把煮素面当作天河水吃。

5. 重阳节

日本人的重阳节在公历9月9日。现在常称为“菊花节”，保留了赏菊、饮菊花酒的活动。目前年轻一代对此节的认知度很低。

（三）民俗节日

1. 节分：撒煎黄豆赶“鬼”招福，吃鳎鱼，吃惠方卷寿司

节分是二十四节气立春之前一天。此日最盛大的活动是撒煎黄豆来赶“鬼”招福。晚上开门将煎黄豆向外撒以赶鬼驱邪，同样的煎黄豆向里撒以招福，喊道“fukuwauchi，oniwasoto”（“招福驱鬼”）。结束时，为祈祷一年的健康，人们还要吃与自己岁数一样多的煎黄豆。晚饭吃鳎鱼，吃完将它的头与柊树一起挂在门口，用它的臭味防邪气进门。这几年叫作“惠方卷”的寿司很流行了，人们晚上朝向此年的“惠方”（吉方）沉默不语地许愿将它一下子吃完。

2. 中秋节：吃小丸子、小芋头

日本的中秋节也称为“十五夜”、“中秋之名月”。平安时代，中秋节的习俗从中国传来，起初中秋节只能贵族享受，人们在映着明月的江边伴着雅乐，载歌载舞。吃也是重要主题之一，在明月下设宴摆酒，泛舟咏诗歌。日本人把赏樱花叫做“花见”（hanami），同样把赏中秋明月叫做“月见”（tukimi）。摆上芒草，供上小芋头，米粉小丸子（团子）。中秋节时寺庙、神社、社区等均要举办赏月会。

3. 除夕：吃过年荞麦面

在除夕日本人为迎接新的一年，须将屋里屋外打扫得干干净净。晚上，辞旧迎新准备好了，该吃过年的荞麦面了。这是日本人迎接新年普遍的一种习俗。这个年俗早在江户时代已经流行。一是荞麦面细长，象征长寿。二是荞麦面属于五谷杂粮，对身体有益。三是寓意像荞麦面一样又细又长过日子，祈祷长命百岁。四是荞麦面比较脆容易切断，因此象征把过去一年的烦恼和灾厄通通切断。除夕晚上很多人半夜三更才睡，肚子会饿，荞麦面容易消化很适合。

（四）佛教节日

三月春分节、九月秋分节，八月盂兰盆节都算是佛教节日。二十四节气春分和秋分是日本佛教所说的“彼岸”之“中日”（中间的日子）。“彼岸”是春分、秋分之前后三天共七天，此时日本人祭祖扫墓，给祖先供上豆沙馅饼，同样豆沙馅饼春分和秋分不同称呼，以各季节的花名取名字，春分的叫作牡丹饼，秋分的叫作萩饼。“盂兰盆节”有传说，每年此时祖先的灵魂回家探望子孙。作为子孙为迎接祖先去扫墓，祭奠祖先。“盂兰盆节”虽不是国定假日，但很多公司都会停业休假，异地工作的子女要带孙辈回婆家或娘家小聚。原本是追祭祖先、祈祷他们的冥福，现在有不少人趁着此时出国旅游，现在盂兰盆已成为与“五月黄金周”一样的普通长假。

（五）人生节日

1. 成人节：吃头尾俱全鲷鱼·红豆糯米饭

成人节是祝贺年满二十岁之节日。日本政府原定每年一月十五日，后改为一月的第二个周一。成人节源于古代的成人仪礼，是受中国“冠礼”的影响。此日各地政府都盛大举办庆祝新成年人的仪式。有

新成年人的家庭都会准备代表红事之“头尾俱全的鲷鱼”和“红豆糯米饭”庆祝。

2. 七五三节

七五三节是三岁和五岁男孩以及三岁和七岁女孩参拜神社，祈求平安如意、健康成长的节日。本是十一月十五日要去神社，因不是国定节日，家长带孩子同行不方便，所以一般选择较近的周末。此日与成人节一样，家里有符合年龄的孩子，都会准备代表红事之“头尾俱全的鲷鱼”和“红豆糯米饭”，让孩子吃装在一个画有仙鹤与乌龟的袋里，细长型的红白“千岁饴”，祈祷孩子顺利发育、健康长寿。

此外，当入学典礼、毕业典礼时校方会准备“红白馒头”[1]送给该生表示祝贺。

（六）民间活动日

1. 土用丑日：吃鳗鱼

从江户时代开始，每年到了夏天土用丑日，吃鳗鱼增强体力防中暑。

2. 冬至：吃南瓜，泡柚子浴

传说十二月冬至吃南瓜不会得感冒，此日有些寺庙等免费提供煮熟的南瓜。还有泡柚子浴让身体保持温暖的习俗。

二、日本人过节日的现状

据日本企业博报堂2014年实施的《生活定点调查》，一半的日本人“迎接新年”也没有摆设吉祥物，吃了御节料理的1992年有86.6%，2014年减少为71.7%，不仅传统节日，每天须吃米饭的日本人1992年为71.4%，2014年减少为53.5%。据博报堂2016年实施的《生活定点调查》，日本人在一年里参与过的节日活动，除了新年去参拜寺庙之外都减少了。1996年日本人参与过的有关节日的活动之中，前四位都是过新年的，而2006年以后过圣诞节的比例超过了做新年装饰，成为第四位。参与过的比例超过一半的只有吃御节料理、吃过年荞麦面、新年去参拜寺庙、过圣诞节这四种。

东京都在2016年实施的《关于食生活及食育的舆论调查》也表示同样的情况。第一位“正月料理”占86.9%，第二位“过年荞麦面”占86%，第三位“圣诞节蛋糕”占66.5%。其他都没有超过一半。据NHK2016年实施的《关于食生活的调查》，吃节令饮食比例高的前三位是有关过年的，第四位是圣诞节蛋糕，比例都很高，70%以上。其次是节分惠方卷寿司的64%。我们该注意节分惠方卷寿司和人日节七草粥的比例。除了这两个项目和过年荞麦面之外，所有的项目比例比十年前减少了，而此两个项目却增多了。过年荞麦面比例一直高，用不着提，但关于惠方卷寿司和七草粥，应该仔细看为何增加？我在下面加以分析。

三、日本人认识节日的途径

分析日本人如何认识节日，我在此分为两大因素加以分析。第一是教育，教育再分为四种，学校教育、学校食育、家庭教育和社会教育。第二是商家的“努力”。

[1] 在日本“红白”就代表喜事。有喜事送东西用叫作“水引”的细绳来装饰。红白馒头虽说是馒头其实不是中国那种馒头，而是豆沙包。

（一）教育

1. 学校教育

“二战”后，1947年日本政府颁布施行了《教育基本法》，到了2006年12月全面修改的《教育基本法》颁布施行。1947年没有提到“传统文化”，而2006年版前文说：“我们日本国民期望，在进一步发展经过坚持不懈的努力而构筑起来的有民主、有文化的国家，同时为世界的和平和人类福祉的提高要做出贡献。为了实现这一理想，我们期望培养尊重个人尊严、追求真理和正义、尊重公共精神、具有丰富的人性及创造性的人，同时，推进以继承传统和创造新文化为目标的教育。”其教育目标之五还写着“尊重传统和文化，热爱培育传统和文化的我国和乡土，同时尊重其他国家，培养为国际社会的和平与发展做贡献的态度”。

根据修改的《教育基本法》,《学习指导要领》也修改了。《学习指导要领》是日本文部科学省制定的初中和小学教育课程的国家标准，它具有法律约束力，在决定日本学校教育课程的内容上，发挥着重要作用。1958年正式制定后，基本上每十年一次加以修订。2017年发表的最新版2018年将开始运用。

2009年，中央教育审议会关于《学习指导要领》的修订报告中，提出了“充实传统文化教育”，说“培养活跃于国际社会的日本人的同时，要加深理解家乡和国家的传统文化，必须充实继承及发展传统优良文化的教育”。并且详细提出了各学科对传统文化教育的具体实施方案。而2017年修改的最新《学习指导要领》更重视传统文化教育，提出“加强充实有关传统和文化的教育”。下面是按照孩子成长的教育阶段的具体目标。

幼儿园：接触正月、儿童歌和传统游戏等国家或地域的种种文化和传统。

小学、初中国语：教古日语等日本语言文化。

小学音乐：接触国家和乡土的音乐和乐器。

小学社会：了解乡土的主要文物和习俗节日。

初中保健体育：采用日本武术。

小学家庭和初中技术家庭：强化指导和食和服等。

据《关于日本五节句的三世代意识调查》[1]，对继承传统节日需要做什么的提问，回答“通过学校和社区的教育，努力提高对节日文化的认知”的比率，学生世代、父母世代、祖父母世代最高。关于继承传统文化人们期待学校和社区教育。

2. 食育

在日本除了学力教育之外，还重视有特色的“食育”，就是学校营养午餐。原小学教师、现为学校

---

[1] 继承日本节句文化会从2016年10月到2017年3月进行的调查。以学生世代、父母世代、祖父母世代为对象分别调查。此项目共有五个选择项目如下，（1）申世遗节日文化，入选了就举国保护节日文化的传统。（2）申日遗，以让乡土活性化。（3）通过学校和社区的教育，努力提高对节日文化的认知。（4）保护传统的同时，把它改为适合现代家庭环境。（5）其他。

配餐研究家的吉原广子女士对中国记者介绍日本食育说：日本的学校每年大约提供190次配餐。其中孩子们最期待的是叫作“行事餐”的节日特别配餐。大多都是配合日本传统节日来做食谱，而这些节日之中如桃花节（三月三日）、端午节（五月五日）等源于中国的节日也不少，就是说，日本的学校配餐在其深处连接中国[1]。

日本“学校营养午餐”历史较长，1988年就开始提供。然而要普及还是1958年《学校给食法》施行之后。其实当时以学生平等为第一目标，并不是以食育为第一。实际上重视“食育”还是在2005年制定的《食育基本法》后开始运用。2005年以后，2006年《食育推进基本计划》，2007年《关于膳食的指导指南》，2008年《修正学校给食法》，2012年《关于膳食的指导指南（第一次修正）》，2013年《第二次食育推进基本计划》和《修正学校给食法》等，有关食育的规定陆续成立。

2008年成立的《修正学校给食法》规定：通过学校营养午餐“让学生加深了解我国以及各地域拥有的优秀传统食文化”，把它作为“活教材”推进食育。在《关于膳食的指导指南（第一次修正）》有“通过乡土饮食习俗、节令饮食习俗要加深对食文化的关心”之词。据山口县周南市发表的《关于食育的抽样调查》，能看得到食育的成就情况。周南市是配合《修正学校给食法》，2008年率先开始启动五年为期的第一期食育推进计划，第一期结束了接着第二期食育推进计划启动了。五年的食育进行前后，对传统节令饮食和乡土饮食的认知度有明显的区别。五、六岁幼儿园生由开始推进活动之前的7.4%增加到44.5%，小学六年级由17%增加到72.1%，初中三年级由13.3%增加到61.5%。一般市民由25.2%增加到74.7%。都比开始前明显增多。其中增加最大的是幼儿园生提高了六倍，小学生和初中生是四倍多。一般市民是三倍。有人会指摘说幼儿园生的认知度还不到一半，但重要的并不只是认知度的变化，而幼儿园生、小学生、初中生现在的认知度都已超过了五年前的一般市民的认知度之事实。考虑继承传统节令饮食，此数据有很大的意义，因他们已经达到现在成人五年前的水平，而且连幼儿生都超过了成人五年前的一倍。

3. 家庭教育

日本社会愈来愈“小家庭化”。小家庭化不仅意味着少子化，也意味着核家族化（由父母和未婚子女的家庭用日语表示“核家族”）。日本这六十多年家庭数多了两倍，反而成员人数少了一半。就是说日本家庭已成为缺少祖父母的核家族了。

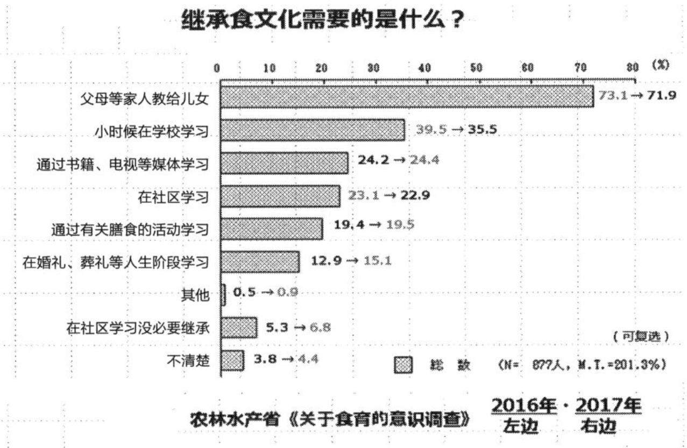

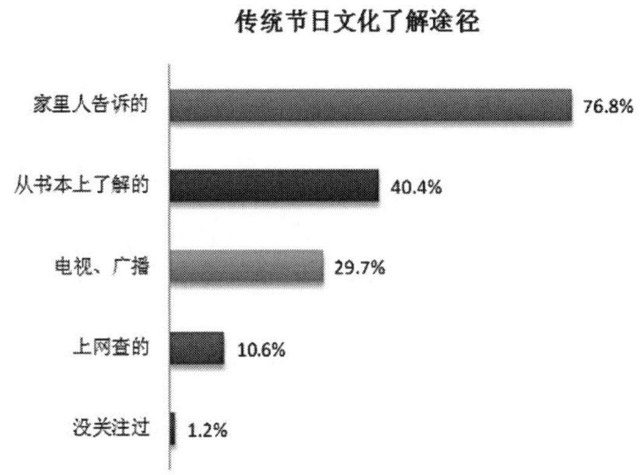

[1] 《从学校配餐中学习日本传统节日氛围活动》（《日本学校配餐》第5期，2016年09月20日《客观日本》）。

据日本农林水产省实施的《关于食育的意识调查》，为继承食文化需要“父母等家人教给儿女”的比率超过70%，居第一位。第二期中国人节日观调查里“传统节日文化了解途径”的一项也是，“家里人告诉的”最多，超过75%。两国的调查都说明，了解节日文化“家庭教育”最重要。

一般来说，年长经验丰富。若与长辈一起生活，年轻人对传统节日的认知度会高一点。据上述《关于日本五节句的三世代意识调查》来看对人日节的认知，学生世代和上两代有明显的差别，对人日节十分了解的学生世代只有16%，父母世代46%，祖父母世代69%，而学校教育最有影响力的是学生世代[1]。对重阳节的认知比人日节还低，最高的祖父母世代是34%，父母世代13%，与人日节一样学生世代的认知度最低，了解的只有4%。而在学校也都很少学过，回答完全不知道的比例也很高，学生世代69%，父母世代51%，连祖父母世代学校也有27%。长辈也不认识，在学校也很少介绍，看来重阳节已成为濒临灭绝的节日了。

如今在日本有很多介绍传统节日的书，有的针对儿童，有的针对家长，有的还针对学校老师。没有长辈的小家庭，父母都没有接触过或不太熟悉传统节日文化，若这样，继承传统节日文化不能口口相传，只好从书本获得知识，或者与孩子一起去参观博物馆。但只看书还是不行，还好在日本有可与小孩一起看的《樱桃小丸子》《海螺小姐》等，这些动漫节目中描写昭和时代过节日的场面较多。这些动漫节目应该在推广继承传统节日文化方面，做出不小的贡献。

4. 社会教育

为了继承传统文化，日本文化厅从2014年开始举办“传统文化亲子教室事业”，给孩子们提供能体验民俗艺能、工艺技术、传统音乐、日本舞蹈、茶道、花道等活动。每年举办3000多次传统文化亲子教室。除这些国家举办的活动以外，还有地区性的、社区的活动。全国各地积极进行特色的代际交流项目，比如上一代人针对在养育儿女的一代讲传统节日文化、在地区公民馆或地区图书馆举行有关传统节日的故事会、让孩子们体验传统玩具等。但社区不可能介绍所有节日文化，据上述《关于日本五节句的三世代意识调查》，五大节日中在社区做活动最多的是七夕节[2]，最少的果然是重阳节。为何过七夕节最多，是因为七夕节的活动过程，参加的人不是旁观者，而是都能积极参与进来，自然很容易制造出热闹的气氛。增加能亲自参与和体验节日的机会，继承便不太难。

（二）商家的“努力”

对传统文化的继承，上面所介绍的各种教育当然有用，但媒体也担当起不小责任。大媒体的新闻节目，每到节日就介绍其特色的活动，天气预报节目每到二十四节气就提到节气的名称而介绍节气的由来、活动内容等。大的报纸也如此。至于与地区密切相关的免费小报，地区凡有什么活动，小报便详细地介绍其内容给读者提供情报。而现在对于年轻人有很大影响力的因特网和SNS，本就随时随地可从中获得有关节日的消息。但这种消息只是消息而已。与认知节日文化内涵和继承节日文化是两码事。对不关

[1] 问认知情况，选择项目如下，（1）十分了解节日文化背景。（2）家里（包括别人家）过节了。（3）参加了地区的节日活动。（4）学校学过。（5）看过节日的活动或摆设。（6）只知道名称不知道内容。（7）完全不知道。

[2] 比例最高的是七夕节（竹叶节），接着上巳节（桃花节·女孩节），端午节（菖蒲节），人日节（七草节），最低的是重阳节（菊花节）。三个世代都一样。

心的人没什么作用。这一点，节令饮食会发挥作用。尝尝每个节日特色的饮食能够给人们留下深刻的印象。我认为从这个角度来看最有功劳的是以超市为主的各种卖家的广告单和电视上播送的商业广告。在日本每个家庭几乎包月订大报纸，有很多超市的广告单天天夹在里边送上门。对商家来说，节日是容易挣钱的好商机，各家超市针对节日提前发出节令饮食的广告单，提高人们的购买欲。再看第二章所介绍的2014年、2016年的《生活定点调查》，圣诞节在日本已成为了国民性活动。人们不信基督教也要过圣诞节，对他们来说圣诞节只是个交换礼物吃圣诞蛋糕的日子。至于情人节，日本巧克力厂创意是女人把巧克力送自己喜欢的男人的活动。后来有糖果厂家看情人节只有女人花钱觉得对女人不公平，又以白色情人节男人把糖果送女人为节日内容。这些新洋节与圣诞节一样已普及到全日本，给商家成功制造出很多商机。

一到节日商家都要绞尽脑汁让消费者花钱。比如：人日节该吃“七草粥”，但城里不可能自己采摘，如今他们不用自己去山里摘，去超市就拿得到洗干净的七种野草，如商家没有提供“生七种野草包”，城里人绝不会如此方便品尝七种野草做成的“七草粥”。节分撒煎黄豆也如此。如今撒煎黄豆的家庭减少了，因为当节分晚上，先为驱赶邪鬼向外面撒豆，然后为招来福神再向里面撒豆，若一颗一颗撒黄豆，结束后须打扫，很麻烦。现在煎黄豆也有装在小包，撒后易捡不用打扫，既方便又卫生。再说商家卖煎黄豆免费送“鬼面”，为家里办赶鬼仪式带来方便。节分晚上还要吃烤鳎鱼，吃完了把鳎头插在柊树的枝上关在门口避邪的习俗。然而柊树不是到处都有，只有鳎鱼没有柊树就无意义。因此节分当天买鳎鱼就免费送柊树枝。如果没有商家的这些努力，人日节吃“七草粥”，节分家里赶鬼避邪的习俗可能早已淡薄。

商家的“努力”影响了节令饮食中最重要的御节料理。御节料理以前家家亲手做，现在买现成的家庭增加了。据日本网络调查公司えぶりアンﾝ对30岁以上的已婚女人进行的调查，如今有27.3%的已婚女人没有打算准备御节料理，有一半以上利用现成，如全要亲手做，以后不做的比例会提高很多。究竟是因有卖现成的所以不做，还是有卖现成的所以才能保持御节料理文化，目前尚无定论，但可以肯定卖的御节料理比做的周全，而且附有每一种菜肴的介绍单、说明由来等。对商家来说就是为追求利益而努力，但从“继承”的观点看我们不能否定他们的贡献。

虽说有贡献，同时也有负面的作用。这几年节分那天超市和便利店一齐大卖“惠方卷寿司”，本来只有一部分地区有的习俗，大概看情人节巧克力的成功，紫菜协会和寿司协会牵手宣传节分吃“惠方卷寿司”。经过几年，商家觉得这新来的风俗能挣钱，就把它改成全日本的风俗了。现在与万圣节打扮假装步行一样成为一种“主题活动”了。前面提到了，据东京都《关于食生活及食育的舆论调查》比十年前比例高的除了正月和圣诞节饮食以外只有人日节七草粥和节分惠方卷寿司。其原因就在此。只吃七草粥的人日节没有负面影响，而节分本来以赶鬼驱邪为主，晚上该吃鳎鱼，现在有很多人吃惠方卷寿司就满足了，不再吃鳎鱼了。商家挣钱的行为让原来的习俗面临衰退的危机，当然衰退的原因不能全推给商家。

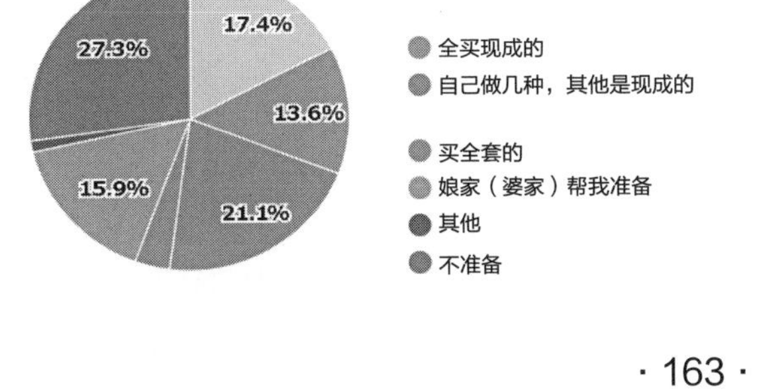

今年在东京涩谷109服装大楼的前面，第一次举办了“涩谷盂兰盆舞大会”，很多年轻人和游客都参加享受了没体验过的传统节日活动。舞台上

穿着同样浴衣跳舞的人群里没有年轻人，都是老年人。而企划此活动的不是老年人，而是属于涩谷商店街振兴组合的年轻人。换个角度，他们的目的即使是为了挣钱，也确实挽救了面临灭绝危机的盂兰盆舞之命。

四、结束语　如何才能继承传统节日文化

近几年有很多外国游客访日本，我们常常遇到日本人没有注意过的事物，在外国游客的眼里却值得欣赏。得到外国人的好评，我们才发现自己文化如何有特色；发现传统节日文化能够吸引外国游客，就开始努力复兴。可能年轻人跟外国游客一样，不太喜欢拘泥形式严肃过节，喜欢能轻松参加节日活动。但传统节日经历了漫长岁月才能说传统节日，包含有很多先祖定下来的规矩，不可随意更改。节令饮食也如此，如果原来的面目丧失殆尽，哪还能说是传统节令饮食呢？ 如何继承传统节令饮食，我分为四个角度来分析。

第一，重视对小孩子的教育及食育，让孩子们尽早知道有什么传统节日有什么节令饮食。同时要弄清楚普及和继承的妥当点。过节若不开心，就没有人再愿意过节。继承追求完整固然好，但为保持原型要求太苛刻严肃，节日活动往往会流于形式。该重视哪方面，应按节日活动内容自然而定。不可完全拘泥于形式。

第二，传统节日为何有的很容易继承，有的很难继承，两者之分歧在哪里？ 上面我提到重阳节的认知度很低，可能是因为重阳节没什么节令饮食，而认知度一样低的人日节只是吃七草粥而已。与饮食有密切关系的节日，再过几年至少能保存“饮食文化”。既然传统节日文化和节令饮食密不可分，那先让人们吃节令饮食吸引大家，从而让人们感兴趣，然后再解释，再追根溯源让人们了解它的历史，这是个办法。

第三，考虑如何让人们品尝享受过节应该具有的“非日常的感觉”。日本著名学者被称为“民俗学之父”的柳田国男把生活分为“日常”（亵…ke）和“非日常”（晴…hare）此两种。日语原有“晴着”[1]（haregi）之说法，过节日食物和衣服都应该与平时不一样。继承传统节日文化以及节令饮食，不能忘记这种“非日常的感觉”。就这一点看，东西如此丰富，物流如此发达的今日却很难办特别的非日常的食物。春分节秋分节的豆沙馅饼，端午节的柏叶饼，土用丑日的鳗鱼，三月三的散寿司，现在一年三百六十五天都摆在超市里，随时都能吃，以前只有家里有事祝贺才能吃得到的红豆糯米饭也是，都成为了“日常食物”，彻底失去了该有的特别感和仪式感。特别感仪式感没有了，更不会有兴奋感。

传统节令饮食难继承，那么传统节日文化也难继承。继承不是我们一代人的努力就能做得到的。学校教育、家庭教育、社会教育、媒体、商家，应该互相配合各尽其责。哪怕一部分，能保留也好，只要能传下去，后一代或再后一代的人像完成拼图那样，把传下来的一片一片与后来得到的知识合起来，能完成继承传统的任务。只要没有消灭，总有一天能复兴。如果真的没了，便很难找回。我个人认为我们当然该努力继承传统文化，同时，该努力阻止对节日文化持淡薄观念的人掌握权势。否则将来别说继承，保持下来的“传统”也会变成只能在博物馆里看到的“遗物”。

[1] “着”是衣服的意思，“晴着”是只有当节日或有喜事时才能穿的衣服。

茶菓一如
——论日本茶菓子的精神内涵

滕　军

（北京大学外国语学院，北京　100871）

日本茶道尊崇自然，追求与大自然的同化。当季节变换时，茶道艺术的内容也要随之变化。如何创造出与节令相吻合的茶道艺术形式，是茶人的日常课题。其中的茶菓子给茶人们提供了英雄用武之地。茶菓子是日本和菓子的一部分，也是日本和菓子中的最精美、最精致、最富有精神内涵的存在。

唐衣（karagoromo）

一、茶菓子的简史

要论述茶菓子的精神内涵就须简要地梳理一下和菓子的历史。和菓子的“菓”字源自草本植物的果实，是源自中国的一个古字。和菓子的前身是供日本人日常食用的辅助食品。在日本大量引进中国文化的古代，其不少和菓子的源流在中国。

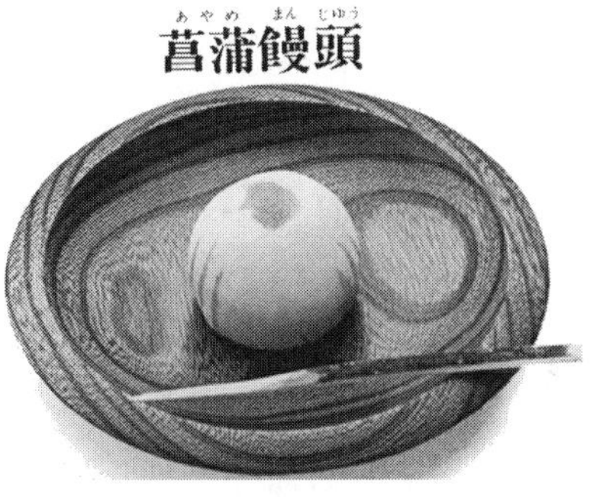

菖蒲馒头（syoubumannzyuu）

（一）源于中国的和菓子

1. 馒头（manzyuu）

源自中国的蒸制点心。古代中国的馒头用小麦粉或米粉做皮，用肉或小豆做馅儿。13世纪，日本圣一国师从宋朝留学回到福冈，把在中国所学的馒头制法传授给了“虎屋”店主，开启了“博多馒头”的事业。14世纪，京都建仁寺龙山德见禅师留学中国，带回林和靖的末孙林净因。净因在奈良开始制作馒头。创制了“奈良馒头”。15世纪，京都人又从“虎屋”学习馒头制法，创立了“盐濑馒头”。较之前两者，“盐濑馒头”尺寸小，专于甜味，逐渐演化成茶菓子。

羊羹（kiriyoukann）

作者简介：

滕军（1955—　），女，北京大学日语系教授，博士研究生学历，著有：《日本茶道文化概论》（东方出版社，1992年版）、《从茶至茶道的历程——茶文化思想背景之研究》（日本市井社，1998年日文版），以及有关日本文化艺术的论文五十余篇。

2. 羊羹（youkan）

13世纪从中国传入日本。在中国，羊羹本来是用羊肉制作的汤汁，后来是用黑糖和羊内脏加工成的蒸饼。日本禅僧将其制法带回日本。但因禅堂饮食禁荤，故取消了动物性材料，用山芋、葛粉等代替。后加入了砂糖、小豆。逐渐演化成茶菓子。

3. 栗面团子（kinnton）

在中国，“栗面团子”是用栗子面制作的金黄色的点心。于16、17世纪由日本禅僧传入日本。开始时用甘葛汁调味，后来使用了砂糖。17世纪以后，人们使用豆粉或糯米粉代替栗子粉，将其过滤后制成碎条状，贴在豆馅团的外侧。逐渐演化成了茶菓子。

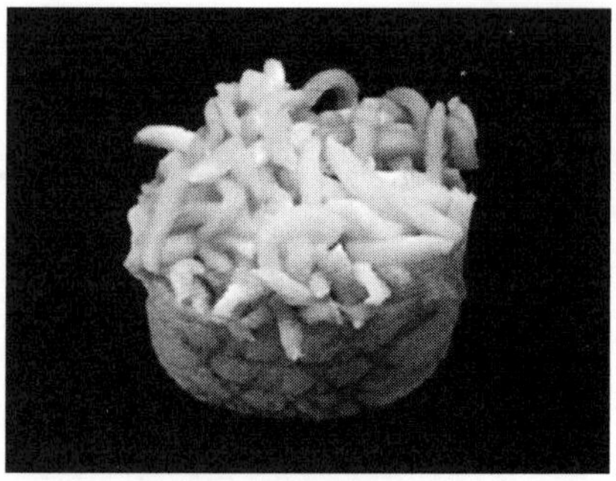

花筐（hanakago）

当然，日本古代人根据自身地理物产的特点，也逐渐研制出了不少独特的和菓子。

（二）独特的和菓子

1. 麻薯（omoti）

日本自古就有打年糕的习俗。因为糯米的产量很低，故被特别珍视。将收获的糯米打成年糕供奉给神明是日本重要的节日习俗。刚刚打出的年糕非常柔软，用其做皮，包上小豆馅儿或芸豆馅儿就是最典型的和菓子了。台湾人把这翻译成“麻薯”。麻薯是日本和菓子的代表。麻薯系列的茶菓子很多。

牵牛花（asagao）

2. 葛粉糕（kuzumoti）

日本自古盛产葛，奈良的吉野地区尤其多产，被称之“吉野葛”。葛根里含有丰富的淀粉，是古代当家的代用食品。煮熟后的葛根汁浓稠有黏性，可塑性强，有透明度。搭配上其他材料可以创意出很多花色和菓子。葛粉糕逐渐演化成夏季专用的茶菓子。

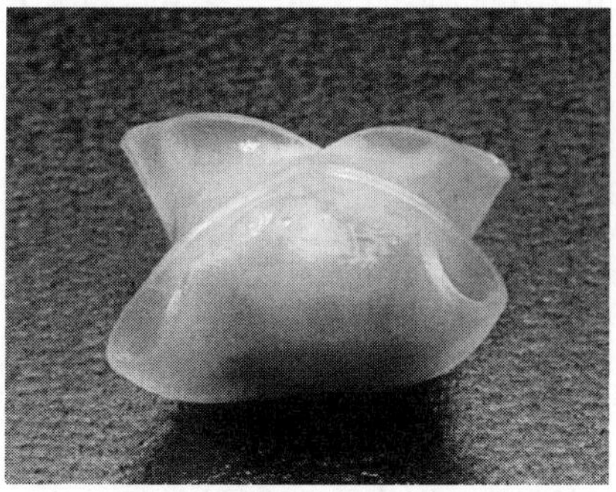

梦蝶（sukiya）

3. 落雁糕（rakugan）

日本的气候非常适宜稻米的种植。公元前3世纪从大陆引进稻米种植技术以后，日本就成为了稻米盛产国家。日本的稻米基本上都是粳米。日本的古人们把粳米蒸熟后晾干，碾成粗粒状，掺入甜味剂，再装入模子里压紧，最后扣出，名为落雁糕。因为日本粳米黏度好，所以，这类和菓子很容易被压成各种形状，非常便于表达文化含义。故演化出了一系列的茶菓子。

日本茶道形成于16世纪，但日本蔗糖的较稳定的供应是从17世纪中叶以后才得以实现。所以，在日本茶道开始的前100年左右的时间里，茶菓子的形态是多样的。据《千利休茶会记》中的记载，千利休曾把烤麸、石榴、栗子、香榧果、蘑菇等当作茶菓

长生殿（tyouseiden）

子。传统的甜味剂只有甘葛汁，其甜度不高且制作工本很大。至17世纪中叶，日本幕府鼓励住在长崎的中国人生产蔗糖（黑糖），至19世纪的明治维新前后日本才普遍开始使用白砂糖。在“二战”期间，茶菓子被纳入奢侈品，曾被抑制生产。可以说，如今可见的丰富多彩的茶菓子是战后随着茶道的兴盛而逐渐创制发展起来的。

二、茶菓子的精神内涵

尊崇自然、顺应自然的日本文化理念不仅表现在人与山川、树木、房舍、饭食、器物之间的融合，即人与物之间的融合；还表现在茶菓子与怀石料理、茶菓子与茶，即物与物之间的融合。日本茶道中的茶菓子是在客人们吃完怀石料理后食用的，它采用了以甜为主的味道。这是因为茶菓子承担着补充五味之中的甜味的功能。怀石料理的头道菜“向附mukoutuke”（凉拌生鱼片）里有酸味和辛味，大酱汤等菜品里有咸味，接下来要喝的浓茶是苦味，加上茶菓子的甜味，就五味俱全了。

茶是主角，茶菓子是配角。茶菓子的味道要淡，不能盖过抹茶的味道。为了使茶菓子承担好角色，茶菓子的尺寸不能太大。曾有人提出用一口可以吃进的量为好。但只吃一口的话，难以品味出茶菓子风味的丰富层次，对茶菓子产生不敬，于是，浓茶菓子的尺寸定位在了直径5.5厘米，用木签一分为二切开，分两口吃完的尺寸。一些细心的女性切为四块，分四口吃完。

茶菓子使用的材料有糯米、小豆、芸豆、砂糖、黄豆、栗子、山药、小麦粉等。制作者把每一种材料都看作是有生命的存在，就是说，小豆的豆腥味、糯米面的生粉味、砂糖的甘冽味等都是材料们个性的符号，制作者在制作过程中需要千方百计把这些个性留住并凸显出来而不是混同抹消这些个性。比如，对于最常用的糯米面小豆包，要求其糯米面皮要有糯米面特有的生粉味和糯糯的口感，要求内部的小豆馅儿有豆腥味和沙沙的口感。两个味道、两种口感在进食者的口中实现强烈的撞击和融合，令进食者心生敬畏，感激天地之赐予。

实现茶菓子色、香、味、意的完美表达可不是一件容易的事情。

（1）它需要在与怀石料理的呼应下完成。

（2）它需要在茶菓子的最佳时段完成（通常是在制作后的3个小时左右）。

（3）它需要在主人与客人的互敬互爱中完成。

（4）它需要在菓子器与菓子签的衬托下完成。

可以说，离开了以上的这些条件，茶菓子就失去了其职能和作用，就失去了作为茶菓子的资格。这也是茶菓子不适合在异地制作，买回家的茶菓子总是不那么好吃的原因所在。此乃“茶菓一如”。

日本茶道中使用的末茶，味道比较苦，所以在吃茶之前要吃一点甜的东西，以便使客人更好地享受茶的美味。其中喝薄茶之前要吃一种“干菓子”，可译为薄茶菓子；喝浓茶之前要吃一种“主菓子”，可译为浓茶菓子。

茶菓子与一般点心不同的是，它不仅要求营养价值高、味道好、外形美，而且要求色彩与形状朴素淡雅，易化，尺寸小，最大的茶菓子也不过鸡蛋那么大。江户菓子司铃木越后的后裔、第十代铃木宗康提出茶菓子要达到使五种感官满足，明确了茶菓子的精神内涵。

第一是视觉。当茶菓子被端出后，茶菓子的外形、色彩以及容器的艺术风格要给人以美感。人们从茶菓子的外形上可以感觉到季节的变换。

第二是触觉。人们通过手拿、口嚼、舌头的触动，可以感觉到茶菓子的柔软、易化，使人感到亲切和陶醉。

第三是味觉。茶菓子要求尊重原材料本身的味道，不主张加过多的配料，主要原材料为江米粉、米粉、小豆、砂糖、山芋等。要选用新鲜的原料，使客人们感受到每一种原料的香味。

第四是嗅觉。随季节的变换，茶菓子有时还用树叶之类做外皮。如樱花开放时，将樱树叶用于茶菓子，端午节时将槲树叶用于茶菓子等，这都可以使人们嗅到一种大自然的清新气息。

第五是听觉。人们在吃完茶菓子之后，要向主人提问："请问今日茶菓子的雅号?""初雁。"客人听了主人的回答时会对已吃进肚里的茶菓子产生美妙的回味[1]。

茶菓子的外形优美典雅。外形的设计主要源自对京都山水花鸟的摹写。如：远山形、流水形、蝴蝶形、麻雀形、枫叶形、圆月形。色彩有樱花的粉、雪花的白、蕨菜的绿，等等。茶菓子的雅号自然谦和，表达的是四季的风物之美，如：山路之菊、初雁、薄冰、青梅等。由此，茶菓子的制作者必须熟知日本和歌，必须是一个茶道人。

主菓子・浓茶菓子（omogasi）

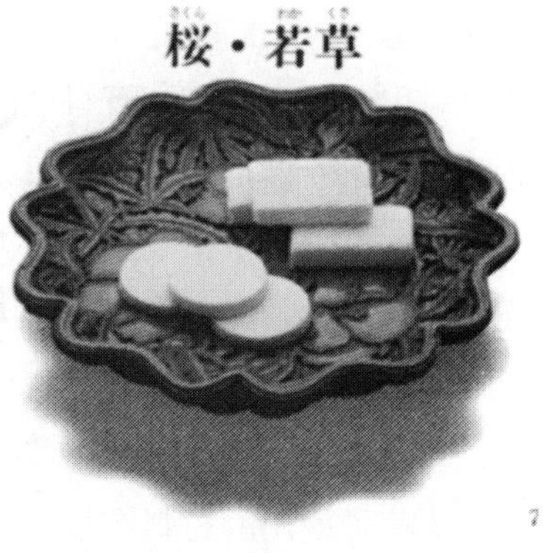

干菓子・薄茶菓子（ohigasi）

三、茶菓子的季节感

茶菓子的品种很多，有几百种甚至上千种。如果根据制作的方法进行分类的话，浓茶菓子中主要使用江米面豆包、米粉豆包、小豆羊羹、葛冻等。浓茶菓子大都有豆馅，当日做当日吃，不能久放。日语把它也称为"生菓子"。薄茶菓子中主要使用干糖粉、饴糖等。下面按照季节介绍一些常见的茶菓子。

秋之山路（akinoyamazi）

先介绍几种11月用的茶菓子。11月是新茶开坛的时节，被称作茶道界的新年。11月日本的秋色十分迷人。所以，11月的茶菓子以表现秋色为主题。比如，奈良的龙田川是著名的红叶风景区，有许多歌人歌咏过它，"龙田"已成为红叶的代名词。以此为背景，11月里茶人们常用"龙田饼"。还有"初霜""深山时雨"，"红叶""菊寿糖"等。茶菓子都是各有雅号的。高超的雅号会使茶菓子熠熠生辉。"秋之山路"就是一个杰作：由红黄相间的曲线表现了身着秋锦的山脉，中间使用了整粒的栗子，显示了秋收季节的充实感。茶人们身在茶室去联想秋色遍染的山路，真使人快慰。

姬椿（himetubaki）

[1] 参见铃木宗康《茶的菓子》，淡交社，1979年，第12页。

“姬椿”是12月常用的茶菓子。“椿”是山茶花的别名，于晚秋至翌年春季开放。在“椿”的前面冠上一个“姬”字，组成“姬椿”，就使人更感到它富有纯净、谦和之美。山茶花本有五个花瓣，这里去掉两瓣只用三瓣，而每一瓣又被设计得格外丰满，使之充满了少女的活力。其中的馅也采用由白芸豆制成的白馅，取得了白里透粉的效果。

1月的茶菓子以表现松竹梅等新春风物及吉祥物的居多。如“松重”“未开红”“笑颜馒头”“寿煎饼”“长生殿”“益寿糖”“红梅、白梅”等。其中“未开红”是一种浓茶菓子，外皮呈粉红色，像一朵含苞欲放的花朵，充满了春天的气息，精巧别致，使新春的茶会更显得生机盎然。

2月的茶菓子大都表现早春的主题，其中有代表性的是“下萌”。在冰雪覆盖大地，人们依然感到寒冷的时候，绿色的新芽已在雪地底下萌发，显示出顽强的生命力。白色糯米粉皮里有小豆馅，表示白雪盖着黑色的土地，其中隐约露出几点新绿，告诉人们新春的到来。“下萌”的造型简洁质朴，主题不完全托出，给人以遐想的余地，这也是茶菓子的特色之一。客人在欣赏、品尝茶菓子时可以推敲一番，自己设法抓住茶菓子所要表现的主题，还可以试着给茶菓子起个雅号。如果自己对茶菓子主题的理解与主人的匠心一致的话，客人心里会感到十分满足。这也是日本茶道的主客共同参与艺术创作特点的一个表达。

3月的茶菓子多用草绿和淡黄两色，表现出早春的清新感。如“茶花金团”“蕨饼”“若绿金团”“蝴蝶”等。3月里要将新采来的艾蒿掺进米粉里，包上小豆馅做成“艾蒿饼”。传说艾蒿可以去邪，延长寿命。上面再撒上一些豆面，便取得了更好的艺术效果。据说在春天吃掺艾蒿的茶菓子这一习惯是由中国传到日本的。

4月用的茶菓子种类很多，仲春的题材也是比较容易表现的。像“赏花团子”“花红柳绿”“春水”“花筏”“樱饼”等都是艺术价值很高的点心。其中“春川”的造型更是别具一格。山间溶化了的雪水注满了春川，如果用手摸一摸的话仍感到冰凉。不过，无论如何，春天总归来到了。

5月5日是日本的端午节，是男孩的节日。按照中国传到日本的习惯要吃粽子，洗菖蒲澡。茶菓子不仅表现四季的风物，也表现民俗风情。所以，在5月的茶菓子里有“粽子”“菖蒲馒头”“柏饼”等。但这里要介绍的是“岩根杜鹃花”。可能是因为它生存

未开红（mikaikou）

下萌（sitamoe）

艾蒿饼（yomogimoti）

春川（harunogawa）

的地方阳光不充足吧，花开得很小，而且是点缀在绿叶之中的。与大面积盛开的火红的杜鹃花大不一样。这里体现了日本人的一个审美特点，即关注弱小的、不完全的事物。岩根杜鹃花不仅是茶道乐于表现的造型，也是日本古典文学中对杜鹃花的有代表性的描写词汇。“岩根杜鹃花”的制作方法属于金团一类，是将米粉弄成小短条再拼组成形的。

6月的天气开始热起来了。但信奉修炼的茶道人仍然在茶室里点燃炭炉为客人点茶。茶道主张用精神的力量战胜物质的不足，所以就常常使用以水、河边等为题材的茶菓子，以使客人从心里感到凉爽。6月的点心有“水藻花”“青枫”“树阴”“冰室”“瀑布煎饼”“青梅”等。“白鹭・芦苇”是由两种薄茶菓子做成的，表现了栖息在芦苇丛中的几只白鹭。有艺术修养的茶人们马上就会联想到明净的水面，会感到一股凉气从水面传来。像这类一看就明了的薄茶菓子是无需向主人询问名字的。

7月7日是牛郎与织女在天河相会的日子。这个浪漫的传说很早就传到了日本。现在日本仍有“七夕节”。茶菓子中体现七夕题材的也很多。“星之影”就表现了这个主题。用糯米粉包住豆馅，做成红黄两色团，表示牛郎和织女。再用青竹棍将它们串连起来表示情人相会。这是在以七夕为主题的茶会上常用的茶菓子。

8月的茶菓子是以凉爽为主题的。“夏霜”“水牡丹”“水面”“牵牛花”“水羊羹”等。将凉爽感表现至极的恐怕要数“岩滴水”了。用葛粉汁固定成形，透明感带来了凉意，点心中绿色的部分表示岩石，白的部分表示滴水。“岩滴水”这一绝妙的命名更使它增添了神秘的色彩。

进入9月，大雁南飞，秋草摇曳，使人产生一种对那火红的夏日、盛开的鲜花的留恋之情。9月的茶菓子多是栗子色。如“桔梗饼”“初雁”“麦落雁”等。“松球、松叶”更是典型地表现了秋日的情趣。松球的外表是干糖粉，里面是小豆馅，造型十分可爱。松叶的设计简洁而清爽，给人一种从炎热的暑日逃脱出来的轻快感。

岩根杜鹃花（iwanetutuzi）

白鹭・芦苇（sirasagi・asi）

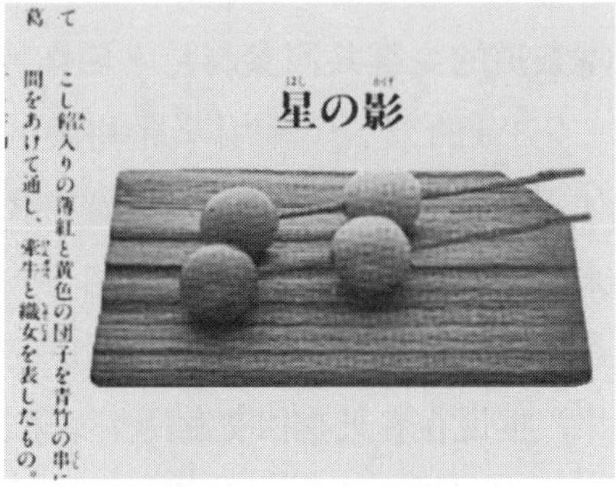

星之影（hosinokage）

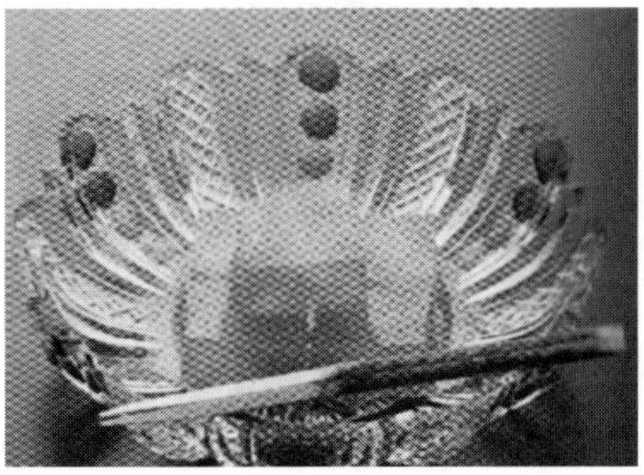

岩滴水（iwamorumizu）

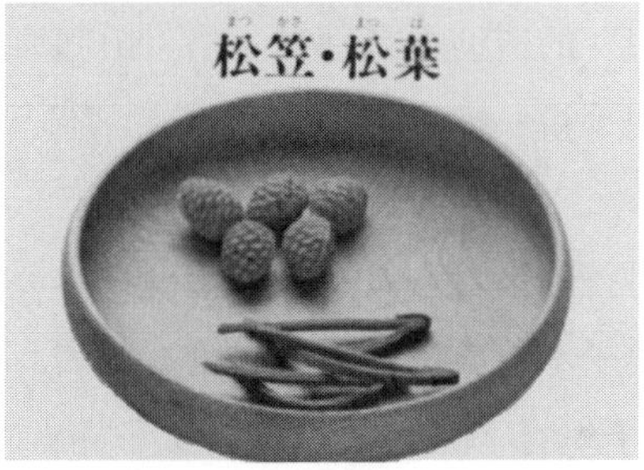

松球・松叶（matugasa・matuba）

山路之菊（yamazinokiku）

10月的茶菓子表现收获题材的比较多，茶菓子的材料多采用栗子，色调多呈麦穗黄。如“丰年”“秋锦”“收获之秋”“拾秋”“稻穗·稻叶”“群雀”等。“山路之菊”无论在造型上还是在色彩上都堪称是茶菓子的代表作。一朵白色的野菊露出淡黄的花心，一片菊叶遮掩着它，更增添了野趣。配上黑色漆盒，更体现了质朴淡雅、富有活力的意境。“山路之菊”是九月九重阳节茶会的主要角色。

四、茶菓子的食用礼法

食用茶菓子是茶道艺术实践中的一部分。在茶会上食用茶菓子与在家里食用茶菓子是不一样的，必须伴随食用礼仪。其礼仪有三个部分，即人与人之间的礼仪、人与物之间的礼仪、物与物之间的礼仪。

盛装茶菓子的器皿叫菓子器，菓子器必须是富有雅趣的物件。从外观上分类，菓子器大体有四种形态：重盒形、大钵形、盘子形、罐子形。菓子器是附属于茶菓子的，色彩要淡雅，纹样要疏朗，菓子器不能过于奢华以致影响茶菓子的美丽。菓子器的外表朴拙但制作工艺十分精致。有漆器、陶器、瓷器、玻璃器等材质的。

食用茶菓子时根据菓子器的大小会搭配使用尺寸不一的木签（相当于筷子）。这些木签使用一种叫“黑文字”、学名 Linderaumbellata的木材制成。这种木材的树皮紧贴树肉，很难分开。日本茶人观察到了黑文字的这一特性，为了彰显这一特性，日本茶道将其树皮连同树肉做成了茶菓子签。

食用茶菓子要求把茶菓子一下子全吃完。如果是“薄茶菓子”，不能咬开吃，要求一下子全部放进嘴里。因为每一块干菓子就是一个完整的生命，如果在大庭广众下破坏它的完整形象就是对它的不尊重。如果是“浓茶菓子”，要用菓子签切割成两块后一气呵成地吃完。不能吃一口，放下，喝点茶，再吃一口。这是绝对不可以的。如果因为身体原因不能吃茶菓子，需要在参加茶会开始前准备好一个容器，将茶菓子自行带回，不能当场拒绝主人分发茶菓子的举动，也不能把自己的茶菓子让给其他客人，因为食用茶菓子是茶道行为艺术的一个重要部分。

吃茶菓子是有时机上的规定的。客人要等到主人烧好水、温好盏、擦好茶碗后说“请吃茶菓子”之后，才能开始食用茶菓子。客人在吃茶菓子的同时，主人开始往茶碗里入茶、添水、点茶。当客人享用完甜味的茶菓子，喉咙有些发干的时候，香香的略有苦味的抹茶就点好了。也就是说，客人在吃完茶菓子与喝到茶之间，大约有15秒的空档为最好。

接下来记述食用茶菓子时的具体礼法。

1. 使用五重漆盒食用浓茶菓子之礼仪

主人把当天做的浓茶菓子放进漆盒，每层放1个。按规定，首席客人食用最下面一层的茶菓子，这是在表达客人之间的相互尊敬之礼。如果是五位客人，主人就使用五层盒子，如果是六位客人就在第五层放2个。如果是10位客人，就在第五层放2个、第四层放2个，第三层放2个、第二层放3个、第一层放1个。这样做是为了维护首席客人的独特地位。主人将用水浸泡过的黑文字木签（筷子）依次错落地放在盒盖上。如果是在夏季，盒盖上须洒上水珠。

客人们开始使用茶菓子。先从首席客人开始。首席客人向位于左侧的次席客人行“次礼”[1]，然后把

[1] 在茶席上，客人之间的礼分为前礼、次礼、送礼。

漆盒用双手挪至身体前方，略向上举，表达对万物的感谢。首席客人将上面的四层漆盒全部抬起，看一下漆盒里面的情况，将拿起的4个漆盒逆时针转90度，再将漆盒放在第五层漆盒上。这样，就给第五层漆盒产生了一个空档。首席客人从盒盖上取下一根黑文字筷子，插入空档后，然后将四个漆盒传至次席客人。首席客人用右手从怀中取出怀纸，放在膝前。然后将自己用过的漆盒传给次客。首席客人用木签插住茶菓子，将其挪至怀纸上。双手端起怀纸，用木签把茶菓子切成两块，食用。完毕后用怀纸将木签包住，放入怀中。

次客及以下茶客依次照礼进行。当上方传来空盒子时要把自己的空盒子放在上面，这是为了使五层漆盒在被使用过程中不被改变上下的顺序。因为，漆盒也是有生命的，是有感觉的。最后一位茶客还要把五重漆盒的正面转给主人方。方法是，两手抵住漆盒的右上和左下，顺时针转90度，再反复一次。最后，还要起身送至茶室口，以示客人方对主人方的体贴之情。

五重漆盒（enndaka）

浓茶（koitya）4

2．使用大瓷钵食用浓茶点心之礼仪

比起五重漆盒来说，用瓷钵盛茶菓子更加直观和便利。目前，在大茶会上，瓷钵的使用率是很高的。主人方要事先把瓷钵浸润擦干，按人数盛好浓茶菓子，在靠瓷钵的正面的碗缘处，横放上浸润好的两根黑文字筷子。客人礼法如下：首席客人向位于左侧的次席客人行“次礼”，然后把瓷钵用双手挪至

大瓷钵

客人必备怀纸

身体前方，略向上举，表达对万物的感谢。首席客人用右手从怀中取出怀纸，放在膝前。首席客人用右手拿黑文字筷子的中间（略靠右），再用左手接一下筷子的中部，右手调整一下从下方拿好筷子。夹住茶菓子，挪至怀纸上，将筷子横放在茶菓子的下方，双手抚地，欣赏瓷钵及瓷钵里的风景。尔后将筷子头部用怀纸的左上角擦拭一下之后，将黑文字筷子放回瓷钵。接下来，将瓷钵传给次席客人。首席客人双手端起怀纸，近距离观赏茶菓子的造型、色彩、气味，用木签把茶菓子切成两块，边吃边体察茶菓子的原料组合情况，还要猜想茶菓子的雅号，可以在心里做出一个初步的符合此款茶菓子的雅号，完毕后用怀纸将木签包住，放入怀中。

3. 使用大木盘食用薄茶菓子之礼仪

薄茶菓子也称“干菓子”，水分少，所以，使用木器、漆器、金属器皿盛装。又因为薄茶是可以多喝几碗的，因此，干菓子的数量是不定的，往往多放一些。盛装干菓子的器皿往往比较大。就像红花需要绿叶衬托一样，干菓子也要在盘子的右上和左下摆出两组造型。造型要注意色彩的搭配和寓意的表达。如：右上摆绿色的青枫，左下摆蓝色的清流；右上摆白色的雪花，左下摆绿色的松枝，右上摆芒草，左下摆桔梗。

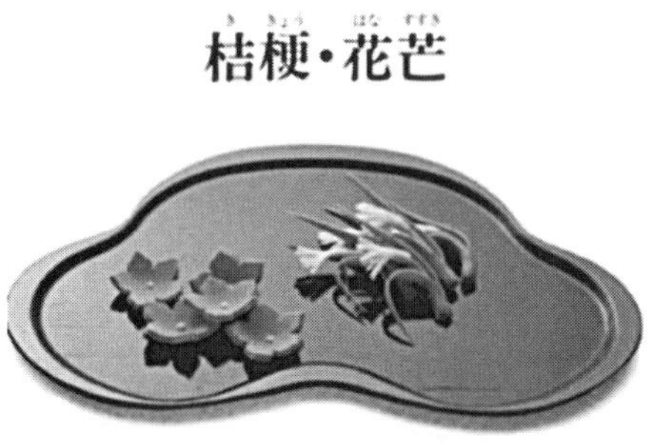

桔梗 · 芒草（kikkyou · hanasusuki）　　薄茶（usutya）

客人礼法如下：首席客人向位于左侧的次席客人行“次礼”，然后把菓子盘用双手挪至身体前方，略向上举，表达对万物的感谢。首席客人用右手从怀中取出怀纸，将怀纸的下层翻上来折叠好，放在膝前。首席客人用左手护住菓子盘的8点钟的位置，用右手直接取干菓子。先取右上的干菓子，后取左下的干菓子。其后，用怀纸的右上角清一下手指。然后将菓子盘传给次席客人。客人吃完茶菓子之后就要择机向主人询问茶菓子的雅号。举例如下。

客人：今日的茶菓子非常美味，谢谢了。请问有何雅号?

主人：花红柳绿。

客人：何人所制?

主人：虎屋老铺。

客人：真是太美味了，谢谢了。

在问答之中，主客携手走进了原野，共享了花红柳绿的春光。

现今，日本京都有140多个可以制作茶菓子的老铺，每个老铺都有几款当家的、有传统的、著名茶菓子。对于定型了的著名茶菓子，他人是不可以仿制的，这是绝对的行规。那么，认知、品尝这些著名茶菓子就成为京都茶道人的一个特别的修炼项目和特别的享乐。

目前，被使用于春季的著名茶菓子有：下萌、玉椿、蕨饼、蝴蝶、樱花若草、春水、花红柳绿、嵯峨之春等。被使用于夏季的著名茶菓子有：五月雨、菖蒲馒头、青枫、水藻花、紫阳花、玉川、夏衣、牵牛花等。被使用于秋季的著名茶菓子有：桔梗饼、初雁、秋草、丰年、山路之菊、稻草人、麦落雁、银杏饼、初霜、红叶路、林间锦等。被使用于冬季的著名茶菓子有：雪饼、柴雪、千代结、菱葩饼、红梅、未开红、重松等。这些茶菓子的雅号来自和歌、汉诗或京都四季的风物[1]。这些关乎自然的雅号令人们在品尝茶菓子的同时感应到了天地的气息，令人们随时保持与自然拥抱的心态。

评价一种茶菓子的优劣往往有以下几个标准：①味道是否能烘托茶味；②材料是否新鲜有营养；③造型是否含蓄典雅；④色彩是否符合文化主题的表达；⑤雅号是否能巧妙地表达季节风物。另外，茶菓子的雅号虽说重要，但茶菓子毕竟是从属于茶的，是为茶服务的，其雅号的文化含量不能超越茶的雅号的文化含量，还有，茶菓子的雅号不能与茶碗、茶勺、茶釜等茶具的雅号重复或类似。总之，日本茶道要求茶菓子与茶会上出场的主客、器具、事物一起构成一个融合的世界，此乃茶菓一如。

参考文献

[1] [日]铃木宗康. 茶的菓子[M]. 京都: 淡交社, 1979.
[2] [日]山口富藏. 京菓子读本[M]. 东京: 中央公论社, 1990.
[3] [日]铃木宗康. 茶席上的菓子[M]. 东京: 世界文化社, 1985.
[4] [日]千宗室. 初步的茶道[M]. 京都: 淡交社, 1976.
[5] 滕军. 日本茶道文化概论[M]. 北京: 东方出版社, 1992.

[1] 此处参见铃木宗康《茶席上的菓子》，日本世界文化社，1985年。

汉唐时期“寒具”考

周爱东

（扬州大学，江苏　扬州　225009）

摘　要：“寒具”是中国古代的食物名称，一般认为是寒食节的民俗食物，但对其形制历来说法不一。“寒具”一词始见于《周礼·天官》郑司农注。唐末李绰《尚书故实》中说：“《晋书》中有饮食名‘寒具’者，亦无注解处。后于《齐民要术》并《食经》中检得，是今所谓‘环饼’。”[1]从李绰的语气来看，他应该没听说过叫“寒具”的食物。宋、元、明、清的一些文献中，虽然还可以看到“寒具”的名字，或出于学者考证，或出于文人附会，均不是民俗中所有。因此，本文把讨论的时代背景上限定在汉朝，下限定在唐朝，如此可免唐以后各种“寒具”食品的干扰。

关键词：寒具　环饼　粔籹　馓

1《周礼》注中的“寒具”

《周礼·天官·笾人》：“朝事之笾，其实麷、蕡、白、黑、形盐、膴、鲍鱼、鱐。蕡，枲实也。郑司农云：‘朝事谓清朝未食，先进寒具口实之笾。’”[2]郑司农名郑众，东汉经学家。据贾公彦在《序周礼废兴》中引《马融传》记载，郑众是跟杜子春学习《周礼》的，杜子春是刘歆的弟子[3]。《周礼》一书据很多学者考证为周秦时期的书，其中的部分内容又被疑为西汉刘歆伪作。因此，郑众对于朝事之笾的解释有可能来自于杜子春或刘歆。郑众认为“朝事之笾”是“清朝未食”时点饥的食物。郑玄看法与郑司农不同，“玄谓以‘司尊彝’之职参之，‘朝事’谓祭宗庙荐血腥之事。”[2]也就是说“朝事之笾”不是给人吃的食物，而是用来祭祀的（当然祭祀仪式结束后，这些食物还是给人吃的）。郑玄是从前后文关系上得出的结论，后代很多学者都认可郑玄的观点。二郑对“寒具”用途的解释不一，但对“寒具”这个名词都没有否定。东汉桓谭的《新论》及张逸《遗令》中都提到“寒具”，可见“寒具”确实是食物的名称。

朝事之笾中放了“麷、蕡、白、黑、形盐、膴、鲍鱼、鱐”八种食物，前四种是谷类，可称为谷类寒具；后三种是鱼肉，可称为鱼肉寒具。这些都是可用来充饥的食物。唯“形盐”有点奇怪：“筑盐以为虎形，谓之形盐，故《春秋传》曰：盐虎形。”郑玄则认为形盐是“盐之似虎者。”[2]不论是哪种解释，“形盐”应该都不会是直接食用的食物。去掉“形盐”，寒具就有两类七种食物。

“麷、蕡、白、黑”的制作方法：“麷为熬麦”，“蕡为麻子”，“白为熬稻米”，“黑为熬黍米”。除了“蕡”，另外三种的制作方法都是“熬”——熬麦、熬稻、熬黍。“膴、鲍鱼、鱐”的制作方法：“膴，

作者简介：

周爱东（1969—　），扬州大学旅游烹饪学院讲师，中式烹调高级技师、茶艺技师、评茶技师。主要从事烹饪科学、饮食文化方向的研究。

牒生鱼为大脔。鲍者，于糗室中糗干之，出于江淮也。鱐者，析干之，出东海。王者备物，近者腥之，远者乾之，因其宜也。"鲍是加米粉腌制后烘干的咸鱼，鱐是无盐的鱼干。"膴"与"鲙"是相似的菜肴。"脍"是生肉丝，写作"鲙"的时候专指生鱼丝。《礼记·少仪》："牛羊与鱼之腥，聂而切之为脍。"注："聂之言牒也。"疏："聂而切之者，谓先牒为大脔，而后细切之为脍也。""牒为大脔"的时候正是朝事之笾中的"膴"。郑玄在《周礼》注中说："燕人脍鱼方寸，切其腴以啗所贵。"[2]"腴"指的是鱼腹。可知当时燕地流行的是用鱼腹切成的生鱼片，不同于中原的切成丝的鲙。

以上是据郑玄注释的内容整理的。据郑玄注，寒具是冷食的，谷类寒具是热制冷食的，鱼肉寒具有腌制后冷食的，也有生切的鱼脍。汉以后，人们提到寒具往往是指一种食物，都属谷类的，以鱼为寒具的，再无所闻。所以，后面的讨论只针对谷类寒具，鱼及形盐之类均不在此讨论。

2 汉唐时期对于寒具的表述

在翻检古籍时，人们往往会发现寒具有各种各样的别名。缪启愉先生在《齐民要术》卷九"细环饼、截餅"之校释中整理了寒具的名字：寒具、蝎子、餲、膏环、捻頭、粔敉、安乾、饆饠、餦餭、环饼、粺糀、䴵䴵、饊饊、粰糀。[4]这其中有可以商榷的地方，但汉唐文献中对于寒具的表述确实不一样。

（1）《太平御览》引桓谭《新论》曰：孔子，匹夫耳，而卓然名著。至其冢墓，高者牛羊鸡豚而祭之，下及酒脯、寒具，致敬而去；《张逸遗令》曰：闭口寒具不得人。[5]

（2）唐·张彦远《法书要录》："桓玄爱重书法，每燕集，辄出法书示宾客。客有食寒具者，仍以手捉书，大点污。后出法书，辄令客洗手，兼除寒具"。张彦远于"寒具"后夹注道："按寒具即今之环饼，以酥油煮之，遂污物也。"《集韵》亦注："寒具，环饼也。"[6]

（3）北魏贾思勰《齐民要术》卷九《饼法第八十二·细环饼截饼》："（细）环饼一名寒具，截饼一名蝎子。皆须以蜜调水溲面，若无蜜，煮枣取汁，牛羊脂膏亦得，用牛羊乳亦好，令饼美脆。"[7]

（4）《太平御览》引《通俗文》曰："寒具谓之餲。"[5]

（5）吴炯的《五总志》："干宝司徒仪曰：祭用䴵䴵。晋制呼为撮饼，又曰寒具，今曰馓子。"[8]

（6）段公路《北户录》："果奠合子有寒具（《证俗音》䴵䴵，内国呼为糫饼，亦呼寒具。《郑玄》注：周官有寒具，未知是䴵䴵否？）。"[9]

上面所引六条是汉唐之间最重要的寒具资料，它们或者直接提到"寒具"或者明确解释"寒具"是什么。（1）（2）两条是文人的原创著作所提及的"寒具"。其后四条所记的是民俗中对于"寒具"的称呼（《五总志》是宋代的书，但所引的《司徒仪》是晋代的）。在解释"寒具"这个词的时候，用的常是民俗中的名称。在民俗文化中，这一类食物则有不同的名字，或者叫环饼、或者叫餲、或者叫䴵䴵、或者叫撮饼。"寒具"这个名字可能被人们淡忘了，也有可能，民间本来就不用这个名字。但是有一点可以肯定，汉唐时期，"寒具"只是一个流行在知识分子圈里的名称，而这个名称的由来，可能与《周礼》有关。

贾俊侠先生在《汉唐长安"饼食"综论》中提出，寒具和环饼是同一食物，寒具是南方的称呼，环饼是北方的称呼[10]（《唐都学刊》2009年7月，第25卷第4期，P17）。这个说法值得商榷。贾先生说不同地方对寒具的称呼不一样，这是对的。说寒具是南方称呼，环饼是北方的称呼，却没有证据。至少从上面所列六条资料来看，《新论》作者桓谭、《张逸遗令》作者张逸均是北方人。其他几条资料中，麫䴵是个南方的名字，其他也都是北方的。

3 “寒具”与寒食节的关系

晋孙楚《祭子推文》云：“黍饭一盘，醴酪一盂，清泉甘水充君之厨。”[9]

晋陆翙《邺中记》：“邺俗，冬至一百五日为介子推断火，冷食三日，作乾粥，是今之糗。寒食三日，为醴酪，又煮糯米及麦为酪，捣杏仁煮作粥。”[9]

北魏贾思勰《齐民要术·醴酪第八十五》也说醴酪是为纪念介子推，“忌日为之断火，煮醴而食之，名曰寒食”，又说“中国流行，遂为常俗。”[7]

梁宗懔《荆楚岁时记》：“寒食禁火三日，造饧大麦粥，斗鸡，镂鸡子，斗鸡子。”[9]

隋杜台卿《玉烛宝典》曰：“今人悉为大麦粥，研杏仁为酪，引饧沃之。”[9]

上面所列为汉唐时期寒食节的食物，名称有：黍饭、醴酪、饧大麦粥、乾粥、糗等，这些食物的功能明确地指向介子推的传说。但是这些食物都不叫寒具。

通常学者们都把寒具当成是寒食节的食物。林洪《山家清供》：“寒具……可留月余，宜禁烟用。”[11]李时珍说：“冬春可留数月，及寒食禁烟用之，故名寒具”。[12]但是二郑在注《周礼》时并无提及“寒具”的季节性。在前一节所引的“寒具”资料中，也都没有提到季节。最有意思的是，《齐民要术》“饼法第八十二”提及寒具，没讲寒具与寒食节的关系，但到了“醴酪第八十五”介绍醴酪时却说明是纪念介子推的。莫非“寒具”与寒食节无关?

对此，还是要回到《周礼》郑注。郑玄说：“麷为熬麦”，“白为熬稻米”，“黑为熬黍米”。这三种食物分别为熬麦、熬稻米和熬黍米。如果把熬解释为用小火慢煮的话，那么麷就是大麦粥、黑就是熬黍米，就是黍饭、麷与白的结合体，就是把麦和糯米一起煮的醴酪。也就是说，“朝事之笾”的食物在民间一直都存在，只是名称不像《周礼》里的“麷”“白”“黑”那么简洁，而是口语化的大麦粥、醴酪和黍饭。这样的食物，平时也可以吃，不一定非得到寒食节时才做，而“寒具”也就不是“寒食之具”，而是冷食的意思。果真如此的话，平常的祭祀也是可以用这些食物的。按照这个推理来看前面所引桓谭《新论》：“孔子，匹夫耳，而卓然名著。至其冢墓，高者牛羊鸡豚而祭之，下及酒脯、寒具，致敬而去。”人们来到孔子墓前祭拜，条件好的人用“牛羊鸡豚”，条件差些的就摆些“酒脯寒具”。此处的“寒具”应该是指“麷”“白”“黑”，就是“黍饭”“醴酪”“饧大麦粥”。从受祭者的身份来说，孔子与介子推是一样的，又都是北方地区人，用同样的祭品完全可以理解。

4 环饼寒具的误会

《齐民要术》中记载的“寒具”比《周礼》“寒具”影响要大得多，后人所说的寒具大多与此有关。“(细)环饼一名寒具，截饼一名蝎子。皆须以蜜调水溲面，若无蜜，煮枣取汁，牛羊脂膏亦得，用牛羊乳亦好，令饼美脆。”两汉和魏晋南北朝时，“饼”的概念与今天不一样，面条、馄饨、馒头都可称“饼”，寒具就是一种细面条盘起来的“环饼”。这大概是最早的有详细制作方法的寒具记录了，但是它和《周礼》寒具似像非像。

首先是这种细环饼的形状。《齐民要术》中有两个环饼，一个是叫作“粔籹”的“膏环”，一个是叫作“寒具”的“细环饼”。这个细环饼很容易让人联想到馓子、面条之类的食物。这种形状的食物在东汉时期才见史料中有记载，应该与《周礼》寒具没有太多的联系。其次，从制作方法上看。细环饼用蜜或者枣汁调水和面，或者用牛羊乳、牛羊脂膏来和面，制成以后饼“美脆”。由于有蜜或枣汁，这种细环饼用油炸成熟的可能性比较小，烤熟的可能性比较大。但无论是炸是烤，都与“熬”相去甚远。既然这样，为什么细环饼会有寒具这个名字呢?

细环饼被称为寒具可能与膏环“粔籹”有关。“粔籹”见于《楚辞·招魂》：“粔籹蜜饵，有餦餭些。”东汉王逸注：“粔籹，环饼也。餦餭，饧也。言以蜜和米面，熬煎作粔籹，捣黍作饵，又有美饧，众味甘美也。”[13]有以下三个原因把粔籹、细环饼和寒具混同起来。

其一是名称。据王逸注可知“膏环”也可以叫“环饼”。在民间语言中，细环饼与环饼不可能分得那么清楚，用得久了，两者也就混为一谈了。

其二是做法。“以蜜和米面，熬煎作粔籹”，与《齐民要术》中细环饼“蜜调水溲面”的做法非常相似。可能的情况是，细环饼的做法有两类，一类是粔籹的做法，一类是添加牛羊乳、牛羊脂膏的做法。粔籹是南方的食物，而作注的王逸是东汉南郡宜城人（今湖北襄阳宜城），与屈原同土同国。所作《楚辞章句》是《楚辞》最早的完整注本。因此他所说的粔籹很可能就是当时民间常用的做法。后一类做法很可能来自北方的胡人，草原缺水，以牛羊乳或膏脂来和面很合乎情理。

其三是时间。粔籹的使用在春季。《招魂》：“稻粢穱麦，挐黄粱些。”王注：“稻，稌。粢，稷。穱，择也，择麦中先熟者也。挐，糅也。言饭则以秔稻糅稷，择新麦糅以黄粱，和而柔嬬，且香滑也。”可知当时处于麦子将熟未熟之际。[13]

又“乱曰：献岁发春兮汩吾南征。”[13]是说当时正是春季。前后联系起来看，招魂的时间应该是春末夏初，麦熟之前。这一时间与寒食节也有点关系。东汉末蔡邕的《琴操》：“子绥抱木而死，文公哀之，令人五月五日不得举火。”[9]关于寒食节的时间问题，研究者多有考证，五月五日也是一说，而且是在寒食节最流行的时期出现的，说明当时可能有五月五日禁火寒食的地方。

名称相似，做法相似，使用时间相近，如此，粔籹、细环饼、寒具三者混成一体也就可以理解了。后来，朱熹在《楚辞集注》中说：“粔籹，环饼也，吴谓之膏环，亦谓之寒具。”[14]

还有一个让细环饼成为寒具的关键食品——馓。后来常把粔籹、寒具与馓子混为一谈，这种混淆也在汉晋之间。

汉代的馓是用米制成的一种甜食。汉许慎《说文》：“馓，熬稻餦餭也。”[15]餦餭指饴糖，前引王逸注“餦餭，饧也。”汉以前普遍称为饧，是民间常见的甜食。史游《急就篇》有“枣杏瓜棣馓饴饧”。唐人颜师古注云：“馓之言散也。熬稻米饭使发散也。”段玉裁进一步解释：“熬，干煎也。稻，稌也。稌者，今之稬米，米之粘者。鬻稬米为张皇，张皇者，肥美之意也。既又干煎之，若今煎餈饭然。是曰馓。饴者，熬米成液为之。米谓禾黍之米也。馓者，谓干熬稻米之张皇为之。两者一濡一小干相盉合则曰饧。此许意也。”[16]即：“馓”是用糯米煮成很烂的粥使之成为餦餭，再将其熬干，即成馓。这种馓与《周礼》郑注的“麷为熬麦”，“白为熬稻米”，“黑为熬黍米”非常相似，它们之间应该是有传承关系。

“馓”也叫“馓饭”，在唐朝时称粰粇。《北户录》注引《证俗音》云：“今江南呼馓饭以煎米以糖饼之者为粰粇。”唐代制糖业发达，人们在制作馓饭时不再用饧，改用糖了。南宋林洪《山家清供·寒具》：“餦餭乃寒食具，无可疑者。闽人会姗名煎铺，以糯粉和面油煎，沃以糖，食之不濯手则能持物，肯可留月余，宜禁烟用也。”[11]林洪所说的寒具与《证俗音》的“粰粇”实为同一样食品。今天中国南方的土家族、苗族、白族的“团馓”和仡佬族的“米花”很有可能就是《楚辞》中的粔籹。这两种食物在《中国少数民族饮食文化荟萃》一书中有记载。日本有一种点心叫おこし，汉字写作“粔籹”，具体品种有粟粔籹和雷粔籹两种，其做法也与馓饭类似。

5 结论

综上所述，“粔籹”与“馓饭”与《周礼》谷类寒具有传承关系，两者的制作方法非常相似，因此，在流传过程中，“粔籹”的俗名“环饼”与“馓饭”合二为一。“细环饼”是北方食物，制作方法分两种，其中一种调制方法类似于南方的“馓饭”“粔籹”，因而两者再被人们混淆，寒具也就完成了从“麷”“白”“黑”到“细环饼”演化过程，宋朝时，寒具已经被称为馓子。前引吴炯的《五总志》：“寒具，今曰馓子。”但宋朝人对于寒具与馓子的关系还是有疑问的，林洪说：“寒具，此必用油蜜者。《要术》并《食经》者，只曰环饼，世疑馓子也。”用一“疑”字表示不确定。但是在民间，寒具与馓子已经被认为是一种食物了。

参考文献

[1] 李绰, 王定保. 尚书故实、唐摭言[M]. 北京: 商务印书馆, 1936.
[2] 郑玄, 贾公彦. 周礼注疏[M]. 上海: 上海古籍出版社, 2010.
[3] 黄云眉. 古今伪书考补证[M]. 济南: 齐鲁书社, 1980.
[4] 缪启愉. 齐民要术校释[M]. 北京: 农业出版社, 1982.
[5] 李昉. 太平御览[M]. 北京: 中华书局, 2013.
[6] 张彦远. 法书要录[M]. 北京: 中国书店出版社, 2014.
[7] 石声汉. 齐民要术今释[M]. 北京: 中华书局, 2009.
[8] 吴炯. 五总志[M]. 知不足斋丛书本 (乾隆道光刻、民国影印).
[9] 嵇含等. 南方草木状・外十二种[M]. 上海: 上海古籍出版社, 1993.
[10] 贾俊侠. 汉唐长安“饼食”综论[J]. 唐都学刊. 2009, 25(4).
[11] 林洪. 山家清供[M]. 北京: 中国商业出版社, 1985.
[12] 李时珍. 本草纲目[M]. 喀什: 喀什维吾尔文出版社, 2002.
[13] 黄灵庚. 楚辞章句疏证[M]. 北京: 中华书局, 2007.
[14] 朱熹. 楚辞集注[M]. 北京: 人民文学出版社, 1953.
[15] 许慎. 说文解字[M]. 北京: 中华书局, 1963.
[16] 邱庞同. 中国面点史[M]. 青岛: 青岛出版社, 2010.

古代筷子放置方向的变化观察

王仁湘

（中国社会科学院考古研究所，北京　100710）

摘　要：东亚地区进食具中的筷子，关于它在古代的使用方法，进行系统研究的人很少。本人提出的筷子放置方向的历史变化，过去更没有研究者注意。筷子放置方向的变化，体现了文化传统的传承与变革，在传统的传播中也体现了不同文化间的交流。

在不同时空范围内，餐案上筷子放置有纵与横两个不同的方向。历史上相关文献记载缺乏，但大量考古出土的图像资料提供了可靠的研究论据，让我们能清楚地观察到筷子由汉代时的纵向放置，经魏晋隋唐时的横向放置，再到宋代又回归到纵向放置传统。我们还可以由海东日韩地区至今维系的横向放置筷子的传统，推测它是承自大陆隋唐或稍早年代的传统。

关键词：筷子　横放　竖放

1 研究现状

筷子在中国古代称为“箸”，也还有其他流行不广的名字。不过在古代文献中，我们并不容易发现它的踪迹，所以关于它的研究，更多的是依据考古提供的实证资料进行。

我在30多年前，曾经对中国古代的三类进食具筷子、勺子、叉子进行了综合研究，对于筷子的创制和历史变化作过梳理考证，所依据的主要是考古资料[1]。虽然有了这样的基础研究，但有些具体问题依然存有疑问，例如从考古获得的图像资料上观察，古代筷子在食案上放置的方向，有明显的时代区别，有时是纵向放置，有时又是横向放置，这其中又有怎样的规律呢？

对此我一直有些思考，除了不断收集更多资料，也有实地考察的心得。这些年在旅行中，我始终保有一种好奇心，每到一处大小馆子，都要先观察餐桌上筷子的摆法。这成了一种偏好，我不知道世上还有没有第二位像我一样的人。

这是一个小小的好奇，似乎没有什么意义，关注这样的生活细节，是否太过闲散了？倒也不是太闲散，总是要吃饭的吧，饭前餐桌上总是摆好了筷子吧，取筷子时总是要有所观察，看它是如何摆着，也用不着花专门的功夫。

现实中我看到了餐桌上有不同的风景。在日本，在世界遗产岐阜县白川乡荻町合掌屋里的农家乐，老传统席地而坐，餐具就摆在席子上，中间大盘中的小盘盛着菜肴，周围是空着的饭碗，碗上放着方向不一的筷子。用餐的环境维系着传统方式，可是筷子却自由得没有了规矩（图1）。这多少让我有点失

作者简介：

王仁湘（1950—　），中国社会科学院考古研究所研究员，主要从事史前考古研究和饮食考古研究。

[1]　王仁湘．中国古代进食具匕、箸、叉研究[J]．考古学报．1990，3．

望，在日本不应当是这个样子。

不过在日本东京、大阪或是京都的小馆用餐，筷子是横置在餐桌或餐盘上，显得秩序井然（图2）。我知道这是传统，而且是古老的传统。筷子的形状不断有改变，但它的方向没有改变。参观大阪国立民俗学博物馆，见小餐桌上横置着筷子和勺子，这也是传统的展示（图3）。这种放置筷子的规矩不仅收藏在博物馆，日本人进餐时大多也是这个样子，这个传统延续了一千多年。

图1　世界遗产日本岐阜县白川乡荻町合掌屋里的农家乐

图2　东京大阪或是京都的小馆筷子是横置在餐桌上

图3　大阪国立民俗学博物馆餐桌上的筷子和勺子

2 筷子横向放置传统

日本以及韩国横置筷子的传统，应当是遣唐使由大唐带过去的。我们现在虽然大都将筷子纵向放置，可是在唐代，却是将筷子横置在餐桌上，在许多古代壁画上看到了这样的景象。

唐代的墓室壁画《野宴图》，绘一帮贵族少年在明媚的光影里享受着快乐，享受着美味，偌大的餐桌上摆满了佳肴。仔细看一看，他们面前的餐桌边缘，横放着筷子和勺子（图4）。这是唐代餐具惯常的摆法，下面还有敦煌壁画上的图像，也都可以看到相同的例证。

敦煌473窟唐代壁画《宴饮图》，表现的是青年男女对饮的场面，妙龄的四男四女在凉亭里对席而坐，看起来那么样的彬彬有礼，似乎还没开席。值得注意的是，每人面前横置着勺子筷子，看来这确实是唐代流行风（图5）。

唐代筷子的这个用法，在文献上还没有找到相关记述，为何要将筷子勺子横着放置，关于它的用意并不清楚。横放当然是放在桌面上，放在碗上，那是不成的。读唐李义山撰《义山杂纂》的“恶模样”

图4　西安唐代的墓室壁画《野宴图》

图5　敦煌473窟唐代壁画《宴饮图》

一节说到了筷子，指责社会流行恶习，如“作客与人争相骂”“对大僚食咽”“做客踏翻台桌”“说主人秘事”，“对丈人丈母唱艳曲”，“嚼残鱼肉归盘上”，“对众倒卧”，再就是“横箸在羹碗上”。这些行为放在今天，也都是十分不雅，这“横箸在羹碗上”为何不成？

古时筷子是专用于食菜的，羹中有菜全得靠筷子夹取，取了菜筷子不可横在碗上，得横在面前的桌面上。作者李义山就是大名鼎鼎的诗人李商隐，试想他的行为必定是很谨慎的吧。

紧接着大唐，在北方兴起的大辽，似乎受大唐文化的强烈影响，使用筷子和勺子也是横置。如内蒙古巴林左旗辽墓出土壁画上，有一幅《备宴献食图》绘有一位端食盘的男子，盘中横置筷子和勺子，稍不同的是这两样餐具一里一外，并不是放置在一起（图6）。

图6　内蒙古巴林左旗辽墓出土壁画

3 筷子纵向放置传统

唐代筷子这么横着，大辽也要横着，宋代还横着吗？为什么现在筷子一般都纵置，唐代以前，如汉代用筷子是横向或是纵向放置，也是一个需要考察的问题。

汉代使用筷子的情形，同样在文献上没有见到有关记述，不过考古提供了答案，不少汉画上可以见到使用筷子的场面。

在四川出土的汉代画像砖上，经常可以见到宴饮场景，宴饮者席地而坐，面前摆着方形或圆形食案，案上有筷子和其他餐具。这些筷子都是纵向摆放在食者面前，似乎没有例外（图7、图8）。

观看下面提到的这两幅汉画，可要费点眼力，因为画面已经不那么清晰了。四川中江东汉崖墓发现的这两幅彩绘壁画，表现的是宴饮场景，宴饮者席地而坐，面前摆着酒器和食案，食案上纵向放着成双成对的筷子。如果仔细看也没有发现筷子（图9、图10），也未必是视力有问题，是筷子太不起眼了。也难怪在正式发表的摹本上，就没有画上筷子，画者压根就没有看到壁画上筷子的影子。

在山东地区出土的汉代画像石上，也时常见到宴饮场面，当然也刻画有筷子。筷子的摆放，不论是在食案中间还是在边上，都是采用纵向摆法（图11）。

这些汉画都属于东汉时期，表明汉代人用筷子，遵守着纵向放置规矩。汉代以前，还没有证据显示筷子的纵横状态，推测在战国时代可能已经有了纵向放置筷子的传统，汉代人继承了前代的规矩。可汉

图7　四川汉画像砖

图8　四川出土的汉代画像砖

图9　四川中江东汉崖墓发现彩绘壁画

代以后，情形开始有了改变，筷子出现在餐桌上时，由纵向转到了横向。

甘肃嘉峪关发现的一批魏晋时代的墓室砖画上，有不少宴饮图，图上大多描绘有筷子，执筷或置筷都有清晰的图像。在一方砖画上可以看到一位要吃叉烧肉的主子，放下了手中的筷子，正要接过仆人送来的肉叉。那双筷子应当是横摆在餐案边，旁边还有酒杯（图12）。另一方砖画上的两个男子在共享一串叉烧肉，面前有食案和酒杯，一人一双筷子，也都横在案边（图13）。

还有一方砖画上的一位女子也在品尝盘中美味，好像正要执筷取食，有婢女在一旁打扇侍候。注意案边的筷子，它是横放在女子的左手边，如果不是画工的疏忽，我们可以判断她是一个左撇子（图14）。在另一画面上方形的食案上也摆着筷子，纵着横着不大明确，重点是看看画中执筷的婢女，这个不是左撇子（图15）。还可以见到些端着案子送食的婢女画像，案上的筷子，似乎也是横置着（图16）。

这样看来，筷子由纵向横的姿态转变，是在魏晋时代完成的，应当是在公元三、四世纪之际，形成传统之后一直承续到有唐一代。

图10　四川中江东汉崖墓发现的彩绘壁画

图11　山东地区出土的汉代画像石

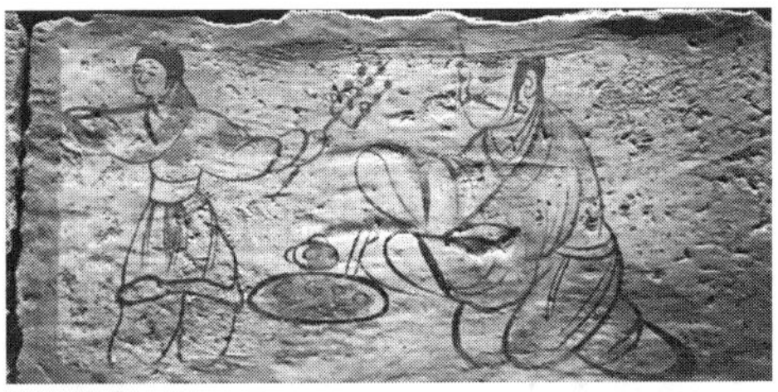

图12　甘肃嘉峪关发现的魏晋墓室砖画

图13　甘肃嘉峪关发现魏晋墓室砖画

图14　甘肃嘉峪关发现的晋时代墓室砖画

图15　甘肃嘉峪关发现魏晋时代的墓室砖画

图16　甘肃嘉峪关发现的魏晋时代墓室砖画

4 筷子回归纵向放置传统

餐桌上筷子的“横行”方式，在唐代还是无可阻挡。筷子的横行，也许持续了500年的光景。因为到了五代至宋时，这情形开始改变，筷子又回归至纵向姿态了。

南唐画家顾闳中传世名作中有他所绘长卷《韩熙载夜宴图》(图17)，这图有人说时代未必能早到五代，我们不参与这个考证，我们只要知道这图上有筷子就足够了。这幅夜宴图上有五位重要的与宴者，两张餐桌上应当有五双筷子。不过在一般的印本上，我们看不到筷子的踪影，黑黑的餐桌上模糊一片。在比较清晰的摹本夜宴图上，摹出这餐桌上摆满了酒肴，却忽略了筷子（图18）。反倒是在另外一些不甚清晰的摹本上，我们可以寻到至少三双筷子的图像（图19、图20）。这是放大的局部，隐约可以看到餐桌上的筷子。这几双筷子无一例外地都是纵向摆放，这说明五代或宋代时，筷子由横向至纵向的放置方向转变已经完成。

图17　南唐画家顾闳中绘长卷《韩熙载夜宴图》局部

图18　南唐画家顾闳中绘长卷《韩熙载夜宴图》摹本

图19　南唐画家顾闳中绘长卷《韩熙载夜宴图》不甚清晰的摹本

图20　南唐画家顾闳中绘长卷《韩熙载夜宴图》摹本细部

还有一幅名画，是宋代张择端的《清明上河图》长卷。熟知它的人也许可以随意说出熟识的许多场景，可有一个场景一般人未必注意到了。这是一个局部场景，我说我看到了筷子你也许不信，这样大的画面，也会出现筷子？不错，真有筷子。画面上表现了许多餐馆，如果不表现筷子倒是很不合理的事。在《清明上河图》的线描图可以清楚地看到，在这大屋檐的左下方，餐馆里有两位对饮者，餐桌上的餐具与美味并不多，店小二正在为他们上菜。不用太仔细就能发现，餐桌上摆着两双筷子，而且是纵向摆着（图21、图22）。看到这里，我们可以确信，筷子由横向纵的放置方向的转变，在宋代时是一定完成了。

这里还要提到一幅宋代名画，传世的《文会图》几个局部，不用看画中文人生动的表情，我们还是注意一下每人面前的筷子与勺子。这些配套的筷子与勺子都是纵向摆放着，这是进行中的宴饮场景，可以想见进餐过程中放下筷子时，也要取纵向方式，不可造次（图23、图24、图25）。

图21　宋代张择端的《清明上河图》

图22　宋代张择端的《清明上河图》线描图局部

图23　宋传世的《文会图》1

图24　宋传世的《文会图》2

图25　宋传世的《文会图》3

在有的墓葬壁画上，我们也发现了相关证据。山东莱州东南隅村的一座宋墓中，见到一幅夫妇对饮图壁画，夫妇相对而坐，桌面上摆满酒肴，很难得的是画面上也出现了筷子，那筷子纵向放置在桌面上（图26）。

我们在唐代以后改变了过去横置筷子的传统，但日本并没有改变，现在到日本还可以感受到唐代的用餐风尚。我甚至觉得，即使在大陆，也许某些地区还维系着唐代的做法，横置筷子的习惯未必在本土消失得那么彻底。

宋代以后，纵置筷子成为习惯，从古代墓葬壁画和传世绘画上，都能见到这样的场景。

陕西甘泉一座金代墓葬里见到的墓主人进食图壁画，这位有名有姓有年龄记录的老者，他面前的餐桌上摆着茶盏菜盘，当然也有一套筷子和勺子，虽然筷子和勺子放置不齐整，但纵向的方向是明确的[1]。（图27）

明代陈洪绶所绘博古叶子，有一幅画的是晋代何曾“日食万钱”的故事，他是用明代人的风情演绎古代的故事，高桌大椅是何曾未有享受到的，那筷子纵放也不是晋代时尚，这显然是明代时的生活写照（图28）。

据《翦胜野闻》记述的一个故事说，明朝初年的唐肃有一次陪朱元璋朱皇上吃饭，他吃完后将筷子横在碗上。朱元璋问这是什么意思，他说是从小学的礼节。朱元璋大怒，说“民间俗礼怎么能用在天子这儿?”居然给唐肃定了个大不敬的罪名，发配广西当兵去了。

这种横筷子在饭碗上的做法，本意是出于对长者的尊重，用意源出周礼，长辈没吃完，晚辈不得先放下筷子。周礼要求晚辈已吃饱，而长辈尚未停止进食时，不得放下筷子，还要装模作样慢慢吃。否则，你把碗筷一放，显得长辈像是很贪吃似的。宋代以后，这办法略有改进，晚辈先吃完也不必还举着筷子，只须横在碗上，敬意也就到了。但是朱元璋做了皇帝，却看不惯这个做法，本是个致敬的法子，却得了不敬的罪名，因为天子不认这一套。

清代不论在宫中还是民间，筷子的摆放遵循前朝规矩，仍然承继着纵向传统。清宫的饮食规范，筷子也是纵向摆放。

图26　山东莱州东南隅村宋墓中夫妇对饮图壁画

图27　陕西甘泉金墓墓主人进食图壁画

图28　明代陈洪绶所绘博古叶子

[1]　王勇刚、刘立平、高强、张湛武、刘虎林、王天艺：《陕西甘泉金代壁画墓》，《文物》2009年7期。

清代人所绘的《红楼梦》插图，表现大大小小的聚宴，餐桌上是少不了筷子的，仔细看去，筷子放置的方向是纵向（图29）。在一般的礼仪场合，这个规矩都不会有什么改变。北京故宫博物院陈列的清宫宴桌，桌面上的筷子亦取纵向放置方式[1]（图30）。

5 结语

现代宴会摆台也是艺术，任你如何艺术，那筷子与勺子的位置与方向都不会改变，纵向放置是不能改变的。

我们知道这传统是唐代以后的一种回归，是筷子横向放置回归到纵向放置传统。这个传统回归以后，筷子又纵向放置了一千多年，在大陆不知它会不会再度变换方向。

在日本至今仍然维系着由隋唐时代从大陆承继的横向放置筷子的传统，其中缘由，也是一个值得思索的问题。日本画家在描绘清代官员饮食生活的画面上，将筷子和勺子都绘成横置的样式（图31），这显然是以日本的风尚表现的，这个例子说明一千多年以后，筷子横置传统在日本列岛从未改变。

而在韩国，餐桌上的筷子却是纵向放置，日本学者主观地以为韩国会与日本一样，所以在博物馆的展示中也将筷子与勺子都横置在餐桌上。这样的展示我也看到了，也相信事实如此，但不久前访问韩国时，在传统风格的宴席上看到的是筷子纵向放置的情景，询问后了解到民众也都是如此，这与日本的情形并不相同。

这让我相信，筷子传播到日韩的时间与途径不同，日本应当是由遣唐使带回了横向传统，而韩半岛则承袭的是汉代纵向传统。有意思的是，不同的传统到达新的目的地却不再有什么变改，这与古代中国的情形不同。

图29　清绘《红楼梦》插图

图30　清宫的饮食规范筷子也是纵向摆放

图31　日本画清代船宴

[1] 文中引述图像资料除注明者外，分别取自有关壁画与画像砖石集录。

中日传统节日饮食文化比较研究
——以解释中国人的4个疑问为中心

贾蕙萱

（北京大学国际关系学院，北京　100871）

导　语

中日两国传统节日里，食文化的差异可谓很多，此次，我就日常人们对中日饮食的4个疑问为例，解释中日食文化的差异。

异文化之间存在差异是司空见惯的，其实了解差异是知晓对方和自我，可以增长知识，甚至找到互相借鉴的内容。了解差异，尊重差异，也是国家以及团体乃至人与人之间友好相处的一个基础条件。

众所周知，中日两国最重视一年之计在于春的正月传统节日，那么两国的这一传统节日里，饮食文化到底有什么差异？我可以在解释疑问时加以说明。

一、中日是近邻，为何筷子竟有不少差异

中日两国都使用筷子进食，传统节日也不例外。原始的日本筷子是U形一根，似下图，最初似U形树枝。

日本的两根筷子是由中国传入的，从此两国筷子曾经一模一样，但是日本依其生活习惯的需要，使筷子发生了变化。日本人在家用餐各自使用自己的筷子，后来出现男筷和女筷，以及长短粗细不一的夫妻筷等。中国的筷子体现出男女平等，始终一个样，无男女区别。

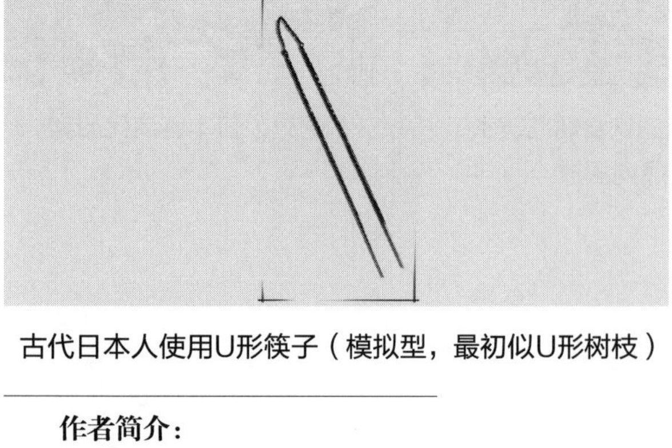

古代日本人使用U形筷子（模拟型，最初似U形树枝）

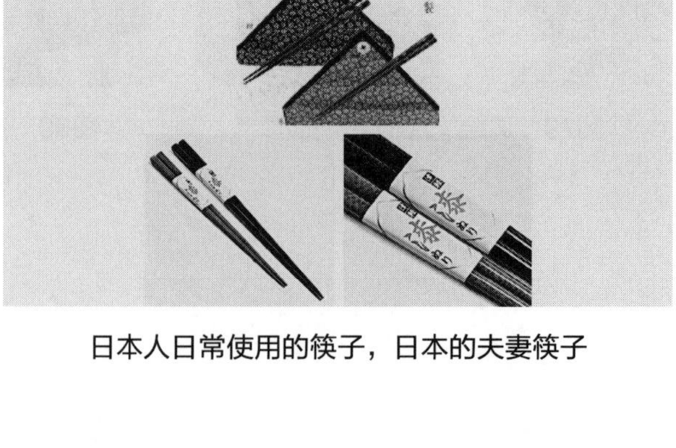

日本人日常使用的筷子，日本的夫妻筷子

作者简介：

贾蕙萱（1941—　），女，河北安国人，北京大学日本研究中心原副主任兼秘书长，教授。从事中日学术交流及比较民俗学、中日文化比较等研究。同时兼任中华日本学会副会长、世界良宽研究会会长、亚细亚国际民俗学会常任理事、副会长等20多个中日研究机构的职务。

中国筷子的长度，比日本筷子要长2厘米左右。这是因为中国人是围餐桌吃饭，用长筷子方便，离自己远的菜也可以轻松地夹到，而且还可以帮助他人夹菜。日本因为是分餐制，用筷子向口中运送食物较近，筷子变短，实用且节省材料。

另外，中国筷子的头儿粗，日本的则比较细。因为日本是四面环海的岛国，食鱼贝得天独厚，用尖头儿筷子易于剔出鱼骨头和贝壳中的鲜味肉。而中国人大部分生活在内陆，主要食用动物肉，油腻的菜肴使用粗头儿筷子容易夹取。

中日两国人用餐时候，筷子放置的方向不一样，中国竖放，日本则横放。这也是生活习惯需要，夹取食物方便而为之。中国人围桌用餐，竖的动作多，日本人多分餐制，所以横向动作多，这便出现中日竖放和横放之不同。这便是中日筷子的三大不同。

还有需要告诉大家的是，中国人掰开一次性筷子是左右方向，日本人则是上下方向。不给人添麻烦是日本人文明的基础，也说明日本人很有他人意识。

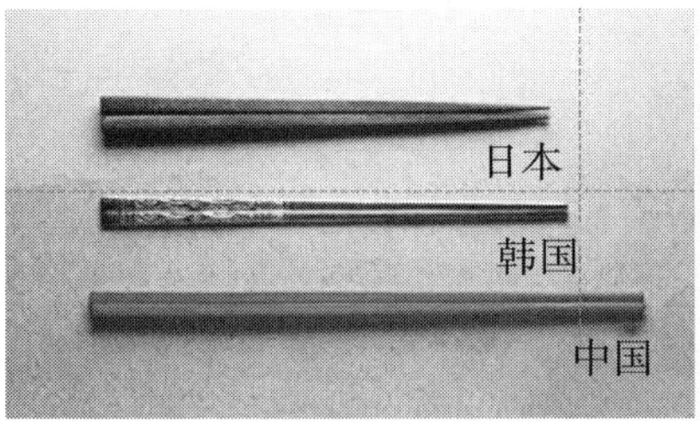

中日筷子长短、筷头儿粗细不同
（中间是韩国筷子）

中国人日常使用的筷子，筷头儿粗

中国筷子头儿粗易于夹取油腻食物

中国人用餐前筷子竖放

日本人用餐前筷子横放

二、为什么日本料理没有吸纳中国炒菜

正如大家所知，日本吸纳很多中国文化，有的是原原本本照搬使用，但是在日本料理中，并没有看到中国的炒菜成为日本料理中一员，但又不能不说日本人很喜欢中华料理，因为好吃，有滋有味。他们想吃时，则去中华料理店。笔者曾与日本食文化大家石毛直道先生研究过这一问题。我们认为，是否接

受异国文化，其根本原因是国人有无需求，如果有需求就无条件吸纳。日本因为是海岛之国，往昔榨取食用油的物质十分匮乏，古代日本人只能从狩猎来的狼身上提取很少的食用油，且量少价高，加之日本人习惯吃生食，尽量不加工或少许加工，清淡少油。又因为中国的炒菜，是复合型味道，操作较为复杂，多由经验决定味道，缺乏量化标准，火候味道都很难掌握，所以没能吸纳、没有引进中国的炒菜。

还有，中国炒菜缺乏量化标准，多是积累经验后烹调出美味佳肴，火候也难掌握，加之调味复杂，这些也都是日本人望而却步的原因。

大概150多年前，食用油已不成问题，日本从葡萄牙吸纳了天妇罗的烹调技术，即油炸食材，蘸调料而食，后来成为日本有代表性料理之一。这说明天妇罗是容易学习掌握的，丰富了日本料理。

看看中国正月菜肴与日本正月菜肴的图片，不难看出其食文化的差异。中国正月菜肴色、香、味、形俱全，美味但油大，日本正月菜肴清淡健康，但多凉性食品，对胃肠不好，可以说各有千秋，有互为取长补短之处。

中国传统节日不可或缺的年年有余的吉祥菜肴松鼠鳜鱼

中国传统节日常见的吉祥菜肴红烧鲤鱼

中国传统节日常吃的鱼香肉丝

中国的各种炒菜及其他菜点

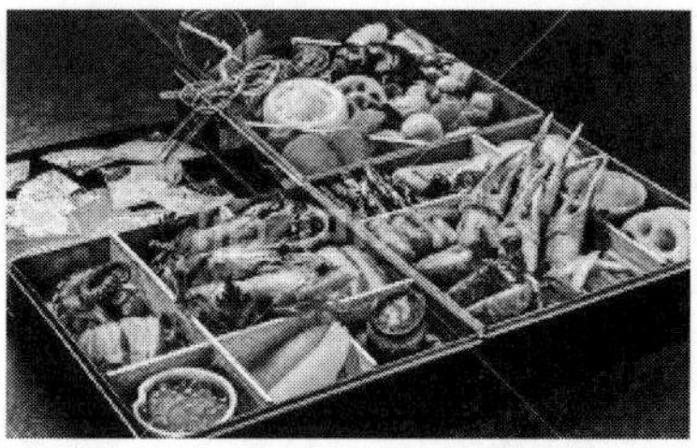

日本的正月有代表性的菜肴御节料理

日本传统节日不可或缺的加吉鱼料理

日本人除夕要吃的隔年荞麦面

冷吃荞麦面

三、生吃与熟吃到底哪个容易消化

这个疑问的起因是中国菜肴多是熟吃，而日本菜肴更多是生吃，不论传统节日还是日常生活，中日两国饮食都具有这样的差异。

日本菜肴中什锦生鱼片

刺身即生鱼片，寿司上的鱼、虾、贝类也是生的，均是日本人生吃并且有代表性的菜肴。经过日本学者多次试验研究，得出的结论是生吃比熟吃更容易消化。

举例而言，食用烤制后的加吉鱼100克，完全消化需要3个小时15分钟，而食用其同等数量的生鱼片，只需要2小时多一点就可消化殆尽。换言之，生吃鱼片可以提前一个小时左右就能消化，不仅容易消化，而且不会因为加工破坏鱼的营养。食用生鱼片最好是新鲜的深海鱼，干净且少寄生虫和污染。日本是岛国，有得天独厚的这种条件。日本人常说："食用深海鱼，不加工才是最好的加工，因为它能保存其新鲜和本味。"

日本烤鱼菜肴

日本人从其生活经验总结出多吃深海鱼有利于健康，因为深海鱼的生存环境干净，所受压力巨大，所以其肉质鲜嫩，蛋白质比河鱼优良，没有土腥味，它们富含较高的DHA，即脑黄金，它养视力、益智力。如金枪鱼、加吉鱼、三文鱼、鲑鱼、鳗鱼等。这些鱼营养价值高，富含不饱和脂肪酸、ω-3，而且这种物质是人体不能合成的，食用其尚可防治高血压与心脑血管疾患。

中国传统节日熟食美味一品

当然，熟食也有其优越性，味道香，口感好，而且通过火与高温加工，可以杀菌、消灭寄生虫。也因为中国系大陆国度，很多地方不易获得深海鱼贝。有条件而且习惯生吃者就生吃，没条件而且又不习惯生吃时就熟吃，因地制宜，也是一种不错的选择。

与上述问题相关，有人问日本人更多是生吃食材，属于喜欢吃冷食，容易伤胃肠，为什么还是世界最长寿国？日本人的平均寿命已经达到85.1岁，中国是76.3岁，这与日本人的饮食智慧不无关系。虽然他们有生吃的习惯，但他们注意冷热中和，如生吃时，先喝热的大酱汤暖暖胃肠，饭前饭后饮用热茶。把清酒加热饮用，吃冷面后喝煮面的热汤等。

蒸饺与包子是中国人传统节日常见的主食

虽然日本人更多是吃冷食，但他们有上述饮食智慧，好习惯，使日本成为世界上国民最长寿的国家。

四、中国的调和味道与日本蘸出来的味道有何利弊

无论传统节日还是日常饮食，中日饮食文化比较均可得出这样的差异：中国菜肴多是调和味道，而日本菜肴多是蘸出来的味道。

中国的调料，品种繁多，味道多变。中国的调味品有至少有五大类：甜、酸、辣、鲜、咸。仅就平常使用的调味品就有60多种，其中中药调料为最多。

以“王守义十三香”为例，“十三香”并非只由十三种原料构成，而是以花椒、胡椒、丁香、草果、大茴香、桂皮、木香、砂仁、白芷、良姜等二十多种经受月华雨露之纯天然中药材炮制加工而成，实可谓大自然的浓缩，纯天然的精华，健康生活的好伴侣。

了解中国调味品后，加之历史悠久的中华烹饪技艺，中华菜肴是一种复杂的综合味道，好吃又营养，所以才得到世人的欢迎。

如你有机会吃遍日本料理之后，可以体会到日本有代表性菜肴几乎都是蘸出来的味道，如生鱼片、寿司、天妇罗、鸡素烧等。主要是蘸酱油，也有蘸大酱的菜肴。蘸味是日本菜肴的一大特色，也突显出日本人的智慧。

各种味道的中国菜肴

东来顺火锅的麻酱调味品就由10余种调味品调制

有代表性的日本生鱼片与天妇罗都是蘸出来的味道

日本有代表性料理寿司也是蘸酱油食用

日本人蘸味之所以发达是因为多数日本菜肴是生吃或者尽量不加工或少加工，为弥补其乏味，便研发蘸的饮食智慧。只要注意不要蘸很多的调料，就会做到少盐少糖，况且日本菜肴蘸的多是发酵的酱油及大酱之类的调味品，菜肴与调味品相得益彰，易于消化吸收。

正因为如此，日本民间才有如下经典俗语："日本料理始于酱油又终于酱油。"换言之，日本料理是始终离不开酱油的。酱油在日本饮食中是不可或缺的调味品，它占有主导地位。正因为如此，日本人才有了精致的酱油，不仅鲜美，而且含细菌很少，保质期能达到三年。

不过，中国菜肴调味品丰富多彩，营养齐全，味道好。美食家评论："中国菜肴是用舌头吃的。"但容易吃多，引发生活习惯病。日本菜肴因其不加工或少加工，所以很少破坏维生素，食材可以保持原色不变，菜肴好看。正因为如此，美食家得出："日本料理是用眼睛吃的。"

看来，中国的调和味道与日本蘸出来的味道各有千秋，正如中国格言："人无完人，金无足赤。"

日本菜肴中一种讲究的套餐，
也是蘸出来的味道

日本酱油

结语

通过解释以上中日两国人常有的几个疑问，可以知晓中日两国食文化有很多差异，当然也有相同与相似之处，这都是因为生活环境不同，人们的需求有差异。笔者认为应该尊重不同，取长补短。

中医营卫学说的探索与解读
——科技史学者季鸿崑先生的现代视角

黄　炳

（扬州大学旅游烹饪学院，江苏　扬州　225009）

摘　要：中医的营卫学说是中医学的重要概念，是一个系统和完整的学术体系，但无论是中医界，还是饮食烹饪界都对它缺乏应有的认识，未能得到系统的开发和研究。化学和烹饪科学专业背景的科技史学者季鸿崑先生对其进行了系统的研究，并作了现代解读，为我们研究古代的学术遗产提供了新的思路。将营卫学说与近现代科学，特别是近现代营养学进行对接，是对其进行开发与解读的主要途径。

关键词：中医　营卫学说　现代解读　季鸿崑

1948年，毛主席在西柏坡接待当时的苏共特使米高扬时说：一个中医，一个中国菜，是中国人民对世界的两大贡献。中医，即中医药；中国菜，就是中国烹饪，或者说是中华美食。这两者至今依然是被世人肯定的两大瑰宝，而且越来越受到广泛的赞誉和认可。

一、古今“药食同源”观

无论中外，在史前时期，先民们从自然界识别食物和识别药物的活动几乎是同时进行的。在我国，“神农尝百草，一日而遇七十毒”的传说至今被当作信史，同时神农氏也被中医药界尊称为中药（本草学）的鼻祖。美国人类学学者阿莫斯图（F.F.Armesto）曾说：“在某种意义上说，食物就是医药，食物和医药的发展历史都可以算是一个探索的过程，就是寻求合适的食物与适当的身体条件的结合点。”[1]这可算是我国古代“药食同源”的真谛。我国历史上包括《食疗本草》在内的许多有关“食疗”的古籍，都是“药食同源”的有力证据和积极成果。用现代眼光来审视“药食同源”这一民族特色，应该认识到，“药食同源”并不是指“药”和“食”的来源相同，而是指“药”和“食”的生理作用有共通之处，“食”有药的功能，“药”也能有“食”的营养价值。但“药食同源”也不是绝对的，并非在所有的情况下，“食”都有“药”的功能，同样，有些“药”绝对不可以作食物食用。因此，“药食同源”还是有一定界限的。同时，反映到医药和饮食领域，二者共同的落脚点也许就是：营养。

中华民族历来是世界上人口最多的民族，而且最早进入农耕文明时期，故而它的食物结构和由此产

作者简介：

黄炳（1988—　），男，湖北咸宁人，中国农业大学2015届食品科学与工程专业成考本科生，主要从事烹饪教育理论及饮食文化等方面的学习和研究。

生的饮食文化特点，形成了不同于其他民族的食物理论，而这种民族特色的食物理论衍生出不同于其他民族的营养理论。对于传统的营养理论（饮食养生理论）的认识，中医界和饮食烹饪界基本认定为《黄帝内经·素问·脏气法时论》中："五谷为养、五果为助、五畜为益、五菜为充，气味合而服之，以补精益气……"这段食物膳食结构的描述，或视为在中医理论体系的指导下，应用食物来保健强身，预防或治疗疾病促进机体康复和延缓衰老的诸如中医"药膳""食疗"之类的论述。同时，当代学者们在发挥前人创作的基础上，创造了"中医营养学""中医药膳学"之类的学科名词，出版一本又一本的相关著作，对这种现象和做法，我们无意评价，关键问题是传统的饮食养生理论在当代人民群众的保健、治病防病及饮食指导等方面还能起到多大的干预作用。而以生物化学和生理学为基础，研究食物、营养素的功能及其与人体健康之间相互关系的近代营养学进入中国几十年后，依附于中医药的传统饮食养理论立刻陷入困境，从而迅速退出国家主流营养政策的地位进而为其所取代，并且极大地提升了国民体质和维护健康。

对此，我们分析认为：一方面，这正是传统营养理论的弊端和不足，不能真正地起到营养指导的作用；另一方面，是近现代中医和饮食界对传统营养理论的认识缺位和系统开发不够。将传统营养理论与近现代营养科学进行对接是当前学术界应该认真思考和探索的大课题。

二、"营卫学说"是中医学的重要概念，是一个系统和完整的学术体系

有机化学和生物化学专业背景的科技史学者，已故季鸿崑先生在中西方营养理论研究和烹饪高等教育教学和科研工作中，在对《黄帝内经》等传统医籍进行系统的研探审辨的基础上，认为中医"营卫学说"还是一个尚未被开发的，系统而又完整的学术体系，并对其进行了深入的研究和系统的解读。在将中医的术语、概念与近现代营养科学进行对译后，认为传统医学（中医）理论体系中的"营（荣）卫学说"才是真正的传统营养理论（模型），而以往中医界和饮食界对"养、助、益、充"的认识只是中餐膳食结构，并不是传统的营养理论，以往中医界和饮食界对传统饮食养生理论的认识既有缺陷，也有不足。季鸿崑先生在2006年开始发表专题论文阐述了自己对"营卫学说"的认识并作了现代解读。

众所周知，《黄帝内经》(包括《素问》[2]和《灵枢》[3])是最早的中医核心典籍，是中医学术的脊梁，没有《黄帝内经》，中医便没有任何学术体系可言。关于"营卫学说"，《素问》和《灵枢》中都有阐述，季鸿崑先生考证和分析："营"这个字，在古籍中与"荣"是通假的，不过也有不通之处，即有时"荣"专指繁茂的意思，如《素问·五脏生成篇》的"其荣"；《素问·刺热篇》的"色荣"；《素问·气交变大论》《五常政大论》和《六元正纪大论》中的若干"荣"字，都属于这种情况，《灵枢》部分也有类似的例证。同样，也有"营"不通于"荣"的实例，如《素问·玉机真藏论》："冬脉如营"；《灵枢·经脉》："脉为营"。这里的"营"都有营壘、通道的意思。上述这几例中的"荣"或"营"不属于营卫学说的范畴[4]。

"营（荣）卫学说"是中医理论体系的重要概念，《黄帝内经》中对它有明确和详细的解释，但分散于多个篇章中。《素问》部分的论述有：《生气通天论》《五脏生成论》《平人气象论》《离合真邪论》《热论》《逆调论》《疟论》《风论》《痹论》《气穴论》《调经论》等篇；《灵枢》部分的论述有：《寿夭刚柔》《营气》《营卫生会》《决气》《五乱篇》《胀论》《本脏》《卫气》《天年》《五味》《卫气失常》《动输》《邪客》《刺节真邪》《卫气行》《岁露论》《痈疽》等诸篇。这是季鸿崑先生在系统研探《黄帝内经》后罗列的经文中关于营卫相关的全部论述的篇章。其中，《素问·痹论》；《灵枢·营卫生会》《胀论》《本脏》《营气》《卫气》和《邪客》

诸篇，把营卫的基本概念说得很清楚，基本都是对人的生理状态的客观描述，并且对后世中医学者有很强的说服力。所以后世也常以营卫学说解释《黄帝内经》。如，中医界较为一致认为出自战国名医秦越人之手的《黄帝八十一难》（也简称《难经》）中很多有关营卫的论述和《黄帝内经》中的说法几乎是一样的。

营和卫都是“气”的表现，也都是由饮食中“水谷”所化生。《素问·痹论》：“荣者，水谷之精气也。和调于五藏，洒陈于六府，乃能入于脉也。故循脉上下，贯五藏，络六腑也。卫者，水谷之悍气也，其气慓疾滑利，不能入于脉也。故循皮肤之中，分肉之间，熏于肓膜，散于胸腹。逆其气则病，从其气则愈；不与风寒湿气合，故不为痹。”（痹，中医病名，即麻木、气闷之证候）《素问·逆调论》：“荣气虚，卫气实也，荣气虚是则不仁，卫气虚则不用，荣卫俱虚，则不仁且不用，肉如故也，人身与志不相有，曰死。”这样，营气和卫气都是中医认定的营养物质基础，实为后天之精气。又《素问·调经论》：“取血于荣，取气于卫。血行于脉中；卫气行于脉外，故卫气行于皮肤肌肉之间。”由此，可以认识到：卫气是个生理作用，属于阳气的一种，生于水谷，源于脾胃，出于上焦，行于脉外，其性刚悍，运行迅速流行，具有温养内外，护卫肌表，抗御外邪，滋养腠理，开合汗孔等功能。而营气则来源于水谷精气，性质柔和，行于脉中，供养各种脏腑肌体活动的需要，也是化生血液的重要成分。

季鸿崑先生将营卫概念作如下归纳：

“营（荣）、营气、水谷精气、行于脉中，清、取血于营，清气在阴。”

“卫、卫气、水谷悍气、行于脉外，浊、取气于卫、浊气在阳。”[4]

季鸿崑先生认为：在《灵枢》中，《营气》《卫气》《营卫生会》《天年》《五味》《岁露论》《卫气失常》《卫气行》等篇，进一步解释了营气和卫气的真实含义和相关的生理功能，并且也阐明了它们与人体健康的关系。特别是《灵枢·营卫生会》中托名岐伯答黄帝的一段话，把营卫与身体健康的关系说得最清楚也最明确，即：“人受气于谷，谷入于胃，以传于肺，五藏六府，皆以受气，其清者为营，浊者为卫，营在脉中，卫在脉外，营卫不休，五十而复大会。阴阳相贯，如环无端”。“人受气于谷”，即人从谷物吸取营养物质叫作“气”，当谷物入胃以后，这个“气”便传给肺，达于五脏六腑，然后又将“气”分为“清”的“营气”和“浊”的“卫气”两种，营气走脉中，卫气走脉外，周流不息，“五十而复大会”，这句话非同寻常。这里说的是营、卫两气循环往返的周期数，这段话的后半部分又说：“卫气行于阴二十五度，分为昼夜，故气至阳而起，至阴而止，故曰日中而阳陇为重阳，夜半而阴陇而重阴，故太阴主内，太阳主外，各行二十五度，分为昼夜。”这里的“陇”，季鸿崑先生解释为“隆盛”。这样我们便可以领会卫气白天行于夜半，这便是卫气在一昼夜均分为二十五度，阳气会于日中，阴气会于夜半，这便是卫气在昼夜之循环往复的周数，因为是各二十五度，故称“五十而复大会”。这样，前述引文中“营卫不休”一句中的“营”，就是“运行”的意思，而不是“营气”之“营”了。至于营气的运行道路，与卫气不同，因为它是行于脉中的，从理论上讲，它的运行途径应该就是血液循环路线，这应该就是中国古代版的气血循环理论，在2500年前能有这等学说——“营卫学说”，这是非常伟大的。季鸿崑先生分析道：如果将该篇与《天年》《五味》诸篇综合研读，可以清楚地看到阴阳互动的“中医传统的营养理论”，就是“营卫学说”。同时，“营卫学说”后来也成了人们在描述人体生理状态的常识语言，这在古代诸多炼丹著作中均有体现。而且营卫理论又综合了当时已知的生理知识，所以在诊疗、针灸等治病方法中起了重要作用。后世医家也一再引用营卫学说，汉代张仲景在其传世名著，中医经典《伤寒论》中，就把

“营卫不和”视为致病的主要原因。唐代孙思邈则更是重视“流行营卫”或“营卫失度”对人体健康的影响。直到明代，吴正伦在《养生类要·饮食文化论》中还指出“通荣（营）卫”是调节人体生理状态的重要措施。这是季鸿崑先生从科技史角度并综合生物化学及生理学原理对“营卫学说”的理解和认识。

同时，在《灵枢·营气》一节中也专门讲了营气的走向分上行和下行两条路线，也有“五十而大会”的情况，但与经络穴位密切相关，但是用中医的思维很难讲清楚其科学内涵，这应该是相关中医学者应该重点研究的领域。

三、季鸿崑先生对营卫学说的探索与解读

在中医的营卫学说中，有一组概念与人的消化吸收功能密切相关，那就是上、中、下“三焦”。我们知道“三焦”是中医六腑之一，主要功能为疏通水道与主持气化。自膈以上叫上焦，自脐以下叫下焦。但在《营卫生会》中明确指出“上焦出于胃上口”，这显然指接纳食物；“中焦亦并胃中”，又“泌糟粕，蒸津液，化其精微，上注于肺脉，乃化而为血，以奉生身，莫贵于此，故独得行于经遂，命曰营气”；“下焦，别回肠，注于膀胱，而渗入焉”，这显然是排泄功能了。由此可见，《营卫生会》所述的就是消化吸收功能，不过中医理论中是把小肠的吸收功能交给了“肺”，使我们产生了错位的感觉。季鸿崑先生指出：如果我们把它与《痹论》“营者，水谷之精气也，和调于五藏，洒陈于六府，乃能入于脉也。故循环上下，贯五脏，络六府也。卫者，水谷之悍气也，其气剽疾滑利，不入于脉也，故循皮肤之中，分肉之间，熏于肓膜，散于胸腹。逆其气则病，从其气则愈；不与风寒湿气合，故不为痹”这段经文对照起来考察，“水谷精气”的营气，好像是近代营养学中的营养素，而“水谷悍气”的卫气，好像是近代营养学中的能量。但这种解释必然会招致中医学者们的反对，而如果依然用过去的老办法，用中医的临床概念来解释的话，不是变成概念游戏，就是越说越湖涂。而这一点在近代营养科学那里，从生理和营养素的代谢过程，就很容易解释清楚。这是季鸿崑先生对营卫学说的现代解读。

在中医界，山东临沂的中医学者周东浩博士一直对中医界忽视营卫学说的现象表视不满，迄今为止的十多年里，他除撰写专著外，还不停地发表多篇专题文章阐述自己对“营卫学说”的认识，并对其进行解读。周先生是一位内分泌代谢病科的中医师，他的思维方式和大多数中医学者并无区别，认为中医是“以阴阳五行为代表的朴素系统论”，而西医则“以还原论为指导思想的”，他也将“营气”理解为“水谷精气”，即为现代营养学中的营养素，但“卫气”，即“水谷悍气”解读为人体对疾病的防卫体系，它简化为免疫系统。这样看来，周东浩先生并不是在营养学意义上来认识营卫学说的，而是把它当作源于阴阳五行说的“中医系统论”的医疗模型，其范畴意味即指整个中医。这与季鸿崑先生从现代科学视角对营卫学说的解读并不相同。

从对经文的综合研读及与现代生理学、生物化学的对照，季鸿崑先生说：“营卫学说”中的最有说服力的物质基础是“水谷精气”，这是一切营养要素的总称，其中的“营气”就是“营养”，也就是现代医学中靠血液输送的蛋白质、脂肪、糖类、碳水化合物以及各种维生素等各种营养素，“水谷悍气”的“卫气”则是三大产热营养素在身体内氧化而释放出的能量，是人体运动功能的能量来源。中医营养理论（营卫学说）和现代营养科学一样，也讲平衡膳食，反对“过犹不及”的进食习惯，但和中国其他许多传统学术一样，并不十分重视数量关系，所以无论是营卫两气，还是饮食养生，甚至是“养助益

充”，都是以胃的感觉为标准，因此对于精粹之食和粗粝之食的区分，并不是根据营卫功能而作出的评价，而同样作为理论模型的阴阳性味，也无法量化，我们说量化，这是中医现代化的一个软肋。因为无法量化，这就使得传统的营养理论，只能起粗略的指导作用，而不能发挥科学的平衡膳食的作用，待依附西医的近代营养学在中国扎稳脚跟后，传统饮食养生理论迅速地退出了国家营养政策的主流地位。因此，季鸿崑先生认为：“对营卫学说进行深入解读则需要将中医的学术术语和概念与近现代营养科学进行对译，而首要的就是要对相关古籍进行现代解读和翻译，否则将摆脱不了神秘主义的羁绊。其实，这也是中医理论继承与创新要害所在，据说学术界正在做这项大工作。国外的饮食营养指导原则是一元的，即近现代营养学；我国的饮食营养指导原则是二元的，即近现代营养学和传统营养学，而且两者无法进行沟通和对接。例如，中医营养理论的“营卫学说”，“养助益充”的膳食结构，跟近代营养学的营养素之间究竟如何对应？这应该是当代中医学界值得认真研究和关注的大课题，这里面能研究和探讨的问题很多，我们也迫切等待相关的理论突破及其临床实验。

“营卫学说”中最有说服力的物质基础是“水谷精气”。由于这个结没有打开，许多人干脆弃之一旁，而以传统的中餐膳食结构代替它，即便是当代中医学界也没有给它重视并正视其地位。将传统营养理论（“营卫学说”）与现代营养科学进行对译（接），是自然科学出身的季鸿崑先生一直思考的问题，这也是当代中医现代化研究的大课题。

四、以“营卫学说”为代表的中医理论和学术概念应该与现代科学进行沟通和对译

中国科学院自然科学史研究所原所长，医学史学者廖育群先生曾说：现代科学知识可帮助我们理解中医何以能够治病的问题；而历史知识却能够告诉我们那些玄妙的中医理论是如何形成的。科学知识可以在中西两种医学体系间架起理解的桥梁；历史知识可以在古今之间铺设沟通的道路。但无论哪一个方面都是一个二维空间的平面，只有将科学的解释和历史的解释结合在一起，才有可能构建一个立体的三维空间，才有可能全面地理解中医。为此他正在从事“批判”《黄帝内经》的工作，这种看似“挖中医祖坟”的研究，实际上正是为了使传统的中医焕发新时代的青春。当代很多中医（特别是民间中医）强烈反对中医理论的现代研究和改造，主张将中医理论封闭僵化（固化），以保持其正宗古朴的面貌，实际上，这是不可取的，也不符合中医的自身发展过程，相反，应该在继承传统的基础上大力创新。

依附于中医药的传统营养理论“营卫学说”，与近现代营养科学是完全不同的知识体系，注定了二者很难进行简单的对接。近百年来，近代营养科学在中国迅速传播，并且日益成为广大民众的饮食消费指南，而营卫学说日趋成为大多数人所不熟悉的古典医学名词，即便在中西医学体系剧烈争论的今天，它也不是争论的热点，我们往往用膳食结构和中医诊断治疗的理论模型来代替它，其实，这是不恰当的。但季鸿崑先生将古典医籍的“营卫学说”的概念作现代解读，把“水谷精气”解读为现代营养科学中的营养素；“水谷悍气”解读为现代营养科学中的生物能量，这个思路应该是对的，这样的话，古代不可能认识的“蛋白质”之类的营养素等也有了合乎情理的祖宗。同时，结合古为今用的观点，这也是顺理成章的事。我们既不要忽视营卫学说，也不必把它抬得太高。即以《黄帝内经》的营卫学说而言，跟当代营养科学的新陈代谢原理相比，其局限性是显然易见的。古典说法和现代理论可能不能全合，但需要修正的应该是古典说法，而不是经过严格证伪的现代科学。古典说法中存在不科学的成分是完全可以理解

的，但用不科学成分或神秘主义反对现代科学的做法则是不可取的。《黄帝内经》中有“水谷精气”的说法，但它却是看不见摸不着的“精灵”，而“五谷为养、五果为助、五畜为益、五菜为充，气味合而服之，以补精益气”这几句话，和“水谷精气”是什么关系？“养、助、益、充”四者又有什么不同？中医界一直没有正面地阐述过这些问题。目前所说的传统的饮食养生理论，几乎是支离破碎的权宜说法。由于“营卫学说”的学术体系没有系统的开发，不得已把食物膳食结构拉来冒充营养理论，于是以形补形等不切合实际的说法至今被当作补益思想宣扬。其实，《墨子·辞过》早就指出：“其为食也，是以增气充虚，强体适腹而已矣。”中国古代所说的“气”，是个万应灵丹，物质与精神均具，这里完全可以解释为“营养”。

我国第一位医学史家陈邦贤在其著《中国医学史》的“绪言”最后一段中说：“总之，吾人应认定历史为人类劳绩的记录；以人类支配自然，以自然供人类使用；然后始能同情于科学的医学史；否则以为吾国已有数千年的历史；藉医史而为玄谬的护符；或不屑以个人的私见而为毛举琐碎的索瘢；是皆非著述医史者本愿了。”[5]他的这种人类征服自然的观点是近代科学技术的灵魂，但在当代许多人所强调尊重自然的思潮中，一定会有许多反对者。但如果一味地“尊重自然”，人类还能生存下去吗？其实，只要这种“征服”不过头，并准确地权衡利弊及不断地有所发现有所创造，人类是完全可以与自然和谐共处的。这大概就是陈邦贤先生的本愿。我们应当认识到，在100年前，陈先生能有这种认识，这是有远见，也是难能可贵的。中医药也一定是随着时代的发展而与时俱进的，对有些古典概念和理论与现代科学进行对译和解读是符合它自身发展规律的。这既不是“数典忘祖”，也不是“全盘西化”，而是当前中医研究和创造性转化的重要工作。需要指出的是：不论是官方的中国医药信息查询平台网站，还是国家中医药名词术语成果转化与推广项目均没有“营卫学说”的词条，笔者对此感到困惑。

季鸿崑先生在进行化学史、科技史研究工作的基础上，关注并研究中医营卫学说近20年，对其进行了系统的论述和解读，这有利于对“瑰宝”的继承和发扬，我们也希冀该问题能引起中医学界及饮食烹饪界的关注和重视，为研究古代的学术遗产提供一个思路，这算是“古为今用”的一个例证。

谨以此文纪念季鸿崑先生逝世两周年。

（附：季鸿崑（1931—2017），男，江苏盐城阜宁人，原为扬州师范学院（1992年并入扬州大学）化学系副教授，从事有机化学和化学史、科技史及科技情报、文献等的教学和研究工作。1987年底调任原江苏商业专科学校中国烹饪系主任（现为扬州大学旅游烹饪学院）兼江苏烹饪研究所所长，奠定中国烹饪技术科学基础理论，中国烹饪高等教育学科体系主要奠基人，中国饮食文化研究主要代表性人物之一，新世纪中华食学研究重要开拓者，1994年退休，2017年3月13日逝世。2015年出版的《中国饮食科学技术史稿》（国家出版基金资助）和《烹饪学基本原理》新版（已出台版）是饮食烹饪界的重要著作）。

参考文献

[1] [美] 阿莫斯图(F. F. Armesto)著, 何舒平译. 食物的历史[M]. 北京: 中信出版社, 2005.

[2] 黄帝内经·素问[M]. 北京: 人民卫生出版社, 1963.

[3] 黄帝内经·灵枢[M]. 北京: 人民卫生出版社, 1963.

[4] 季鸿崑. 谈营养素、ATP和中医营卫学说[J]. 楚雄师范学院学报, 2017, (4):1-8.

[5] 陈邦贤. 中国医学史[M]. 北京: 团结出版社, 2006.

朝鲜王朝后期岁时记中的岁时饮食叙述内容比较研究——以《京都杂志》《洌阳岁时记》《东国岁时记》为中心

董贺源

（韩国学中央研究院，韩国　京畿道　13455）

摘　要：本文主要以《京都杂志》《洌阳岁时记》《东国岁时记》为研究文本，比较分析朝鲜王朝后期岁时记中的岁时饮食叙述内容，并得出以下几点结论。首先，《东国岁时记》的作者洪锡谟很可能阅读和参考过《京都杂志》。但是，其参考《洌阳岁时记》的可能性并不大。其次，《东国岁时记》中的岁时饮食类别数量最多，叙述内容也最为全面。再次，洪锡谟在撰写《东国岁时记》的过程中，很注重对当时"市肆"等社会现象，以及"供祀"等家礼的描述。最后，柳得恭、金迈淳和洪锡谟在对岁时饮食的叙述中，都表现出了积极探索中国渊源的态度。本论文在理解韩国岁时饮食，以及朝鲜王朝时期岁时记中的岁时饮食叙述内容方面具有一定意义。

关键词：韩国民俗学　朝鲜王朝后期　韩国饮食文化　岁时饮食　岁时记

一、前言

所谓岁时饮食，是人们在一年中的一定时节，做着吃的节日饮食和时令饮食的统称[1]。可以简单地理解为"为了纪念特定节日或时令而吃的食物"[2]。在相关岁时饮食的文献和论著中，可以找到"时食（시식）[3]"，"节食（절식）[4]"，"时节食（시절식）[5]"，"名节饮食（명절음식）[6]"，"季节饮食"，"时令饮食（제철음식）[7]"等相类似的用语。本文使用"岁时饮食"这一名称。

关于韩国岁时饮食的研究成果，主要集中在定义、起源、历史、意义、料理方法、世界化方案等方面。然而，朝鲜时期岁时饮食研究成果并不是很多。《京都杂志》《洌阳岁时记》和《东国岁时记》作为

作者简介：

董贺源，女，山东淄博人，韩国学中央研究院民俗学博士修了，研究方向：民俗学，岁时饮食。

[1] 姜仁姬. 韩国的餐桌[M]. 首尔：Hyoil文化社，1999.

[2] 周永河. 1609—1623年忠清道德山县士大夫家的岁时饮食：以赵克善的忍斋日录为中心[J]. 藏书阁. 2017.

[3] 韩语中的"时食"指的是应季吃的食物。

[4] 韩语中的"节食"指的是在某个节日里吃的食物。

[5] 韩语中的"时节食"指的是应季吃的食物或者在某个节日里吃的食物。

[6] 韩语中的"名节饮食"指的是传统节日里吃的食物。

[7] 崔南善. 朝鲜常识：风俗篇[M]. 首尔：东明社，1948.

三大岁时记，在研究朝鲜时期的岁时风俗和岁时饮食中，具有很重要的意义。

《京都杂志》是柳得恭（1748—1807）在1796至1800年之间完成的著作，主要记录了18世纪末首尔地区人们的衣生活、食生活、器物、兴趣、娱乐、音乐、岁时风俗等内容。《洌阳岁时记》成书于1819年，稍晚于《京都杂志》，是金迈淳（1776—1840）记录的首尔地区一年之内的岁时和风俗。《东国岁时记》则是洪锡谟（1781—1857）著书于1840年前后，是三本岁时记中成书最晚的，但这本书不仅详细地记录了首尔地区每月的风俗，而且涉及了地方的一些风俗。

在与岁时记相关的研究方面，张长植（1999）通过将《东国岁时记》与《京都杂志》《洌阳岁时记》进行比较研究，揭示了《东国岁时记》的性质、作者的写作动机和记述态度，并考察了《东国岁时记》与其他岁时记的差异。他认为《东国岁时记》的作者洪锡谟涉猎了大量的资料，在比较与引用方面具备卓越的能力。同时，他评价洪锡谟在资料的叙述方面，维持客观性；在资料的引用上，维持严谨性。这一点也充分体现出了《东国岁时记》的科学性。

赵成山（2012）研究了18世纪后期至19世纪前期的朝鲜岁时类别是如何被大众所认知等问题。并且，对柳得恭、金迈淳、洪锡谟的风俗观和燕行经历，分别进行了考察。他认为，每个作者的视觉差异和时代差异，成为影响他们对于岁时风俗认识的主要因素。

以上关于《京都杂志》《洌阳岁时记》《东国岁时记》的先行研究主要围绕岁时记作者的写作动机和燕行经历，以及岁时记的性质等。并没有发现针对岁时饮食内容的相关研究。本文主要以《京都杂志》《洌阳岁时记》《东国岁时记》为研究文本，对比分析朝鲜王朝后期岁时记中的岁时饮食的叙述内容。

周永河在《朝鲜知识人阅读的料理书——居家必用事类全集的传入和历史》一书中提到了关于朝鲜时期性理学者们的尚古主义写作方法问题。即朝鲜时期的大多数性理学者是以崇尚昔日旧物作为标准的尚古主义态度进行写作的。并且，他们认为，在提出自己的观点之前，只有充分引用中国和本国朝鲜的先行文献中出现的内容，才能算得上是一篇好的文章。也就是说，当我们在阅读朝鲜时期料理书的时候，一定要注意对应的料理方法是不是从之前的文献中引用而来的。因为有些料理书中出现的料理方法看起来像是个人的方法，但实际上有可能是从别的地方引用的。然而，周永河认为，这也不能轻易地将性理学者们的这种尚古主义态度视为“剽窃”。因为当时的知识分子非常重视以前的文物、思想和制度，不论何时，在阐述自己的观点之前，首先要记录之前的文献，特别是那些已经得到大部分人认可了的文献[1]。所以，本文在比较研究过程中，也将注意到朝鲜时期知识人的这种尚古主义写作态度对岁时记中岁时饮食的叙述内容产生的影响。

以岁时记为文本的研究，最基础和重要的一点就是要确定版本的问题。迄今为止，笔者所掌握的《京都杂志》版本共有六种，分别是奎章阁嘉蓝文库版本，延世大学鹭山文库版本，延世大学贵重本，加州大学伯克利分校自然经室本，美国议会图书馆醉香山楼庄本，东国大学手抄本。《洌阳岁时记》的版本有延世大学图书馆收藏本和高丽大学图书馆收藏本[2]。《东国岁时记》仅有的手抄本收藏在延世大学

[1] 周永河. 朝鲜知识人阅读的料理书：居家必用事类全集的传入和历史[M]. 首尔：韩国学中央研究院出版社，2018.

[2] 国立民俗博物馆. 朝鲜大岁时记3[M]. 首尔：国立民俗博物馆出版，2007.

图书馆。由于各种条件限制，笔者无法获得每个版本的原文或者影印本。所以，以研究汉文原文和能确认到手抄本的影印本为原则，最终选定韩国国立民俗博物馆出版的《朝鲜大岁时记Ⅲ》（2007）中收录的首尔大学奎章阁收藏本《京都杂志》，延世大学收藏本《洌阳岁时记》，以及延世大学收藏本《东国岁时记》。

二、《京都杂志》《洌阳岁时记》《东国岁时记》中的岁时饮食类别

《京都杂志》《洌阳岁时记》《东国岁时记》中有不少涉及蔬菜、肉、水果、谷物等食物的。但很多并不是可直接食用的东西。比方说，禾积是利用谷物做成的，但禾积本身并不是可以直接食用的食物。考虑到与此类似的情况，本文将研究对象限定在人们可以直接食用的食物类别。为更准确地对比和分析，表1中所列岁时饮食类别的名称均为汉文原文。

表1　三本文献中出现的岁时饮食类别（汉文原文）

节日	岁时饮食类别	《京都杂志》	《洌阳岁时记》	《东国岁时记》
元日	歲饌/歲酒	○	○	○
	餅湯	○	○	○
	甑餅	×	×	○
	僧一餅换俗二餅	○	×	○
	羌飣	×	○	×
子日	炒豆	○	×	○
立春	蔥芽山芥辛甘菜	○	×	○
上元	藥飯	○	○	○
	嚼癤（咬瘡果）	○	○	○
	治聾酒（牖聾酒）	○	○	○
	陳菜	○	×	○
	五穀雜飯	×	×	○
	百家飯	○	×	○
	雜穀飯	×	○	×
	福裹（缚苫）	×	○	○
	赤小豆粥	×	×	○
二月初一	松餅（松葉夾餅）	○	○	○
三月初三	花煎	○	×	○
	花麵	×	×	○
	水麵	×	×	○
谷雨	江鱼	×	○	×

续表

节日	岁时饮食类别	《京都杂志》	《洌阳岁时记》	《东国岁时记》
三月月内	蕩平菜	×	×	○
	水卵	×	×	○
	鱼类	×	×	○
	薯蕷	×	×	○
	過夏酒	×	×	○
	饊餠	×	×	○
	環餠	×	×	○
	甑餠	×	×	○
	四馬酒	×	×	○
四月初	葦鱼	×	○	×
四月初八	榆葉餠煑豆烹芹	○	○	○
四月月内	蒸餠	×	×	○
	黄薔薇花煎	×	×	○
	魚菜	×	×	○
	魚饅頭	×	×	○
端午	艾糕/車輪糕	○	×	○
	醍醐湯	×	×	○
五月月内	沈酱	×	×	○
六月十五	水團	○	○	○
	幹團	×	×	○
	水角兒	×	○	×
	霜花餠	×	×	○
	連餠	×	×	○
	皱作叶形包苽餡笼蒸	×	×	○
	流頭飮	○	×	×
伏	狗酱	○	○	○
	豆粥	×	○	○
六月月内	以小麥造麵調青苽鷄肉澆白麻子湯	×	×	○
	用甘藿湯調鷄肉以麵點水熟而食之	×	×	○
	以南苽同猪肉切白餠爛煮或入乾鮸魚頭同煮	×	×	○
	以小麥麵拌南苽切片油煮	×	×	○
	甜苽西苽为滌暑之需	×	×	○
	東部菜果七牌魚鲜是時最盛	×	×	○

续表

节日	岁时饮食类别	《京都杂志》	《洌阳岁时记》	《东国岁时记》
中秋	酒，雞	×	○	○
八月月内	新稻酒	×	×	○
	早稻松餅	×	×	○
	甑餅	×	×	○
	引餅	×	×	○
	栗團子	×	×	○
重九	菊花為糕	○	×	○
	花菜	×	×	○
十月月内	沈菹	×	○	○
	暖爐會	×	×	○
	神仙爐	×	×	○
	卞氏饅頭	×	×	○
	軟泡	×	×	○
	艾湯	×	×	○
	艾團子	×	×	○
	蜜團餻	×	×	○
	乾飣	×	×	○
冬至	赤豆粥	○	○	○
	煎藥	×	×	○
十一月月内	冷麵	×	×	○
	骨董麵	×	×	○
	冬沈	×	×	○
	水正果	×	×	○
	雜菹	×	×	○
	沈醬菹	×	×	○
腊日	臘药（淸心元，安神丸，蘇合元，濟衆丹廣濟丸）	○	○	○
	臘猪	○	×	○

以上所列岁时饮食类别共有八十一项。笔者将从两个方面进行比较研究。首先，按照岁时饮食的类别，对在三本文献中都出现的岁时饮食类别和只在两本文献中出现的岁时饮食类别的汉文原文进行比较。其次，以节日为基准，对同一节日却出现不同岁时饮食类别的内容进行对比。

三、岁时饮食类别和节日类别比较

1. 岁时饮食类别比较

《京都杂志》《洌阳岁时记》《东国岁时记》中共同出现的岁时饮食类别共有十一项，如表2所示。

表2 《东京杂志》《洌阳岁时记》《东国岁时记》中的共同岁时饮食类别（汉文原文）

元日	歲饌/歲酒，餅湯	六月十五	水團
上元	藥飯，嚼癤，治聾酒	伏	狗醬
二月初一	松餅	冬至	赤豆粥
四月初八	榆葉餅烹豆烹芹	腊平	臘藥（清心元 安神丸 蘇合元 濟眾丹 廣濟丸）

只在《京都杂志》和《东国岁时记》中出现的岁时饮食类别总共有九项。如表3所示。

表3 《京都杂志》和《东国岁时记》中出现的岁时饮食类别（汉文原文）

节日	岁时饮食类别	节日	岁时饮食类别
元日	僧一餅換俗二餅	三月初三	花煎
上子日	炒豆	端午	艾糕
立春	進葱芽山芥辛甘菜	九月初九	菊花糕
上元	陳菜，百家飯	腊日	臘豬

只在《洌阳岁时记》和《东国岁时记》中出现的岁时饮食类别共有四项。如表4所示。

表4 《洌阳岁时记》和《东国岁时记》中，共同出现的岁时饮食类别（汉文原文）

节日	岁时饮食类别	节日	岁时饮食类别
上元	福裹（縛苫）	中秋	釀稻為酒殺雞為饌
伏	赤小豆粥	十月	沈藏（沈菹）

但是，并没有找到只在《京都杂志》和《洌阳岁时记》里出现的岁时饮食类别。也就是说，《东国岁时记》涵盖了《京都杂志》和《洌阳岁时记》里出现的所有岁时饮食类别。

（1）《京都杂志》和《东国岁时记》比较：

通过对《京都杂志》和《东国岁时记》中的岁时饮食的叙述内容进行比较，笔者发现两本文献存在多处相似内容。

第一，针对同一岁时饮食类别，《京都杂志》和《东国岁时记》的叙述内容完全一致；但是，《洌阳岁时记》却是意思相近，内容截然不同的类型。例如，饼汤中糕的形状，在《京都杂志》和《东国岁时记》中被形容为“薄如錢”，但在《洌阳岁时记》中被描述为“如錢形”。属于此类的共有六项，分别为岁馔和岁酒，元日饼汤的中国渊源，饼汤中糕的形状，一月子日炒豆，立春日进葱芽山芥辛甘菜，上元日乞百家饭等。原文可参考附录（1）至（6）。

第二，对同一种岁时饮食类别，《京都杂志》和《东国岁时记》的叙述内容基本一致，只是存在部分差异的类型。然而，这些差异又可细分为更多不同的类型。首先，只是个别词存在差异的类型。比如说，在对上元药饭[1]的描写中，相当一部分内容是重复的，只是存在像“天柱寺”，“天泉亭 ”等个别词的差异。然而，在《洌阳岁时记》中，同样是祭乌的意思，句子的表达方式却完全不一样。属于这一类的还有上元的明耳酒和伏天的狗酱等。原文可参考附录（7）至（9）。其次，《东国岁时记》只是将《京都杂志》中的某些词或者短句的顺序变换的类型。比如，两本文献中对端午艾糕的描述时，都涉及了端午的别称，艾糕的做法，艾叶的用法，以及中国渊源等方面。而且，叙述内容基本一致。但是从内容的前后顺序来看，存在细微的差异。原文可参考附录（10）。再次，《东国岁时记》只是将《京都杂志》中表现朝代特征的单词进行变换的类型。例如，在对腊日腊药的描述时，《京都杂志》中提到的“當寧朝”，在《东国岁时记》中被换成了“健陵庚戌”[2]。此外，在对元日僧尼一餅换俗二餅的描述中，《东国岁时记》中去掉了“當寧”二字。还有，在关于贡臘猪的描述时，《京都杂志》中出现“壯勇營”一词，“壯勇營”是正祖在1791年，为了强化王权而建立的军营。但是，正是这一表现朝代特征的词在《东国岁时记》中被换成“健陵”二字。原文可参考附录（11）至（13）。

第三，《东国岁时记》对《京都杂志》的内容进行简单补充，或者进一步解释说明的类型。首先，元日饼汤，上元嚼疖，重九花煎等内容，属于简单补充的类型。比如，在元日汤饼的描述中，《东国岁时记》完全引用了《京都杂志》的内容，并且在句中又添加了“入湯烹之”，“故古稱濕面者似是物也”，“市肆以時食賣之”等内容。原文可参考附录（14）至（16）。其次，《东国岁时记》的内容对《京都杂志》的内容进一步解释说明的类型。属于这一类型的有上元陈菜，二月初一松饼，六月十五水团等。比如，二月初一松饼的描述中，除了《京都杂志》中出现的内容，《东国岁时记》又对松饼的制作方法进一步解释说明。原文可参考附录（17）至（19）。

（2）《洌阳岁时记》和《东国岁时记》的比较：

通过对《洌阳岁时记》和《东国岁时记》的比较，发现很多意思相近，但叙述内容和岁时饮食类别的名称完全不同的情况。比如上元福裹，伏日赤豆粥，中秋酿酒杀鸡等。在对上元福裹的描述时，《洌阳岁时记》中，称为“縛苫”，但是《东国岁时记》中，称为“福裹”。两本文献中的所述内容均为“菜葉”，“海衣”等包裹上饭再吃，但是表述完全不一样。同样，在伏日赤豆粥和中秋酿酒杀鸡的描述中，叙述内容也完全不一样。原文可参考附录（20）至（22）。

[1] 韩语中的“药饭”指的是在糯米中加大枣、栗子、松子、香油、蜂蜜、酱油等各种调味料，蒸制而成的食物。

[2] 健陵庚戌：“建陵”是朝鲜第22代正祖（1776年—1800年）的王陵名称，正祖时期的庚戌年是1790年。

2. 节日类别比较

以上是针对同一种岁时饮食类别，比较研究的三本文献的叙述内容。但是，也有针对同一节日，考察三本岁时记中是否出现相同或者不同岁时饮食类别，也有重要意义。所以，以下内容将按照节日类别，比较研究只在两本文献中出现的岁时饮食类别和只在一本文献中出现的岁时饮食类别。只在两本岁时记中出现的岁时饮食类别将参照表3和表4。只在一本文献中出现的岁时饮食类别有以下几种情况。

只在《京都杂志》中出现的岁时饮食类别只有一项，如表5所示。

表5　只在《京都杂志》中出现的岁时饮食类别（汉文原文）

节日	岁时饮食类别
六月十五日	流頭飲

只在《洌阳岁时记》中出现的岁时饮食类别共有五项，如表6所示。

表6　只在《洌阳岁时记》中出现的岁时饮食类别（汉文原文）

节日	岁时饮食类别	节日	岁时饮食类别
元日	羌飣	四月初	葦魚
上元	雜穀飯	六月十五	水角兒
谷雨	江魚		

只在《东国岁时记》中出现的岁时饮食类别多达五十一项，数量最多，叙述内容也更加丰富多样，如表7所示。

表7　只在《东国岁时记》中出现的岁时饮食类别（汉文原文）

节日	岁时饮食类别
元日	甑餠
上元	五穀雜飯，赤小豆粥
三月初三	花麵，水麵
三月月内	蕩平菜，水卵，魚類，薯蕷，過夏酒，饊餠，環餠（馬蹄餠），甑餠，四馬酒
四月月内	蒸餠，薔薇花煎，魚菜，魚饅頭
端午	醍醐湯
五月月内	沈醬
六月十五	乾團，霜花餠，連餠，又皺作葉形包苽餡籠蒸浸醋醬以食之

续表

节日	岁时饮食类别
六月月内	以小麥造面調青苽雞肉澆白麻子湯 用甘藿湯調雞肉以麵點水熟而食之 以南苽同豬肉切白餅爛煮或入幹鮸魚頭同煮 以小麥面拌南苽切片油煮 甜苽西苽為滌暑之需 東部菜果七牌魚鮮是時最盛
八月月内	新稻酒，早稻松餅，甑餅，引餅，栗團子
重九	花菜
十月月内	煖爐會，悅口子神仙爐，卞氏饅頭，軟泡，艾湯，艾團子，蜜團餻，乾飣
冬至	煎藥
十一月月内	冷麵，骨董麵，冬沈，水正果，雜菹，沈醬菹

关于元日的记录，《京都杂志》《洌阳岁时记》和《东国岁时记》中共同出现了“歲饌，歲酒，餅湯”等记录。并且，《京都杂志》和《东国岁时记》中有“僧一餅換俗二餅”的内容。但是，关于元日“羌飣”的记录只在《洌阳岁时记》中出现。《东国岁时记》中有关于“羌飣”的内容，但是是在十月月内里面。关于正月十五“福裹”的记录，《洌阳岁时记》和《东国岁时记》有相关的描述，但是没有在《京都杂志》里面被提及。

《京都杂志》中有相关六月十五“流頭飲”的记载。但是，《洌阳岁时记》中，对这一节日的叙述，只出现了“水團，水餃兒，饅頭，酒麴”等与食物相关的记录。《东国岁时记》中虽然有关于“流頭曲”的内容，但没有提及“流頭飲”。

关于“赤豆粥”的记录则涉及到正月十五，伏天和冬至。《东国岁时记》中记载到正月十五这一天也吃“赤豆粥”的风俗。《洌阳岁时记》和《东国岁时记》中出现伏天吃“赤豆粥”的叙述。而三本岁时记中共同记载了冬至日吃“赤豆粥”的习俗。

四、岁时饮食的叙述内容分析

通过对《京都杂志》和《东国岁时记》的比较，笔者总结出其叙述内容存在三种类型的相似之处。并且，针对同一个岁时饮食类别，在《京都杂志》和《东国岁时记》的叙述内容一致或者相似的情况下，《洌阳岁时记》却是意思相似，表述截然不同。所以，笔者认为，《东国岁时记》的作者洪锡谟有很大可能性阅读和参考过《京都杂志》的内容。

而且，关于《京都杂志》和《东国岁时记》的相似性的问题，秦京焕在《岁时记叙述的方式和意义——以〈东国岁时记〉中的中国渊源为中心》里提到，《东国岁时记》参考了既有的岁时记，特别是全面参考了《京都杂志》。与其说是参考，……连错误的部分，也照搬过来了[1]。并且，他引用松原孝俊的论文[2]补充到，从元日，立春，人日，上元，寒食，四月，端午，中元，冬至，除夕的情况来看，两本岁时记的相同字数比率达到38.6%[3]。

从对上元药饭的记录来看，洪锡谟将《东京杂记》的“又以十六日为乌忌之日”和《京都杂志》的“国俗以上元作糯米饭饲乌报赛”，合起来叙述可能性很大。也就是说，洪锡谟不仅参考了《京都杂志》，也有可能参考了《东京杂记》。原文内容如下：

《东京杂记》：“糯饭祭乌：新羅照智王 旣免琴匣之祸……又以十六日为乌忌之日以糯饭祭之 国俗至今犹然……”；

《京都杂志》：“国俗以上元 作糯米饭饲乌报赛”；

《东国岁时记》：“国俗以上元日为乌忌之日 作糯饭祭乌报赛”。

而且，从六月十五水团的记录来看，《洌阳岁时记》中写到其起源于中国。但在《京都杂志》和《东国岁时记》中，并没有提及中国起源的问题。众所周知，洪锡谟相比较柳得恭和金迈淳，是最积极地寻找中国起源的人。所以，笔者推断，如果《京都杂志》中写到水团的中国起源说的话，那么《东国岁时记》中也极有可能提及到这一说法。但是，《京都杂志》中并没有提到水团的中国起源说，并且洪锡谟本人也不清楚的话，《东国岁时记》中当然无法阐释水团的中国起源。但这一推断也需要更充分的理由来证明。

通过对《洌阳岁时记》和《东国岁时记》的岁时饮食叙述内容的比较，笔者认为洪锡谟并没有接触过《洌阳岁时记》，或者说阅读和参考《洌阳岁时记》的可能性很小。因为从只出现在《洌阳岁时记》和《东国岁时记》中的岁时饮食类别来看，其表述方式和岁时饮食的名称没有任何相似性。这一点可以证明洪锡谟参考《洌阳岁时记》的可能性很小，也能反面证明在没有参考过的情况下，两者的叙述内容存在相似性并不是正常的现象。

另外，对于相同的节日，没有一项岁时饮食类别是只在《京都杂志》和《洌阳岁时记》中出现，不在《东国岁时记》中出现的。也就是说，《东国岁时记》网罗了《京都杂志》和《洌阳岁时记》中出现的所有岁时饮食类别。由此可以看出，《东国岁时记》的作者洪锡谟确实通过阅读和参考了大量先前的资料，在《东国岁时记》岁时饮食类别记录的全面性上，做出了贡献。而且，对于相同的节日，《东国岁时记》中出现的岁时饮食类别最多，更是单独列出了多达五十一项的内容。正如李子由在《东国岁时记》的序文当中提到的一样，洪锡谟在写岁时记之前因为意识到自己国家没有像中国宗懔一样写《荆楚岁时记》的人，而感到惋惜，所以，他模仿宗懔，记录朝鲜王朝最初的岁时。从这一点看出，洪锡谟在《东国岁时记》的著述上，确实倾注了很大的精力。

除此之外，在《东国岁时记》中出现了很多类似“市肆”“卖餅家”“卖酒家”“卖菜汉”等相关的叙述。例如，“饼汤……市肆以时食卖之”，“卖餅家用赤豆黑豆青豆为餡……自是月以为时食”，“卖菜

[1] 秦京焕. 岁时记叙述的方式和意义：以《东国岁时记》中的中国渊源为中心[J]. 语文论集，第53期，2006.

[2] 松原孝俊. 东国岁时记的作者和成书研究[J]. 韩国民俗学会第19次全国大会发表文，1990.

[3] 秦京焕. 岁时记叙述的方式和意义：以《东国岁时记》中的中国渊源为中心[J]. 语文论集，第53期，2006.

汉负菘根新芽成羣叫卖谓之青根商蔓菁新出又叫卖以为时食”等。因为“在朝鲜时代，生活在西大门里的首尔市民们不做农事，所以他们需要在市场上购买所需食材，或者从贩卖物品的负商和褓商那里购得”[1]。而且，“在当时，不是当季的话，几乎没有可以吃的食物。就这样，渐渐形成了抓准时机制作食物的风俗。在打糕店‘卖餅家’那里，用当季的食材制作各种各样的糕来吸引人们”[2]。由此也可以看出，洪锡谟在撰写《东国岁时记》的过程中，很注重对当时社会现象的描述。

洪锡谟也很重视对当时家礼的描述。比如，很多岁时饮食类别被用作“供祀”。例如，元日的饼汤，六月十五的水团，冬至的红豆粥等。从高丽王朝末期开始，新儒学者主张在每户设立祠堂，将儒教式的祭祀付诸实践[3]。到朝鲜王朝初期，通过中心化体系化的家礼的普及，儒教观念体系逐渐民间化。家礼是当时社会典型的意识形态实践机构。“供祀”这种现象，可以看作是朝鲜时期传统的儒教观念下对家礼的实践。

最后，柳得恭、金迈淳和洪锡谟在对岁时饮食的叙述中，都表现出了积极探索中国渊源的态度。柳得恭的燕行经历多达5次。洪锡谟也有相似的燕行经历，1826年，他跟随父亲作为子弟军官访问中国[4]。燕行经历使他对清王朝颇有好感。因此，在《东国岁时记》中，他积极寻找中国渊源。洪锡谟探索中国渊源的方法有两种，一种是直接揭示和比较中国风俗，另一种是引用中国文献。两种方法中，以后者居多。与柳得恭和洪锡谟不同，金迈淳没有燕行经历。但是，在他身上依旧可以发现其探寻中国渊源的态度。而且，他也不盲目听从和引用去过燕京人的所见所闻。比如说，对于正月十五药饭，他认为因为在中国没有发现药饭这一事实，就说它是朝鲜王朝固有的风俗，这并不是稳妥。他在中国唐代韦巨源所著的《食谱》一书中发现了“油飯”一词，他认为这与药饭有着很深的渊源。但是，金迈淳也重视朱子学，并强调朝鲜王朝的相对优越性。所以，他在《洌阳岁时记》中探寻中国渊源的情况并不是很多。

五、结束语

本文以《京都杂志》《洌阳岁时记》《东国岁时记》为研究文本，比较分析了朝鲜王朝时期岁时记中岁时饮食的叙述内容，并得出以下几点结论：

第一，《东国岁时记》的作者洪锡谟很可能阅读和参考过《京都杂志》，但是，其阅读和参考《洌阳岁时记》的可能性很小。第二，《东国岁时记》中岁时饮食类别的数量最多，叙述最为全面。第三，洪锡谟在撰写《东国岁时记》的过程中，很注重对当时“市肆”等社会现象，以及“供祀”等家礼的描述。第四，柳得恭、金迈淳和洪锡谟在对岁时饮食的叙述中，都表现出了积极探索中国渊源的态度。

本文笔者推断《东国岁时记》的作者洪锡谟很可能参考了《京都杂志》的内容。但是，考虑到朝鲜时代的大多数性理学者的尚古主义写作方法和态度，洪锡谟和柳得恭也有可能作为读者共同阅读和引用

[1] naver 知识百科．周永河．朝鲜王朝时期的美食家们-官署的面条最出色：洪锡谟的冷面．https://terms.naver.com/entry.nhn?docId=5646629&cid=60001&categoryId=60001&expCategoryId=60001, 检索于 2018年12月11日。

[2] naver 知识百科．周永河．朝鲜王朝时期的美食家们-官署的面条最出色：洪锡谟的冷面．https://terms.naver.com/entry.nhn?docId=5646629&cid=60001&categoryId=60001&expCategoryId=60001, 检索于 2018年12月11日。

[3] 玛蒂娜·德伊克勒著，李勋相译．韩国社会的儒教性转换[M]．首尔：Acanet出版社，2003.

[4] 赵成山．18世纪后期－19世纪中期朝鲜岁时风俗书叙述的特征和意义[J]．朝鲜时代史学报，第60期，2012.

了更先前的文献。因此，笔者今后将对这一问题进行更为深入的研究。

参考文献

专著

[1] 姜仁姬. 韩国的餐桌[M]. 首尔: Hyoil文化社, 1999.

[2] 国立民俗博物馆. 朝鲜大岁时记3. [M]. 首尔: 国立民俗博物馆出版, 2007.

[3] 玛蒂娜・德伊克勒著, 李勋相译. 韩国社会的儒教性转换[M]. 首尔: Acanet出版社, 2003.

[4] 周永河. 朝鲜知识人阅读的料理书: 居家必用事类全集的传入和历史[M]. 首尔: 韩国学中央研究院出版社, 2018.

[5] 崔南善. 朝鲜常识: 风俗篇[M]. 首尔: 东明社, 1948.

期刊文献

[1] 金允朝.《京都杂志》研究: 著述过程和异本研究[J]. 东洋汉文学研究, 第32卷, 2011.

[2] 张长植.《东国岁时记》的记述态度和特征: 以和《京都杂志》和《洌阳岁时记》的比较为中心[J]. 韩国的民俗和文化, 第2卷, 1999.

[3] 郑胜谟. 朝鲜风俗和民的存在方式[J]. 历史民俗学会, 1990.

[4] 赵成山. 18世纪后期—19世纪中期朝鲜岁时风俗书叙述的特征和意义[J]. 朝鲜时代史学报, 第60期, 2012.

[5] 周永河. 1609—1623年忠清道德山县士大夫家的岁时饮食: 以赵克善的忍斋日录为中心[J]. 藏书阁, 2017.

[6] 秦京焕. 岁时记叙述的方式和意义: 以《东国岁时记》中的中国渊源为中心[J]. 语文论集, 第53期, 2006.

[7] 松原孝俊. 东国岁时记的作者和成书研究[J]. 韩国民俗学会第19次全国大会发表文, 1990.

NAVER 知识百科

[1] 周永河. 朝鲜王朝时期的美食家们-官署的面条最出色: 洪锡谟的冷面. https://terms.naver.com/entry.nhn?docId=5646629&cid=60001&categoryId=60001&expCategoryId=60001。

附录

（1）岁馔/岁酒

《京都杂志》《东国岁时记》:“饋以時食曰歲饌酒曰歲酒”

《洌阳岁时记》:“客至設酒食餉之曰歲饌”

（2）餅汤

a.《京都杂志》《东国岁时记》:“按陸放翁歲首書事詩注鄉俗歲日必用湯餅謂之冬餛飩年餺飥”

《洌阳岁时记》:“放翁歲首詩雲中夕祭餘分餺飥注鄉俗歲日必用湯餅謂之冬餛飩年餺飥”

b.《京都杂志》《东国岁时记》:“薄如錢”

《洌阳岁时记》:“如錢形”

（3）一月子日炒豆

《京都杂志》《东国岁时记》:“閭巷亦炒豆呪云鼠嘴焦鼠嘴焦”

（4）立春进葱芽山芥辛甘菜

《京都杂志》："畿峽六邑進葱芽山芥辛甘菜山芥者初春雪消時山中自生之芥也熱水淹之調醋醬味極辛烈宜於食肉之餘辛甘菜者窨養當歸芽也淨如銀釵股夾蜂蜜噉之甚佳"

《东国岁时记》："畿峽六邑進葱芽山芥辛甘菜山芥者初春雪消時山中自生之芥也熱水淹之調醋醬味極辛烈宜於食肉之余辛甘菜者窨養當歸芽也淨如銀釵股夾蜂蜜噉之甚佳按摭遺東晉李鄂立春日命以蘆菔芹芽為菜盤相饋貺又按摭言安定郡王立春日作五辛盤又按杜詩春日春盤細生菜東坡詩青蒿黃韭試春盤蓋遺俗也"

（5）上元百家饭

《京都杂志》《东国岁时记》："小兒春病黧瘠者上元乞百家飯騎臼對犬而坐與犬一匙自噉一匙不復病"

（6）冬至赤豆粥

《京都杂志》："按宗懍荆楚歲時記共工氏有不才子以冬至死爲疫鬼畏赤小豆 故冬至日作赤豆粥以禳之"

《东国岁时记》："按荆楚歲時記共工氏有不才子以冬至死爲疫鬼畏赤小豆故冬至日作粥以禳之"

（7）上元药饭

《京都杂志》："爲上元佳饌新羅舊俗也按東京雜記新羅炤智王十年正月十五日 幸天柱寺有飛烏警告于王射殺謀逆僧國俗以上元作糯米飯飼烏報賽"

《东国岁时记》："爲上元佳饌用以供祀盖新羅舊俗也按東京雜記新羅炤智王十年正月十五日幸天泉亭有飛烏警告于王國俗以上元日爲烏忌之日作糯飯祭烏報賽今俗因爲時食"

《洌阳岁时记》："世傳新羅炤智王感烏告射琴匣之異作以飼烏"

（8）上元明耳酒

《京都杂志》："又飲燒酒一盞令人耳聰按葉廷珪海錄碎事社日飲治聾酒今俗移於上元"

《东国岁时记》："飲清酒一盞不溫令人耳聰謂之牖聾酒按葉廷珪海錄碎事 社日飲治聾酒今俗於上元行之"

（9）伏日狗酱

《京都杂志》："狗肉和葱白爛蒸入鷄笋更佳號狗醬或作羹調以番椒屑澆白飯食之發汗可以祛暑補虛按史記秦德公二年初作伏祠磔狗四門以御蟲災磔狗卽伏日故事而今俗遂食之"

《东国岁时记》："烹狗和葱爛蒸名曰狗醬入雞笋更佳又作羹調番椒屑澆白飯爲時食發汗可以祛暑補虛 市上亦多賣之按史記秦德公二年初作伏祠磔狗四門以禦蟲災磔狗卽伏日故事而今俗因爲三伏佳饌"

《洌阳岁时记》："烹狗爲羹以助陽"

（10）端午艾糕

《京都杂志》："端午俗名戌衣日戌衣者東語車也是日作艾糕象車輪形食之故謂之戌衣日艾葉微圓背白曝乾可碎作火絨又可爛擣入糕發綠色以其作車輪糕故號戌衣翠本草千年艾華人呼作狗舌草者是也按武珪燕北雜錄遼俗五月五日渤海廚子進艾糕此東俗之所沿也"

《东国岁时记》："端午俗名戌衣日戌衣者東語車也是日採艾葉爛擣入粳米粉發綠色打而作餻象車輪形食之故謂之戌衣日賣餅家以時食賣之本草千年艾華人呼作狗舌草是也艾葉之背白者曝乾碎作火絨亦號戌衣草按武珪燕北雜錄遼俗五月五日渤海廚子進艾餻東俗似沿於是"

（11）腊日腊药

《京都杂志》："清心元主閔塞安神丸主熱蘇合元主癨三種爲最要 當宁朝新劑二種等分加減寔出睿思比蘇合元效尤速賜名濟衆丹廣濟丸"

《东国岁时记》："清心元主惯塞安神元主熱蘇合元主癨三種爲最要健陵庚戌新製濟衆丹廣濟丸二種寔出睿思比蘇合元效尤速"

（12）元日僧尼一餅换俗二餅

《京都杂志》："又用一餅換俗二餅俗得僧飼小兒以爲善痘當宁朝禁僧尼不得入都門城外尙有此風"

《东国岁时记》："又用一餅換俗二餅俗得僧餅飼小兒以爲善痘朝禁僧尼不得入都門故城外有此風"

（13）贡臘猪

《京都杂志》："畿内山郡舊貢臘猪發民搜獵當宁朝特罷之壯勇營將官領礮手獵于龍門祝靈諸山以進"

《东国岁时记》："畿内山郡舊貢臘猪發民搜捕健陵特罷之以京砲手獵龍門祝靈諸山以進"

（14）元日餅汤

《京都杂志》："爲歲饌之不可缺者至稱添齒者爲餅湯第幾椀"

《东国岁时记》："爲歲饌之不可闕者入湯烹之故古稱濕麪者似是物也市肆以時食賣之諺稱添齒者謂吃餅湯第幾椀"

（15）上元嚼疖

《京都杂志》："清晨嚼栗或蘿葍祝曰一年十二朔無事太平謂之嚼癤"

《东国岁时记》："清晨嚼生栗胡桃銀杏皮栢子蔓菁根之屬祝曰一年十二朔無事太平不生癰癤謂之嚼癤或云固齒之方"

（16）重九花煎

《京都杂志》："采菊花爲糕 與重三之鵑花糕同 亦稱花煎"

《东国岁时记》："採黃菊花爲糯米餻 與三日鵑花餻同亦曰花煎"

（17）上元陈菜

《京都杂志》："食菜者凡瓜顱茄皮蘿葍之葉皆不棄 徐徐曬乾以待上元烹食 不病暑"

《东国岁时记》："畜匏瓜蕈蕈諸乾物及大豆黃卷蔓菁蘿葍謂之陳菜必於是日作菜食之凡瓜顱茄皮蔓菁葉皆不棄曬乾亦爲烹食謂之不病暑"

（18）二月初一松餅

《京都杂志》："卸下上元禾竿作松葉夾餅饋奴婢如其齒數俗稱奴婢日東作伊始故饗此屬云"

《东国岁时记》："卸下上元禾竿穀作白餅大者如掌小者如卵皆作半璧樣蒸豆爲餡隔鋪松葉於甑內蒸熟而出洗以水塗以香油名曰松餅饋奴婢如齒數俗稱是日爲奴婢日東作伊始故饗此屬云"

（19）六月十五水团

《京都杂志》："作粉團澆以蜜水食之號水團"

《东国岁时记》："蒸粳未粉打成長股團餅細如珠澆以蜜水照氷食之以供祀名曰水團"

（20）上元福裹

《洌阳岁时记》："用海衣馬蹄菜之屬包飯而喫以多爲貴名曰縛苦亦祈穀之意也"

《东国岁时记》：“以菜葉海衣裹飯啗之謂之福裹”

（21）伏日赤豆粥

《洌阳岁时记》：“煑豆爲粥以禳癘”

《东国岁时记》：“煮赤小豆粥以爲食 三伏皆如之”

（22）中秋酿酒杀鸡

《洌阳岁时记》：“是日雖窮鄉下戶例皆釀稻爲酒殺鷄爲饌肴果之品侈然滿盤爲之語曰加也勿減也勿但願長似嘉排日”

《东国岁时记》：“鄉里田家爲一年最重之名節以其新穀已登西成不遠黃鷄白酒四隣醉飽以樂之”

对年夜饭与现代人精神生活的探讨

杨铭铎[1]　王　琼[2]

（1. 哈尔滨商业大学中式快餐研究发展中心博士后科研基地，黑龙江　哈尔滨　150076

2. 哈尔滨商业大学旅游烹饪学院，黑龙江　哈尔滨　150076）

摘　要：年夜饭历史悠久，在中国人的生活中占有举足轻重的地位。文章以年夜饭的历史沿革为出发点，阐述年夜饭的来源与演变。从年夜饭的重要目的、餐食选择、就餐地点、进餐方式四个维度探讨年夜饭与现代人精神生活之间的联系，得出现代人吃年夜饭与之对应精神需求为团圆祝福、吉祥美满、其乐融融、尊老有礼的结论。

关键词：年夜饭　现代人精神生活

年夜饭又称团圆饭，是每年农历最后一天即除夕中的一餐。中国人自古以来便极为重视年夜饭，一方面是为了满足人们吃美食的生理需求，不同地区的食俗各不相同，如北方饺子，南方年糕等。同时各个地区也有自己的特色美食，而必不可少的便是鱼和火锅。另一方面是为了满足人们追求美好、团圆，重视礼仪等的心理需求。新春佳节，一家人围坐一桌吃一顿团圆美满的年夜饭，是中华民族特有的民族情结。同时通过给不同的吃食赋予美好的寓意，表达对未来生活的美好期待。通过餐桌上的一些讲究、吃法，使中国的礼仪文化深深地扎根在每一个中国人的心中，对现代人的精神生活也产生着深远的影响。

1 年夜饭的历史沿革

年夜饭又称团圆饭，是每年农历最后一天即除夕中的一餐。人们往往在除夕这一天准备辞旧迎新，吃团圆饭。据宗懔《荆楚岁时记》一文记载，可以断定至少在南北朝时期便已经有过年吃年夜饭的传统。关于年夜饭的来源有很多的说法，如祭祀说、避邪说等。祭祀说中认为年夜饭可追溯为古时在年末举行的祭祀仪式和礼节。后来随着家族社会的不断发展，多神祭祀渐渐演化成以祭祖为主的腊日祭祀。中国人的年夜饭，旧时是一年里最为丰盛的晚餐，如今也仍是人们极其重视的一餐，这一餐一家人团聚在一起用餐，是人神共进的晚餐[1]。它是全家团圆、辞旧迎新的重要节目。避邪说中认为年夜饭来源于古时人们一起抵挡防御“年”而流传下来的习俗。传说在很久以前，有一头名为“年”的凶狠的野兽，一到冬季山里吃食稀缺时就闯进村庄伤人伤畜，害得村民们被迫远离家乡来避免“年”的来袭。但随着

作者简介：

杨铭铎（1956—　），男，黑龙江哈尔滨人，教育部餐饮行业教学指导委员会副主任，哈尔滨商业大学快餐研发中心博士后科研基地主任，教授、博士生导师，主要从事餐饮教育与餐饮科学、饮食文化与饮食美学研究。

王琼（1993—　），女，哈尔滨商业大学硕士研究生，从事餐饮管理研究。

时间的推移，人们注意到这头凶狠的怪兽有三怕，即通红的颜色、亮亮的火光和非常响的声音。因此，一到冬季凶兽“年”即将要袭击村庄的时候，村民就在家中备齐这三样东西。每一户的门上都挂着涂成赤色的木板，门前燃起一堆火，村民通宵在家中敲击物品，发出非常大的声音。到了半夜，“年”刚到村头，便看见到处都是红红的颜色、亮亮的灯火、而且声响巨大，便惧怕地逃回山里躲起来了，再也没有出山侵害过当地的居民和牲畜。次日清晨，村民围在一起，为成功驱赶“年”彼此贺喜。后来，一到冬季，人们就想起以前抵御“年”袭击村庄的时候，每一户人家依然挂上赤色的木板，燃起一堆火，彻夜敲击，次日仍是彼此贺喜，庆祝安康。如此一代代流传，“过年”的传统就产生了，吃年夜饭欢庆过年的习俗也传承至今。

年夜饭的食俗不同地区各不相同，同时也随着时代的变化而不断演变。古来只有馄饨而无饺子，新年吃馄饨取其开初之意。后来把馄饨捏成新月的形状，饺子就产生了。明朝出现“扁食”，据文献记载，最迟在这一时期就已经有春节吃饺子的习俗。清朝出现“饺子 ”，春节吃饺子的习俗已经影响甚广，并将其固定了下来。春节吃饺子习俗流传至今，是中国人饮食文化遗产不可分割的一部分。除夕夜于子时吃饺子，有“更岁交子”的寓意。同时由于饺子形状酷似银元宝，一盘盘的饺子摆上餐桌，又有着“新年大发财，元宝滚进来”之意[2]。新春佳节吃年糕的习俗，在宋代兴起，在明代繁盛，食年糕取“年年（粘粘）高（糕）”的吉祥如意之意。由于年糕的颜色酷似金银，又有着期望发财之意。如今又有年年高升之意[3]。汤圆传说源自宋朝，最开始由于这种食品下锅后又浮又沉，取名为“浮元子”，之后有些地方将“浮元子”改名为元宵，寓意“团团圆圆”。

2 年夜饭与现代人精神生活

2.1 年夜饭的重要目的：团圆祝福

年夜饭又名“合家欢”，是对人们非常重要的家庭聚会。人们对于年夜饭的需求主要体现在两个方面：即物质层面的需求和精神层面的需求。旧社会时穷人生活困难，每年只有在过年的时候才能吃上一顿丰盛的饭菜，所以对于年夜饭的吃食极为期待，家人在制作年夜饭的吃食时也格外地讲究食材的选择，注重食材的品质和美好的寓意。年夜饭在人们的精神生活上也占有极为重要的位置。除夕这天晚上，不管人们在多远的地方，工作多抽不开身，人们都还是希望能够回到家里和家人团聚，一起吃一顿团圆美满的年夜饭。古时一些州县的官员出于仁爱恻隐之心，甚至会让入狱的囚徒归家度过春节，与家人团圆度过节日后再返回监牢，来传扬其仁政和因仁德而得的声誉。而如果在外的人因为种种原因没能及时赶上年夜饭，或是不能回家过年，家人便会为其空个位置、放置一套餐具，象征一家人团聚在一起。

现在，由于社会经济的不断发展，人们的生活质量不断提高，传统的对于年夜饭可以吃上一顿丰盛的饭菜的那种期待已经减少，而更多的是期待年夜饭时一家人团聚在一起的那种欢快的氛围，也就是人们说的“年味”。现在由于信息传递越来越便利、地区与地区间的“距离”不断缩小，人口的流动性不断加大，越来越多的人远离家乡在外地工作，所以人们格外珍惜这一年一度的能回家团聚的日子。春节这一天，无论是富裕还是贫困，得意还是失意，人们都会千里迢迢赶回家吃上一顿团圆美满的年夜饭，因此每年春节人们最为关心的便是能不能顺利买上回家的车票，也由此出现世界最壮观的人口大迁徙的春运景象。每年一次的年夜饭完全呈现出中华民族家庭成员之间的互敬互爱。每年年夜饭，伴随着外面热热闹闹的鞭炮声，一家人欢欢喜喜地团聚在一起，带着对家人的祝福，对未来的美好期盼，吃着美味的佳肴，喝着醇香的美酒，共同辞旧迎新，使家人间的感情更加亲密。年轻人卸下在外面奔波一年的辛劳，通过这一顿年夜饭向父母的辛勤养育表达感谢，同时送出愿家人身体健康、开心快乐、生活美满的美好祝福。父母们也盼到孩子平平安安地回来，格外珍惜难得的相聚时光。尤其是老年人，看到一家人团聚在一起，看着孩子们都健康地成长，孙子孙女们也活泼可爱，给老人带来极大的慰藉和满足。所以，年夜饭历来对中国人来说都非常重要，在现在人心目中也仍占有举足轻重的地位，这是中国人特有的民族情结和文化情感[4]。

2.2 年夜饭的餐食选择：吉祥美满

一家人聚在一起吃年夜饭，是新春佳节最喜庆欢乐的时刻。大年三十的晚上，一家人全都聚齐，围坐一桌，共享丰盛的美味佳肴，心里无比的满足。人们在享用美味佳肴的同时，更多的是贪恋那个其乐融融的欢乐氛围。中国各地的年夜饭菜肴都各具特色、内容丰富，制作选材也都有讲究，象征着美好的寓意。如一些地区年夜饭取“四平八稳”之意，同时十二道菜还寓意每年十二个月月月有吃有喝、丰衣足食[5]。浙江一些地方是“十大碗”，寓意“十全十福”。湖北东部地区为“三蒸”“三糕”“三丸”等。在选材上，如鸡有金鸡报晓、大吉大利之意；鸭有报春之意；鱼指的是年年有余；肉象征着生活富裕。因为“菜”与“财”发音很像，所以白菜取发明明白白的财之意；芹菜取勤劳发财之意；韭菜取永久发财之意；豆腐，“腐”和“富”发音很像，取生活富裕之意，同时也取“斗腐败”之意。除此之外，现在人吃年夜饭一般不可缺的便是火锅和全鱼。全家人围坐吃火锅，热热闹闹，寓意未来的生活红红火火。鱼除“年年有余”的美好寓意外，不同的种类也有各自的寓意。如鲤鱼，寓“得利有余”；鲢鱼，寓“连年有余”，还有“连子连孙，人丁兴旺”之意；鳜鱼，寓“富贵有余”。鱼一般作为年夜饭最后一道菜上桌，人们并不真的吃这道菜，而是取其“来年有余”的象征意义[6]。

中国地域广大、民族众多，不同民族不同地域的年节食俗有很大的差异：如大部分汉族的北方人很多都爱吃饺子、南方人多爱吃水磨年糕、米团子，等等。少数民族如回族会在大年初一吃面条和炖肉，大年初二吃饺子。但无论吃什么，都包含着美好的寓意，承载着人们对今后生活的美好祝福和期待。在中国北方，除夕夜全家围在一起包饺子、吃饺子，至今仍然是欢度新年的重要活动。“饺子”又名“交子”或“娇耳”，寓意“喜庆团圆”“吉祥如意”，又取“新年大发财，元宝滚进来”之意，深受老百姓的欢迎。包饺子时人们还经常会把糖、花生、枣等包进馅里，表达对来年生活甜蜜、健康长寿、早生贵子等的美好祝福。年夜饭吃饺子表达了人们对来年家和事兴、团团圆圆、幸福美满、财源广进等的美好期盼，也使家人间更加紧密地联系起来，更加亲密无间。南方人过年主要食用汤圆、水磨年糕、米团子、皮蛋等。汤圆又称“团子”“圆子”，除夕夜全家团聚在一起吃汤圆寓意新的一年阖家幸福、圆圆满满；年糕是用黏性大的糯米或米粉蒸成的糕，现在人过年吃年糕表达着对自己的工作和生活一年比一年更上一层楼的美好祝愿，年糕现在除了年节食品外，更多的表达为年年给人们带来新的希望[7]。

2.3 年夜饭的就餐地点：其乐融融

年夜饭的食俗流传至今，备受人们关注和重视。古代，年夜饭都是在大年三十的那天准备出来，在北方地区，年初一要下锅的饺子也是在前一天的晚上就准备好的。孩子们在外面玩耍放鞭炮，主妇们则在家里洗菜、切菜、做菜。家家户户的砧板上都传来剁肉、切菜的声音，与外面的噼里啪啦的爆竹声，人们走门串户、互相问候的说笑声等，交织成完美的乐章。到了晚上，家家户户在家里闭门吃饭，这一天不论家人会不会喝酒，都会饮一点酒，来庆祝这喜庆的节日。后来，随着人们生活水平的不断提高，妇女们从厨房里解放出来，很多人家在过年的时候选择在饭店里吃年夜饭，由此也出现每年争着预订年夜饭的火爆场面，饭店也推出很多吸引人们眼球的年夜饭套餐，如主打特色美食年夜饭、年夜饭与休闲娱乐活动结合在一起等。近几年由于桌位紧张、酒店火爆，传统在酒店吃年夜饭的形式已经满足不了人们的需求，出现一些网购半成品年夜饭、外卖年夜饭等形式，但主要受容易接受新鲜事物、经常网购的年轻人的欢迎，老一辈的人们还主要是传统的吃年夜饭的形式。同时，2013年12月在中国吃网进行的网络调查《除夕不放假，你的年夜饭在哪里吃?》中发现，87.39%的参与者勾选在家就餐，位于排行榜首位[8]。越来越多的人发觉还是更喜欢回到家里吃妈妈做的饭菜，觉得“妈妈的味道”就是“过年的味道”。而且人们怀念以前在家里吃年夜饭的那种氛围，认为在家里一家人在一起准备年夜饭、其乐融融吃年夜饭的欢乐氛围是在饭店里体会不到的。年夜饭的地点又从饭店回归到家庭。但不论年夜饭的地点、内容和形式如何变化，人们对年夜饭寄托的情感仍深深地烙印在人们的心中。

2.4 年夜饭的进餐方式：尊老有礼

中国自古便是礼仪之邦，凡事讲究长幼有序，餐桌礼仪对现代人的生活也产生着深远的影响。传统年夜饭首先对于座位的次序是有讲究的，一般是长辈坐上座，小辈在中间坐，父母辈的就坐下座。就餐的时候，长辈坐上座，即坐在朝南的位置上，现在来说是正对着门的位置。桌上的饭菜也是长辈先吃一口之后，晚辈才能动筷。其次就是盛饭时不能只盛一勺，因为以前多数人觉得在祭祀先人时只盛一勺饭，因此无论如何都要至少盛两勺，哪怕第二勺只是比划一下，以示敬重。盛汤时要先将筷子找地方搁置，不能筷子、勺子一起放在手中，这样非常不讲究。同时加饭时可以用“再盛一碗”或“再添一碗”等语句，但不要用“还要一碗吗”“再要一碗”等，因为老人会觉得在街上乞讨才会用“要饭”。再次，吃饭时也有一系列讲究。如切忌将筷子竖着插在食物里，因为祭祀祖先时便是在碗中插一根香，会认为这样很不吉利。就餐时不能拿筷子敲打碗盆，因为人们觉得这种动作像乞丐行乞，会“越敲越穷”。吃饭时不能乱讲话，也不能发出声音，这样会被认为很没有礼貌、没有教养。要坐姿端正，双肘不要托在桌子上，也不要一手托腮。夹菜时不能在菜里挑来挑去，要把碗里的饭吃完，吃完后不能将筷子放在碗上。碰到突发状况时要会及时用吉利的话语解决，如有人不注意把筷子弄掉地上或是把餐具碰碎了就可以说“快乐！（筷落）”、“岁岁（碎碎）平安！”、“落地开花，富贵荣华！”等。除此之外还有很多礼仪，如不能随便问遇到的人“您吃完没?”有的老人忌讳别人说他“吃完”，因为这好像意味着这是最后一餐了。不能随意说“饱死了”、“太撑了”这样的语句，老年人会觉得这样很没有出息等。

年夜饭的餐桌礼仪流传至今，虽然或多或少被人们所淡化、简化，但对于现代人来说仍具有非常重要的作用，老一辈遵守的礼仪也仍然受现代人的尊重。现在由于人们生活水平的提高和生活方式的改变，简化了一些老一辈的礼仪，也加入一些新的餐桌礼仪。如吃饭时不要玩手机、看电视，以示尊重；女士不宜洒太重的香水，餐前宜将口红擦掉；在餐桌上不要贴耳交谈，宜众欢同乐；敬酒有次，劝酒有度，等等，这些也都是为了营造出和谐的就餐环境，体现中华民族尊老爱幼、注重礼仪等传统美德，表达中国人凡事讲究吉利的美好意愿，也是中国礼仪之邦的重要体现。

参考文献

[1] 巩桂花. 从年夜饭看东北地域文化[J]. 统计与管理, 2015, (01): 76-77.

[2] 赵炜, 何宏. 中国传统节日节令食品流变[J]. 四川烹饪高等专科学校学报, 2010, (04): 6-9.

[3] 丹青. 中国人的年夜饭[J]. 上海质量, 2016, (01): 66-68.

[4] 王东林. 春节团圆的文化深处[J]. 群言, 2017, (01): 33-35.

[5] 张彩云. “四平八稳”年夜饭[J]. 中国信用卡, 2010, (03): 58-61.

[6] 本刊编辑部. 流淌在“食俗”里的年味——春节的传统食俗文化[J]. 中华民居, 2012, (01): 59-61.

[7] 王溱, 吕建军. 丰富的年夜饭[J]. 走向世界, 2014, (02): 18-20.

[8] 2016猴年春节: 2016春节年夜饭的风俗演变[EB/OL]. http: //gaokao. xdf. cn/201602/10418020. html.

日本端午食品小考

何　彬

（东京都立大学，日本　东京　192-0397）

摘 要：日本端午节习俗始于中国古代文化。明治维新后端午不再是全国民休假日，但在民间仍然是祝贺男孩成长的节日。人们通过阳历过阴历节或阳历错后过节等行为维持传统节日行为。笔者通过发掘文献资料和观察当地社会节日景象与日常生活，指出：日本各地的端午节日食物、食材呈多元性，是外来文化融入区域文化的结果。

关键词：日本　端午节　粽子　柏饼

基金项目：本文为北京联合大学北京学研究基地2019年项目《传统节日与现代城市生活》的阶段性成果，项目编号：BJXJD-KT2019-YB02。

年节食物乃指节日当天或者节日期间特意准备/制作的、被民族集团或地区人们赋予某种特殊意义的食物。年节食物浓缩着一个地区或民族集团对天候、自然环境的认知，是该地区食文化要素的具体体现。在特定时节、于特定场合祭祀或食用的有特定含义的食物，是浓缩人们认知的特殊文化符号。本文通过文献综述和分析，回顾该社会端午食品之历史、类别、地域分布及有无文化功能。

一、端午节

考察日本的端午节食品之前，先简单梳理一下日本的端午节。

1. “五节”和端午起源

日本各地有许多地方性节日，名称、内容纷杂。江户幕府把阴历一月七日人日、三月三日上巳、五月五日端午、七月初七七夕、九月九日重阳这五天定为正式节日，一般通称“五节”，日语写作“五节句/五节供”。明治政府于明治五年（1873年）宣布废除阴历历法采用阳历历法，取消国家级别的传统五节。端午节也变成非休假的民间节日。

日文文献记述端午节起源于古代中国的习俗。随着中国文化被遣隋使、遣唐使带回日本，宫廷皇族和贵族开始模仿中国宫廷形式的贺年过节：

《广辞苑》词典“端午”条：“五节之一。五月五日的节日。古代以上巳（三月三日）为女儿节，此

作者简介：

何彬（1956—　），女，东京都立大学人文社会学部教授，中国民俗学会顾问、日本人文社会科学学会会长，文学博士，历史民俗资料学博士，主要从事中国民俗学和日本民俗学研究和教学。

日为男儿节，插菖蒲艾蒿、食粽或柏饼[1]以驱邪。有男儿的家庭摆设甲胄、武人，院子里张挂鲤鱼旗祈愿成长和成功。”[2]

《日本民俗大辞典》“端午节”条：“五月五日惯例年节之一。……日本古代一直举行源自中国的端午节活动。《续日本记》记载人们在门口插菖蒲、头插身佩菖蒲缦以驱邪气。”[3]

《喜庆的食文化》“端午节供”条：“中国起源、江户时期流行的习俗”。“……《日本岁时记》引用《荆楚岁时记》等文献，解说装饰菖蒲、艾蒿，吃粽子、饮菖蒲酒、洗菖蒲浴、摆设武胄娃娃、摘药草、竞渡等行为均是中国由来的习俗。”“端午节习俗乃奈良时代始于宫廷，而后扩展到民间的年节行事。江户时代为最盛。”“五月五日食粽、互赠粽子是出于中国纪念楚国屈原的故事。”[4]

依据文献可得知，日本的端午习俗始于中国。进入日本后，最初在宫廷开始的端午节庆贺活动逐渐扩展到贵族和一般平民社会，成为该社会普遍举行的一个节日。明治维新之后，正式规定包括端午在内的传统“五节”不再作为正式的国家节日，但人们仍然按传统习惯这一天张挂鲤鱼旗，吃特制的柏饼、粽子等食物，庆贺男儿出生并祈求男孩茁壮成长。1948年日本政府规定日本的儿童节是5月5日，而今日的幼儿园小学校过儿童节的标志仍然是张挂传统端午男孩节的鲤鱼旗。在今日的儿童节里依然存活着传统端午节的要素。

2.“月迟”端午节

日本传统的五节和其他民间大大小小的节日，曾经都是按阴历过的。而1868年明治维新后，明治政府为加速脱亚入欧的节奏，明治初期将本国的历法由传统的太阴太阳历即阴历正式改为西历·阳历，同时宣布“旧历的诸祭典一律按照新历的日期施行”。明治五年十二月三日，恰逢西历1873年1月1日，政府布告宣布自该日起全国正式开始以西历计历，明治五年十二月三日改称明治六年1月1日。这是日本历史上的一次最大的更改历法，历史称其为“明治改历”。

明治改历后的日本按照政府规定，都要按阳历过节。于是民间要在每年的西历1月1日迎正月，西历3月3日过女儿节，西历5月5日过端午。也有部分节日因为错开了符合自然环境变化的节气而有些尴尬。如西历7月15日，兼有丰收祭要素的盂兰盆节没有成熟的新稻谷穗和应时瓜果祭祀祖先；西历8月15日赏月，基本看不到又大又圆的明月等。为调节部分节日时节和自然错位的现象，人们想出推迟一个月过节的调节方法，以图更接近阴历和农耕社会的时间节奏。6月5日过端午，8月15日过盂兰盆节，人们称这种过节为“月迟节，tukiokure”。

笔者查阅的文献记述里，20世纪后半期还会有“旧历”和“月迟”过端午的记述。参照笔者绘制的图1，可以看到大约50年前、明治改历100年的社会仍然重视过旧历端午，各地同时存在或阴历或阳历过端午的事例。调查记录端午时期不明的事例也数量不少，颇有遗憾。在实行阴历改阳历近150年后的今日，日本各地传统的节日的实行日期逐渐从旧历移向新历，除了月迟盂兰盆节之外，“月迟过节”减

[1] 日语汉字“柏饼”，乃使用槲树叶包裹的豆馅年糕。为避免日语汉字和中国汉字混淆，文献文面用日语汉字的“柏饼”记述。解说文字时用中国汉字的槲叶年糕。

[2] 新村出．广辞苑 [M]．东京：岩波书店，1963：1351.

[3] 福田亚细男等编．日本民俗大辞典·下卷·端午节[M]．东京：吉川弘文馆，2000：7.

[4] 松下幸子．庆贺食文化 [M]．东京：东京美术，1991：150-157.

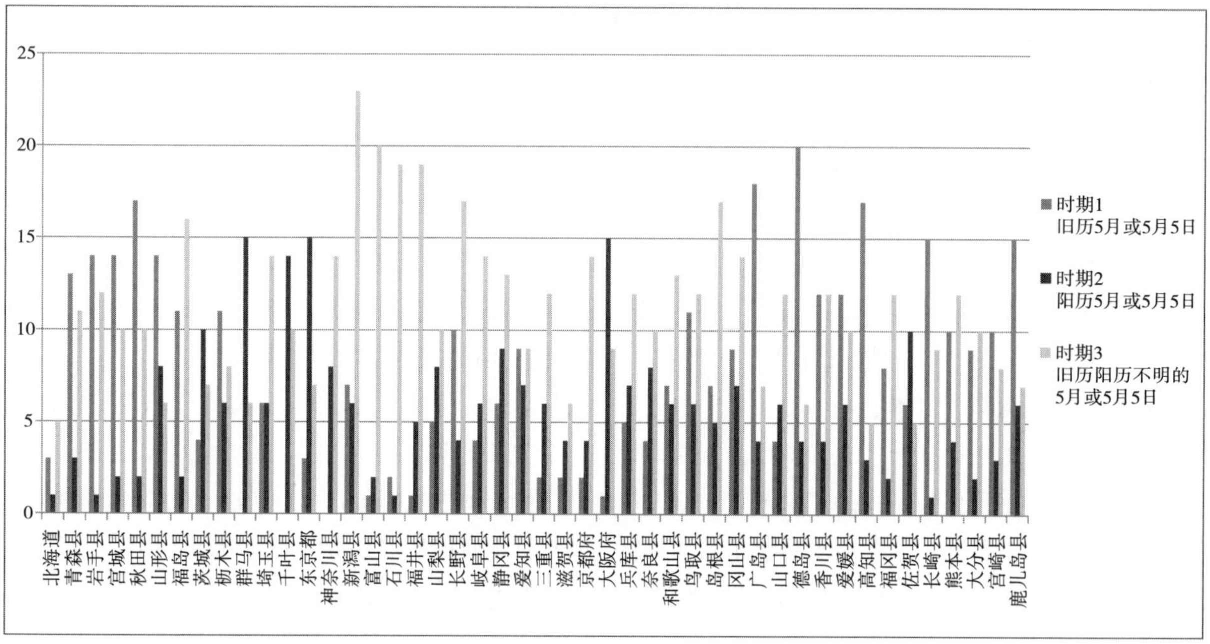

图1　20世纪60年代日本全国端午时期数据统计（何彬统计/制图）

少，基本都按阳历过节了。在日期移行过程里，民众把阴历端午节的内容基本照搬过来，这也是民俗传统适应环境变化的生命力之表现。

3. 端午三要素

笔者做节日研究一般关注三个要素或曰三角度：节日装饰、节日行为、节日食品。这三要素是民俗文化和民俗观念的载体，是各种节日民俗表象的可视物体。

（1）节日装饰，表现在端午节，有插菖蒲或艾蒿、张挂鲤鱼旗（有男孩的家庭）等。

（2）节日食品，端午节的食俗有吃红豆饭、粽子、柏饼、团子、赤饭。喝菖蒲酒、雄黄酒等。

（3）端午的节日行为，除了张挂鲤鱼旗、艾蒿菖蒲之外，大多围绕制作端午节食物展开。亲朋要去新生男孩家庆祝，有男孩的家庭给亲朋分发粽子或柏饼，冲绳地区还有划龙舟等。

本文以端午食品为主要观察对象，也关注食物与另外两个特征的关联。以下先看日本端午节日食物的种类。

二、端午节食物

根据《日本民俗地图》数据，可知日本20世纪60年代的端午食物有很多种，并且种类和分布地区呈不均等状态。下面的图2统计了事例数量较多的粽子、团子、赤饭、柏饼、篠竹卷、菱形饼六种。

看图2可知道，日本各地的端午节日食物没有均等分布，也没有一个绝对压倒多数的食物。有的地区粽子为主，同时也有团子、篠竹卷。有的地区柏饼事例多，很多地区赤饭就是端午节食品。赤饭或柏饼以及团子都不在少数，粽子没有绝对优势。下面看看主要几种端午节食物的文献记载，研究为什么日本端午节的食物如此多种多样，考察食物的历史流变和民俗功能、文化功能。

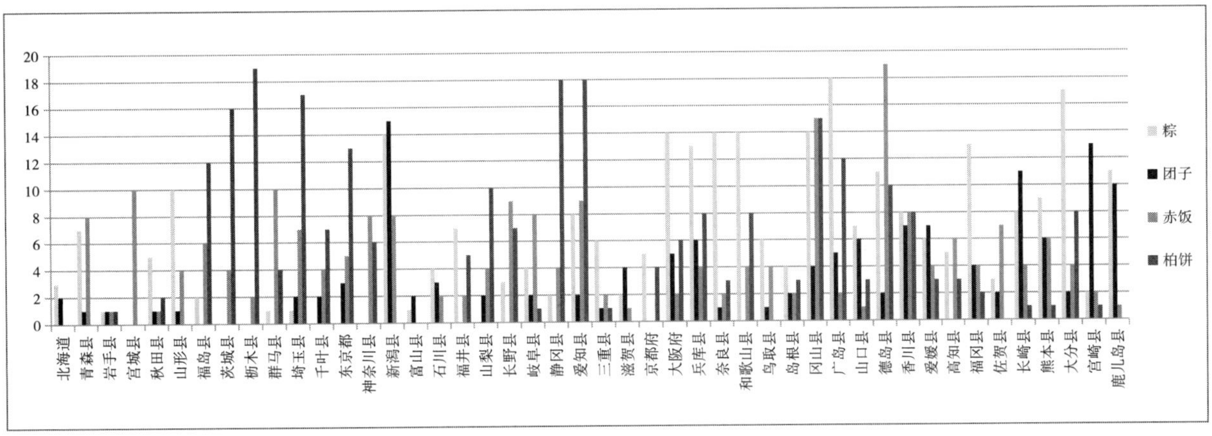

图2　1960年代日本各地端午食品事例分布（何彬统计/制图）

1. 粽

日本岩波书店出版的《广辞苑》，第一版出版于1955年，是日语词典里有相当权威性的语言大辞典。其"粽"条记述："日语汉字做'茅包'，缘于用茅草叶包裹糯米而得名。"[1]

《日本大百科全书（电子版）》"粽"：糯米点心的一种，古代用茅草叶裹糯米糕而得名。927年完成的《延喜式》记载："粽料糯米二石"，说明粽子是用糯米制作的。934年的《倭名类聚抄》有"菰叶包米，灰汁煮之"记载，可知奈良时代至平安时期粽子已经存在。

日本民俗学最厚的上下2册本的《日本民俗大辞典》的"粽子"条提及许多民俗信仰事例，因记述内容过长，简约如下：Timachi/粽子。是用大米或米粉用篠竹叶包裹后煮好食用的5月5日专用的节日食物。一般解释为是起源于中国纪念屈原的端午节。作为节日食物日本在《延喜式》里就已经有记载。关东的五月节柏饼比较多，其始于江户时代。包粽子的叶子，各地不同，名称也不同，粽子的形状也不一样。山形县米泽市和福岛县的南会津郡等地在五月端午节期间，用篠竹叶包成平面三角形粽子，叫作"sasamaki"。然后蘸豆面吃。[2]

同一词条罗列了粽子民俗功能的事例：福岛南会津的人们传说竹叶有解毒作用，吃粽子后把竹叶挂在门口说可以辟邪。在爱知县日间贺岛，人们把五月节时苇叶包的粽子挂在"床间"一年，据传说家里的男孩子出门前要望一下再外出可以避灾厄。奈良县天川村习惯五月节包粽子后留下一个挂在屋里一年，这样毒蛇就进不来。这粽子叫作"rusutimaki/看家粽"。德岛县祖谷山有一种传说，被恶灵诱惑的孩子被五月节粽子救了命，粽子有辟邪除灾厄的功能。词条还指出，这些事例与京都祇园祭期间各家各户门口悬挂圆锥形粽子（笔者注：指道喜粽），是出于同样的信仰。[3]

《日本大百科全书》有"道喜粽"条：京都生果子、和式点心。粽子的一种。笔者补充，道喜粽是细长立体圆锥形的被叫作"粽子"的食物。因最初包制道喜粽并把粽子送进皇宫的人命名的。店在京

[1]　新村出．广辞苑[M]，东京：岩波书店，1967：1385.

[2]　福田亚细男．日本民俗大辞典·下卷[M]．东京：吉川弘文馆，2000：90.

[3]　同注2。

都，每年祇园祭期间人们会排队购买道喜粽挂在自家门口以求平安。《妇人画报》网站记述“京都之夏的风物诗，食用粽和装饰粽”的道喜粽既是端午节的特定食物，也是悬挂在门楣上的辟邪装饰物之记载，更是明确道出道喜粽的辟邪功能。此外，从历史角度的文献记载看，1676年京都已经出现专业制作粽子的店铺，1676年渡边道喜做粽献宫廷。1690年的文献记载各种职业的职人里有“粽师”一职，由此可知17世纪后期都市部已经有制作道喜粽的专职人员。

《祝贺的食文化》一书，专有“粽”一节。综述如下：粽子timaki，写作茅卷timaki是由于古代用茅草叶卷裹，千卷timaki源自包粽子的多层卷裹。还写作角黍timaki等。《料理物语》（1643年）记载有粽子制作方法。“四六分的米粉[1]加水揉软，用菰叶或篠竹叶裹住水煮。”吃法是把白糖、少量盐加在大豆粉里蘸食，这种吃法一直延续至今。

《综合日本民俗语汇》第一卷“akumaki/灰汁卷”条：鹿儿岛县有一种吃法，把糯米用草木灰汁泡过后用篠竹皮做成长一尺左右的卷，再用草木灰汁或煮或蒸之后，把它切段蘸黑糖吃，这是5月5日当天特有食品灰汁卷。在熊本县球磨郡，有一种食品叫“qimaki”（笔者注：与“粽”同音），是用篠竹子皮包裹的糯米卷，切成段吃[2]。名称不同，形状和吃法都很相近。

《庆贺食文化》记述，…根据1813年八代弘贤《风俗问状》的资料，“记载当时各地都有做粽子的，一半的地区也做柏饼。在秋田，粽子之外还做篠竹叶卷sasamaki，“取宽竹叶折成三角形，内装米粒后煮熟，蘸大豆粉食之”。越后长冈地区粽子之外还有sasamaki/篠竹叶卷。《日本食生活全集》的新潟食物卷记载新潟的蒲原地区端午节要吃粽子和柏饼；“男孩节日不可或缺的是粽子，粽子要用上好的糯米做”。鱼沼地区是三角粽。糯米洗后装篠竹叶里折成三角形后捆住，水泡一晚后再煮2小时左右。食用时剥开后或蘸豆粉或蘸白糖酱油。可知新潟地区端午粽子是不可或缺的食物，形状是平面三角形、糯米要上好的，说明端午粽子不是单纯的吃食，是有庆贺之意的特意准备的节日食物。

日本自然保护协会网站介绍，粽timaki，茅草ti、包裹maki。现在用sasa叶/篠竹叶包裹。茅草（tigaya）曾被信仰为神圣的、有咒符功能之物。夏季的龟户天神社仍有钻茅草圈辟邪仪式即是其例证。用神圣的茅草包裹糯米蒸的食物因此成为供奉给神灵的“供物”。各地原有多种植物叶子包裹糯米的粽子，现在基本被篠竹叶和柏叶的商品替代了。文献记载告诉我们，选择包裹糯米的植物叶不是巧合，它被民俗社会认可为具有神圣功能的植物叶。

文献还记载粽子不是单纯吃吃而已的节日食物，它有端午时节出现的意义和寓意。《柏饼和粽子》一文作者记述京都地区16世纪的人们在旧历端午节之后也有互赠“角黍”（作者解释角黍是粽子的一种），说明粽子/角黍并不是仅限于端午日的食物。并进一步解说，端午节正逢梅雨时节，气候日渐暑热。人们凭借积累的生活经验，认识到在那个季节用植物叶子包裹食物会延缓食物的腐败进度。于是在端午节之后的一段时间里继续制做和互赠粽子。

《日本大百科全书》“粽”：5月5日竹筒盛米投入水中，纪念自投汨罗江的楚国诗人屈原。并传说该祭奠也是祭祀和安慰时运不佳未能成为飞龙而闷闷沉在水底的蛟龙的。日本京都祇园祭时制作粽子，供

[1] 松下幸子．庆贺食文化[M]．东京：东京美术，1991：155.

[2] （财团法人）民俗学研究所．综合日本民俗语汇[M]第一卷．东京：平凡社，1970：17.

给被称作疫神的牛头天王的习俗，与投入水中祭奠蛟龙行为相似。可知吃粽子被解释为可免灾辟邪，其原意乃是食用供给神的食物，与神同在。

《粽子和柏饼》记述有“梦粽”民俗：广岛地区人们把供奉给神的粽子挂在房柱上，一边口念“梦粽”。之后每当做噩梦时，次日清早起来看看梦粽噩梦就会消失。还记载该地区有供神后的粽子有避雷功能的实例传说。爱媛县松山市有一种习俗把一对端午粽子在大门口挂一年，早起看一眼粽子可以解噩梦、不得感冒等。京都人家在门口悬挂祇园祭的粽子事例是粽子咒术功能的象征[1]。

2. 团子

团子，是日本社会常见的一种吃食，是用大米粉或其他谷类磨粉，加水搅拌后做成小圆子形状，或蒸或煮。有的蒸煮后再用火烘烤的各种吃法。《广辞苑》“团子”条只记述了“谷类的粉加水揉成小圆形蒸或煮后的食物。烧烤或裹豆馅、蘸黄豆粉吃[2]。”没有提及团子与人们生活、节日等的关系。而《日本民俗大辞典》“团子”条记述，团子是用米和其他谷物粉和水蒸的圆形食物。大多是蒸了之后食用，其加工法和吃法有各类。团子的名称在各地也各不相同。然后明确指出，各地在很多特定的仪式或庆贺的日子做团子作为该日的特定庆贺食物，也有地方把它作为晚饭和青菜煮在一起吃，因此团子既是日常食物也是非日常食物[3]。由此可以得知，团子既是日本餐桌常见的食物，也是节日食物。在节日或重要的日子里，做团子祭供神灵或大家一起吃。

据笔者观察，在日本社会里，团子作为一种常见小吃经常出现在餐桌上。过去的旅途茶歇和今日的观光地茶亭也会准备日本茶配团子。团子，兼有日常食物和节日食物双重身份，现代社会里的团子的日常色彩似乎浓重，而传统社会里的团子的节日食物色彩更重。

3. 赤饭

《广辞苑》“赤饭”条：“用煮好的红小豆和煮豆水加入糯米一起蒸的红小豆米饭”[4]。

《庆贺食文化》介绍，赤饭是糯米加煮好的红小豆及煮豆汁后蒸熟的红色糯米饭。喜庆事时用赤饭，白事时使用不加红豆的“白蒸”。文献记载古代京都吉事用白蒸、凶事用赤饭。后改为吉事用赤饭、凶事用白饭，乃是意在化凶为吉的反向求吉的做法[5]。该文献记述镰仓末期宫廷的三月三上巳节、五月五端午节、九月九重阳节的祭供食品都是赤饭。民间则于江户后期普遍在喜庆时用赤饭。此外，“五月五日奥周白川地区农家制作柏饼、粽子之外，还捣年糕、蒸赤饭。八月十五、九月十三的赏月日也摆出赤饭庆贺；男孩出生时蒸赤饭、女孩出生时捣年糕庆祝；婚礼和乔迁时用赤饭庆祝。福井若狭地区婚礼一律蒸赤饭，之外的喜庆事也都用赤饭，不似京都吉事用白饭[6]。”

赤饭具有文化的、民俗的功能。正如《庆贺食文化》作者松下指出的，赤饭用于祝贺吉事有各种论说。红小豆有解毒利水、消肿功能。民间认为红色具有驱邪免灾之力，红小豆糯米的赤饭之外，正月

---

[1] 服部比吕美. 日本的食文化六卷 · 粽子和柏饼[M]. 东京：吉川弘文馆，2019：175.

[2] 新村出. 广辞苑[M]. 东京：岩波书店，1967：1351.

[3] 福田亚细男. 日本民俗大辞典 · 下卷[M]. 东京：吉川弘文馆，2000：70.

[4] 新村出. 广辞苑[M]. 东京：岩波书店，1967：1200.

[5] 松下幸子. 庆贺食文化[M]. 东京：东京美术，1991：60.

[6] 松下幸子. 庆贺食文化[M]. 东京：东京美术，1991：62.

十五的小豆粥，初一、十五的用一般大米蒸的小豆饭等也都出于同样的民间信仰。

据笔者的口头问询调查，现在的日本社会，入学、毕业、生日的家庭庆贺饮食，多数是红豆糯米的赤饭或者红豆粳米的小豆饭。婚礼的回礼手伴礼盒里多有一份糯米红豆赤饭。在现代都市化欧美式生活方式影响下，生日蛋糕大有市场。据笔者以大学生为对象的调查显示，在地方城市，除却儿童或50、60、70岁的庆贺外，一般家庭还是多以赤饭庆贺生日或过节吃。因此，可以说赤饭的红色、红豆的辟邪民俗功能加上家庭容易制作的特点以及传统上对糯米的崇敬，使赤饭成为日本式的庆贺食物。当然，端午节也是赤饭的登场机会。

今日超市也会出售简易盒装赤饭，就是因为吃饭是一种随时可以用来表示小小庆贺之意的食物。由于商品化的继承方式，传统得到方式转换的继承和持续。

4．柏饼/槲叶年糕

《广辞苑》的“柏叶”条：“汉字写作槲/檞/柏。……（缘于曾用于盛装食物的）食具总称。”[1]

《日本的食文化——昭和初期·全国食俗记录》有“柏（叶）”条：柏，汉字写叶，发音kasiwa。“上代盛放食物的树叶”[2]。《庆贺食文化》介绍《续江户砂子》记载槲叶因其在各种树叶里特别宽大，被当作吉事用的物品。自古一直作为盛放供神物品的容器。通过文献对“柏叶/槲叶”的解说，可知槲叶乃是日本社会曾经的盛放食品的餐具，多用于祭祀神祇的仪式。用在端午包裹食物，也对应有其信仰因素存在。

《广辞苑》“柏饼”条：“大米粉蒸的圆形米饼对折，中间夹入豆馅外裹槲叶年糕的食物。五月五日的祭供食物。”[3]《日本民俗大辞典》的解释是“米粉加水蒸好后夹入豆馅用柏叶包裹后再蒸的食物。作为五月节食物，关东地区用柏饼，关西地方用粽子为多。”还指出其他很多地区的端午用不同的植物叶包裹糯米或把蒸好的糯米捣年糕等，五月节的食物呈多样化。[4]

《粽子和柏饼》一文记述“柏饼的历史文献少于粽子”，可推测与“柏饼”相比，“粽子”是日本社会被记载的更古老些的食物。江户初期记载“端午日或粽或柏饼”，似乎是最初记载柏饼出现于端午日的文献[5]。可知江户时代之前“粽子”为多。——本文后面要分析“粽”有可能是一个涵盖面很广的食物称呼。

《庆贺食文化》记述文献记载柏饼以宝历年代（1751—1763）下谷龟屋销售柏饼为起始。根据“市中皆食柏饼。此柏饼乃手工制作。需向果子店预订”记载，可知江户时期的宝历时代开始在和式点心店出售柏饼，民间大约是在幕府末期从吃粽子转为吃柏饼的”。同样的幕府末期，京阪地区端午食物以‘茅卷timaki/粽timaki’为主，柏饼少见[6]。这段记载讲述了柏饼成为商品之起始，并且可推测上文讲的民

[1] 新村出．广辞苑[M]．岩波书店，1967：393.

[2] 成城大学民俗学研究所．日本的食文化——昭和初期·全国饮食习俗记录[M]．东京：岩崎美术社，1990：394.

[3] 新村出．广辞苑[M]，东京：岩波书店，1967：394.

[4] 福田亚细男．日本民俗大辞典·下卷[M]．东京：吉川弘文馆，2000：348-349.

[5] 服部比吕美．日本的食文化六卷·粽子和柏饼[M]．东京：吉川弘文馆，2019：176.

[6] 服部比吕美．日本的食文化六卷·粽子和柏饼[M]．东京：吉川弘文馆，2019：154.

间从吃粽子转为吃柏饼的原因，乃是柏饼成为商品，易于入手。《庆贺食文化》记述柏饼有红小豆馅加糖和味噌加糖两种馅，和今日无异。包裹糖豆馅年糕的槲叶正面朝外、包裹味噌馅年糕的槲叶反面朝外以区别不同味道的做法也与今日相同。

《日本食生活全集15 新潟之食》，节日的柏饼[1]记述新潟的五月节是“月迟”端午节，养蚕农活忙过后，人们围在一起包篠竹饼、三角粽、做篠竹豆馅团子，供放在寺院和神龛，然后带着三角粽和篠竹饼和团子去走亲戚。由文献可知三角粽是节日食品，但不固定是端午当天的食物，而似乎是农忙后庆贺一下的食物。

《粽子和柏饼》作者服部指出，江户时期后期，“京阪男儿出生第一个端午，给亲戚等送粽子，第二年以后送柏饼。……江户第一个端午就送柏饼”。根据此记载可知，19世纪的城市，柏叶饼已经是给男孩过端午节的赠送物品，是男孩家制作后分送给亲戚们的。记载可知，男孩出生后的第一个端午贺礼，京都大阪是送粽子，而江户是赠柏叶饼。其理由，作者解释为京都是古都，继承了历史上宫廷贵族互赠粽子的做法。生活在江户的武家们则偏爱做柏饼，因使用的槲叶特点是老树叶会等到新树叶出芽才凋落，象征武士家运代代可以衔接不衰。这里点到了选用槲叶做柏饼，是因为该植物叶子被赋予的民俗象征寓意。

根据服部的文献，得知秋田一带“除粽子之外，还做叫作篠竹卷的食物。具体是取宽大篠竹叶折成三角形，内装米煮之，蘸大豆粉食之。”福岛县福岛市“粽子用糯米装入篠竹叶折成三角形”，说明近代的福岛地区有三角形粽。新潟县长冈市的文献记载“互赠食品粽、篠竹饼（年糕）以祝贺。不用菰叶，皆用青篠竹。”“可知东北、上越地区端午只做粽子。包粽子用篠竹叶，三角形的也称作粽子。水户地区也做柏饼……，乃依身份不同而赠送粽子或柏饼。”

三、对日本社会端午食品的认知

从文献记述得知，粽子的种类、名称很多。粽子的材料和包法多样。形状可知有平面三角形和立体细长形。粽子本身或包粽子的植物叶子有辟邪除厄功能。吃粽子日期也不同。粽子不一定仅限于端午日制作和食用。粽子本身和包裹粽的植物叶被认为有辟邪除灾、保佑平安的功能。道喜粽的免灾功能出于苏民将来传说，其他各地的粽子或柏饼团子或赤饭，尚未发现有相关的人物传说。东北地区有平面三角粽和柏饼，柏饼在关东地区尤其是大城市东京至今流行趋势不衰。京都大阪多用道喜粽。有“关东柏饼关西粽”的说法。前面的图2显示各地端午节食物有粽子、团子、柏饼、赤饭等各类食物。并且，有些名称相同实质不同的粽子或柏饼，也有不限定只在端午节才吃。

服部的论文指出，日本16世纪的文献里记载着端午节吃粽子习俗里含有驱毒虫的祈愿。日本社会的旧历端午时节是毒虫跋扈的梅雨季节，当时人们房屋铺菖蒲艾蒿、吃茅草缠成蛇形的粽子的行为具有驱除毒虫的咒力意义。可以认为缘于中国长江下游地区端午节有驱除蛇和蟾等五毒的习俗，在日本社会转变成吃蛇形粽子以祈祷驱除毒虫。前面记述的《日本民俗大辞典》的具体事例说明日本社会的粽子被赋

[1] 原文里没有用汉字，只用假名标示。为便于理解，按kasiwa发音和文中的kasiwa叶判断，使用一般的“柏叶”，特注明。

予了辟邪除厄、驱毒虫、保护男孩子等民俗功能。

服部对柏饼粽子的研究告诉我们，日本各地叫作柏饼kasiwamoti/槲叶饼的并非都用槲树叶，也并非只限于端午日食用。作者引用柳田国男的见解，认为各地用不同的植物叶子包制的食物都叫作kasiwamoti，缘于日语“炊事（炊ぐ/kasigu）”一词[1]。作者进一步解释，柳田是根据文献记载，古代称主持炊事之人为kasiwadebe，把盛食物的植物叶食具叫kasiwa，推论柏叶饼的发音kasiwamoti并非源于槲树叶的发音kasiwa，而是出自古代的炊事、食具用语的发音kasiwa。按照柳田的这种解说，柏叶饼其实各地是指植物叶子包裹的食物。称作柏叶饼却用各种不同的植物叶子，也不限定只在端午那天食用的疑问也可以由此释然。

纵览文献之后，笔者在这里再提出一个概念，日本社会围绕端午的（有些是季节性的非限定端午那天的）食物虽然都叫作粽子，用于包裹的竹叶树叶草叶很不相同。除篠竹叶之外，还用茅草叶、苇叶、菰叶、槲叶等包制。根据文献记载和学者研究，可以定义日本社会的粽子，是一个对植物叶包裹米类谷物蒸煮后的食物的涵盖性称呼。古代日本社会曾广泛存在过用各种当地易于采摘的植物叶子包裹后蒸煮烤食的食物，名称曾经各异。后来，源于中国的端午食物粽子进入宫廷，后又逐渐扩展到平民社会。由于粽子也同样是用植物叶包裹的端午节的食物，很有名。于是出现各种本地植物叶包的食物多数都叫作粽子/timaki的倾向。在这里，“粽子”是一个植物叶包裹米或米粉蒸煮的食物类的涵盖性称呼。用这样的概念看使用材料的不同，制作和使用时期不同的现象，疑问也可释然。

日本社会把传统的端午节要素揉入食品，在继承的前提下把端午食品“城市化”“商品化”“现代化”的倾向和成功也是一个可以关注的问题。亦是今后传统民俗尤其传统食文化发展应关注的问题之一。限于篇幅，本文不详论。

[1] 服部比吕美. 日本的食文化六卷・粽子和柏饼[M]. 东京：吉川弘文馆，2019：193.